# 变电站土建工程关键节点
# 工艺图集

国网江苏省电力有限公司建设分公司　编

中国电力出版社
CHINA ELECTRIC POWER PRESS

## 内 容 提 要

　　国网江苏省电力有限公司建设分公司结合电网建设实际，统筹考虑各专业接口以及细部做法，强化施工图深度设计，规范、统一细节工艺，在总结提炼创优示范工程建设经验的基础上，对标准工艺进行深化研究，最终形成了《变电站土建工程关键节点工艺图集》。本书包含常规变电站工程土建专业施工工艺节点及装配式变电站工程土建专业施工工艺节点两篇，详细列出了两种变电站土建工程施工过程中需要重点把控的关键节点以及各节点细部做法。

　　本书可供变电站土建工程项目设计、监理、施工等相关人员使用。

**图书在版编目（CIP）数据**

变电站土建工程关键节点工艺图集/国网江苏省电力有限公司建设分公司编. —北京：
中国电力出版社，2024.7（2024.11重印）
ISBN 978-7-5198-4175-1

Ⅰ．①变… Ⅱ．①国… Ⅲ．①变电所-建筑工程-工程施工-图集 Ⅳ．①TM63-64

中国国家版本馆 CIP 数据核字（2024）第 057220 号

**变电站土建工程关键节点工艺图集**

| | | | |
|---|---|---|---|
| 出版发行：中国电力出版社 | | 印　　刷：廊坊市文峰档案印务有限公司 |
| 地　　址：北京市东城区北京站西街 19 号（邮政编码 100005） | | 版　　次：2024 年 7 月第一版 |
| 网　　址：http://www.cepp.sgcc.com.cn | | 印　　次：2024 年 11 月北京第二次印刷 |
| 责任编辑：张　瑶（010-63412503） | | 开　　本：880 毫米×1230 毫米　16 开本 |
| 责任校对：黄　蓓　常燕昆 | | 印　　张：11.75 |
| 装帧设计：王红柳 | | 字　　数：386 千字 |
| 责任印制：石　雷 | | 定　　价：90.00 元 |

# 编审委员会

# 前　　言

为落实能源转型发展、新型电力系统建设、绿色建造、智能建造等新要求，贯彻质量强国发展战略，国家电网有限公司制订了基建"六精四化"三年行动计划，在专业管理上提出了"六精"管理——精益求精抓安全，精雕细刻提质量，精准管控保进度，精耕细作搞技术，精打细算控造价，精心培育强队伍。

面对新形势、新挑战，国网江苏省电力有限公司以"坚持党建领航，打造高端电网，推动能源变革，持续创新领跑"为战略重点，有序实施新时代发展战略，加快构建新一代电力系统，着重加强创优示范工程建设，通过打造优质精品工程，以点带面，持续提升工程质量工艺水平。

国网江苏省电力有限公司建设分公司结合电网建设实际，统筹考虑各专业接口以及细部做法，强化施工图深度设计，规范、统一细节工艺，在总结提炼创优示范工程建设经验的基础上，对标准工艺进行深化研究，最终形成了《变电站土建工程关键节点工艺图集》。通过细化工艺节点施工详图，明确设计具体要求，统一尺寸、材质、施工内容，最终实现在设计源头落实标准工艺的应用，有效前移创优关口，确保工程一次成优。

本书立足基建标准化管理要求，坚持工程技术与工程实践相结合，严格按照现行规程规范和制度标准要求，形成标准工艺深化设计成果；以解决问题为导向，编写过程中归纳总结近些年达标投产、国家级优质工程创建等各类检查中暴露出来的具有代表性的问题，在设计源头落实标准化防治措施；注重成果推广应用效果，成果内容与时俱进，既贴切实际又融入了对电网建设质量未来发展趋势的把握，确保收录成果具有很强的兼容性、指导性和前瞻性。

本书包含常规变电站工程土建专业施工工艺节点及装配式变电站工程土建专业施工工艺节点两篇，详细列出了两种变电站土建工程施工过程中需要重点把控的关键节点及各节点细部做法。本书所提供的详图不仅是一份施工图纸，更是一份施工的指导手册。它将为工程项目设计、监理、施工等人员提供重要的技术信息及管控建议，以确保工程建设质量满足各项规程规范要求。

　　本书由国网江苏省电力有限公司建设分公司牵头，由国网江苏电力设计咨询有限公司徐州勘测设计分公司、江苏宝鲲模块建筑有限公司、江苏科能电力工程咨询有限公司、华东电力设计院有限公司、江苏省电力设计院有限公司主要参与，编写过程中得到了国网江苏省电力有限公司的有力指导，以及国网江苏省电力有限公司南通供电分公司、国网江苏省电力有限公司苏州供电分公司、国网江苏省电力有限公司扬州分供电公司、江苏兴力工程管理有限公司的大力支持。国家电网有限公司系统内的很多专家也提出了大量宝贵的意见和建议。在此向大家付出的辛勤劳动表示衷心的感谢。

　　希望本书能够为广大工程建设人员提供帮助，也欢迎大家对本书提出宝贵的意见和建议。

# 目　　录

## 第2篇 装配式变电站工程土建专业施工工艺节点

# 第1篇

## 常规变电站工程土建专业施工工艺节点

# 建 筑 说 明

1 设计依据

1.1 ××变电站工程合同书

1.2 现行的国家有关建筑设计规范，规程和规定

1.3 相关土建初步设计方案以及初步设计审查意见

1.4 《国家电网有限公司输变电工程质量通病防治手册（2020 年版）》。

1.5 《国家电网公司输变电工程标准工艺（三） 工艺标准库（2016 年版)》。

1.6 《国家电网有限公司输变电工程标准工艺 变电工程土建分册》。

2 设计总则

2.1 本工程按国家现行建筑工程施工及验收规范进行施工及验收。凡施工及验收规范已对建筑的所用材料规格、施工方式及验收规则等有规定者，本说明不再重复，均按有关现行规范执行。

2.2 设计中采用标准图、通用图或重复利用图者，不论采用其局部节点或全部详图，均应按照各图集（包括其他说明）要求全面配合施工。

2.3 凡本说明所规定各项在设计图中另有说明时均按具体设计图要求施工。

2.4 所有与水、电、风、动等有关的预埋件、预留孔洞，施工时必须与相关专业的图纸密切配合。若发现有疑问请及时与设计院联系，配合解决。

2.5 本套设计施工图必须经规划、消防、建设等有关部门审批通过后方可作为施工使用。

2.6 本工程按现行国家设计标准进行设计，施工时除应遵守本说明及各设计图纸说明外，尚应严格执行现行国家及工程所在地区的有关规范、规程、规定。

3 建筑概况（见表 1）

表 1　　　　　　　　建 筑 情 况 表

| 建筑名称 | 主控通信楼 | 建筑面积 | ×m² |
|---|---|---|---|
| 建设地点 | ××省××市 | 占地面积 | ×m² |
| 建设单位 | 国网××省电力有限公司 | 建筑总层数 | ×层 |
| 建筑结构形式 | 混凝土框架结构 | 建筑高度 | ×.××m（消防高度）/×.××m（规划高度） |
| 抗震设防烈度 | ×度 | 建筑耐火等级 | 二级 |
| 建筑性质 | 工业建筑 | 生产火灾危险性 | 丁类 |
| 设计使用年限 | 50 年 | | |

4 设计标高

4.1 本工程室内标高±0.000 相当于绝对标高×.××m（1985 国家高程），室内外高差 600mm。

4.2 剖面图中所注楼地面标高系指完成面标高，屋面及露台标高指结构面标高。

4.3 图中所注平面尺寸均以毫米为单位，标高与坐标以米为单位。

5 墙体工程

5.1 本工程墙体±0.000m 以上外墙（除特殊标注外）均为×mm 厚××砌块/砖，××干混（专用）砂浆砌筑。

内墙（除特殊标注外）均为×mm 厚××砌块/砖，××干混（专用）砂浆砌筑。

±0.000 以下墙为×mm 厚××实心砖，××干混（专用）砂浆砌筑，地面以下砌筑墙体采用 M20 干混砂浆抹面。

墙基防潮层设在-0.060m处，如遇地梁或混凝土楼板可以不设。

5.2 室内墙、柱面、门窗的阳角，在2000mm高度内均做1：2水泥砂浆护角线，每侧宽度不小于50mm。

5.3 凡卫生间、阳台等易积水的房间及外挑雨篷，如遇墙体，除门洞外应向上做C20混凝土翻边300mm高，与楼层一同浇筑（内配4$\phi$6，$\phi$4@300），宽度同隔墙。

地面标高应比室内其他房间地面低20～30mm，地面找平层向地漏放坡1.0%，地漏口比相邻地面低5mm。

5.4 窗眉、雨篷边顶面，阳台压顶和突出腰线等上面应做流水坡度不应小于2%，外墙窗台流水坡度大于5%，下口应设滴水线槽，滴水线槽居于滴水线条正中，深度为10mm，宽度为10～12mm，高墙面30mm处设置断水口。

5.5 顶层和底层应设置通长现浇钢筋混凝土窗台梁内配4×$\phi$10，$\phi$6@200，高120mm。其他层在窗台标高处设置通长现浇钢筋混凝土板带；房屋两端顶层应设置通长现浇钢筋混凝土板带，间隔1.3m。板带C20内配3$\phi$8，$\phi$6@200，高80mm。

5.6 建筑物主体部分外墙面采用××工艺。如遇混凝土墙面，先刷素水泥浆（加3%建筑胶）一道，满批腻子打光，再做外墙饰面。勒脚墙砖吸水率E≤3%。破坏强度≥1300N。可根据实际墙砖铺贴尺寸，微调勒脚高度，尽量采用整砖。

5.7 外墙墙面粉刷层满铺热镀锌金属网（规格为15×20mm，丝径为1mm）。内墙满铺玻纤网格布。

5.8 宽度大于300mm的预留洞口，设钢筋混凝土过梁，尺寸同门窗洞口过梁。预留的门窗洞口边需采用混凝土构造柱200mm×200mm/300mm×300mm（与雨篷梁或框架梁同时浇筑）内配4×$\phi$14，$\phi$8@150。

5.9 门框与柱间距小于200mm的门跺及小于300mm的窗间墙，采用混凝土浇筑。

5.10 墙体无约束的端部必须增设构造柱。

5.11 墙体内的埋管密集区域，宜采用混凝土浇筑。

5.12 室内窗台贴黑色人造石，人造石突出墙面约20mm，沿口倒圆角。窗台板与墙面结合处采用硅酮耐候胶封闭。

5.13 钢筋混凝土墙上及楼板的留洞、埋件见结构图和设备图；填充墙留洞、埋件见留洞；电气留洞由电气专业封堵，其他管道安装完毕后，如无特殊要求，则用C20细石混凝土填实。

5.14 内外墙涂料和胶粘剂应采用低（无）VOCs含量涂料，清晰标明内外墙涂料VOCs含量限值要求。满足《建筑用墙面涂料中有害物质限量》（GB 18582—2020）表5.1、5.2；《室内地坪涂料中有害物质限量》（GB 38468—2019）中表5.1；《胶粘剂挥发性有机化合物限量》（GB 33372—2020）中表5.2、5.3、5.4的限值要求。

6 屋面及顶棚工程

6.1 屋面防水等级为××级。屋面找坡为××找坡。

6.2 防水层选用××，材料的技术性能、施工操作规范见厂方的产品介绍，做法按12J201构造图集施工。

6.3 穿屋面管道必须设置防水套管及止水环。

6.4 屋面为有组织排水，除特别注明者外，落水管采用DN100的硬聚氯乙烯材料圆形排水管，且应在落水管附近设置溢流口，具体位置详见建筑图纸，落水管高地1m高度设置检查口。雨篷采取有组织排水方式，就近接入主落水管或单独设置落水管，雨篷采用侧墙排水。天沟、檐沟排水不得流经变形缝和防火墙。

6.5 屋面刚性层与女儿墙、山墙之间应预留30mm的伸缩缝，伸缩缝用柔性防水材料填充。并铺设高度、宽度均不小于250mm卷材附加层。

6.6 上层屋面雨水排至下层屋面时，应在下层屋面出水口处加上水簸箕。

6.7 屋面找平层应设分格缝，分格缝纵横间距不大于3m，缝宽为20mm，并嵌填密封材料。水泥砂浆找平层强度不得小于M10，细石混凝找平层强度不得小于C20。

6.8 刚性保护层应采用细石防水混凝土，其强度等级不小于C30，厚度不应小于60mm，并设置分格缝，其间距不宜大于3m，缝宽不应大于20mm，且不小于12mm。混凝土内配间距为100～200mm钢筋网片，钢筋网片应位于刚性防水层的中上部，且在分隔缝处断开，刚性保护层的要求同上。

6.9 屋面基层与突出屋面结构（女儿墙，墙身）的转角处水泥砂浆粉刷均做成圆弧或钝角。

6.10 屋面设施基座与结构层相连时，防水层应包裹设施基座的上部，并在地脚螺栓周围做密封处理。在防水层上设置设施时，设施下部的防水层应做卷材增强层，必要时应在其上筑女儿墙压顶。需经常维护的设施周围和屋面出入口至设施之间的人行道应铺设刚性保护层。

## 7 楼地面工程

7.1 室内填土必须分层夯实，不得使用工程垃圾，淤泥质土和块状土。

7.2 卫生间楼地面低于楼层地面 20mm，且地面设 1‰ 坡度，坡向地漏。在找平层上刷 2mm 厚聚氨酯防水涂料，并沿墙上翻 1200mm 高（淋浴间上翻 2000mm）。

## 8 门窗工程

8.1 门立樘位置除特殊者外，弹簧门，木门、铝合金门立樘居中；防火门、钢板门靠近开启方向安装，并应注意有防止雨水渗入的措施。窗立樘居砖墙中心。

8.2 门窗安装、质量要求、检验方法按《铝合金门窗》(GB/T 8478—2020)《建筑节能门窗》(16J607)《铝合金门窗》(22J603-1)《建筑幕墙、门窗通用技术条件》(GB/T 31433—2015) 中的各项标准执行。

8.3 门窗与墙体的连接方式由生产厂家设计制作。铝合金门窗窗框与墙体的缝隙填密封胶。

8.4 本施工图门窗立面仅表示分格及开启方式，门窗制作厂家应在土建完成后，认真核对有关尺寸及数量，核实无误后方可施工。

8.5 抗风压性能、气密性及水密性满足 GB/T 31433—2015 要求，抗风压 4 级：$2.5 \leqslant P_3 < 3.0$；且挠度变形须满足规定。气密性 6 级：$1.5 \geqslant q_1 > 1.0$；水密性 3 级：$250 \leqslant \Delta P < 350$；空气隔声性能：GB/T 31433—2015 分级指标值的 6 级：$R_w + C \geqslant 45dB$，保温性能×级，采光性能分级×级。窗的拼樘料需做抗风压变形验算，与门窗框的拼接应为插接，深度不小于 10mm。

8.6 门扇内外均安装拉手。临空的窗台低于 0.90m 时，应设置防护栏杆，防护高度由楼地面起不低于 1.200m。垂直栏杆净距小于 110mm。临空栏杆、护栏及楼梯栏杆安装时应确保耐水平推力 >1.5kN/m，抗竖向荷载 >1.2kN/m。

8.7 砖墙上门窗过梁除特殊者或有集中荷载者外，均按以图 1 例配制钢砼过梁，混凝土均为 C25。当无砖墙或遇钢筋混凝土柱、墙时仍应将钢筋伸入钢筋混凝土内 35d（d 代表钢筋直径）。

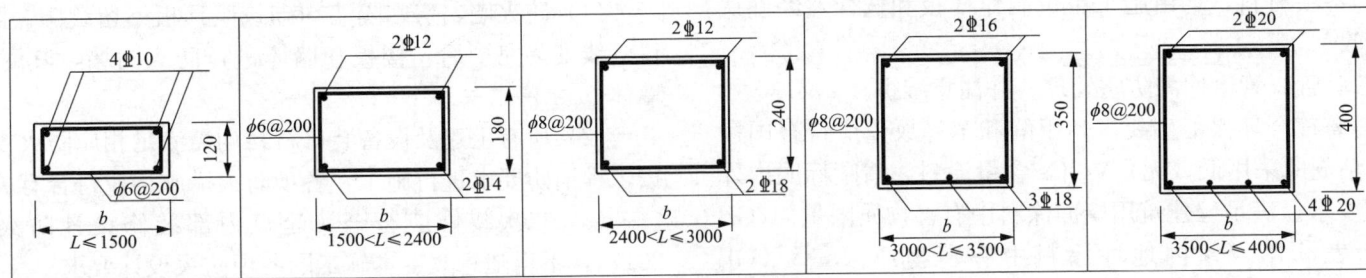

图 1 砖墙门窗过梁图例

8.8 图 1 中 b 为墙宽；L 为洞口宽度，梁长未注明处为 L+600。当过梁顶标高与圈梁底标高贴近时过梁应与圈梁整体浇。

8.9 6mm 厚玻璃最大使用面积为 0.9m²。当单片玻璃超过 0.9m²，采用 6mm 厚安全玻璃，最大使用面积为 3m²。门窗玻璃的选用及保护措施应严格按《建筑玻璃应用技术规程》(JGJ 113—2015) 第 7.2 条、第 7.3 条严

格执行。

8.10 本工程门窗选用铝合金型材，铝合金门窗使用的型材壁厚不宜低于下列数据：外门不应小 2.2mm，内门不应小于 2.0mm；外窗不应小于 1.8mm，内窗不应小于 1.4mm；应满足 GB/T 8478—2020 第 5.1.2 条。采用××系列断热铝合金（高透光）Low-E 中空玻璃窗（6＋12A＋6），中空

玻璃应符合《中空玻璃》(GB/T 1194—2012)的规定；铝合金窗框、外门颜色采用深灰色。

8.11 手动开启的大门扇应有制动装置，推拉门应有防脱轨的措施。可开启窗、通风百叶内均须设置防虫纱窗。门窗框扇连接、锁固用功能性五金配件应满足整樘门窗承载能力的要求，其反复启闭性能应满足门窗反复启闭耐久性要求。

8.12 设备房间和走道上疏散用的平开防火门应设闭门器，双扇平开防火门安装闭门器和顺序器，常开防火门需安装信号控制关闭和反馈装置。防火门窗采用消防部门认证的产品。

8.13 铝合金推拉门、推拉窗扇应有防止从室外侧拆卸的装置。推拉窗用于外墙时，应设置防止窗扇向室外脱落的装置。

## 9 内装修工程

9.1 内装修工程执行《建筑内部装修设计防火规范》(GB 50222—2017)，一般装修见本工程"室内装修做法表"并执行《建筑装饰装修工程质量验收标准》(GB 50210—2018)。

9.2 楼地面构造交接和地坪高度变化处，除图中另有注明者均位于齐平门扇开启面处。

9.3 内装修选用的各项材料，均由施工单位制作样板和选样，经确认后进行封样，并以此验收。

9.4 所有预埋件、套管、管道均需防腐处理，并注意维护。

9.5 所有装饰材料需符合环保卫生要求，甲醛和苯释放量应符合国家规定。内外墙涂料和胶粘剂应采用低（无）VOCs 含量涂料，清晰标明内外墙涂料 VOCs 含量限值要求。满足《建筑用墙面涂料中有害物质限量》(GB 18582—2020) 表 5.1、表 5.2，《室内地坪涂料中有害物质限量》(GB 38468—2019) 中表 5.1，《胶粘剂挥发性有机化合物限量》(GB 33372—2020) 中表 5.2、表 5.3、表 5.4 的限值要求。

## 10 防火消防设计

10.1 该建筑为×层工业建筑，建筑火灾危险性为戊类，建筑耐火等级二级。满足《建筑防火通用规范》(GB 55037—2022)，《建筑设计防火规范(2018 年版)》(GB 50016—2014)，《火力发电厂及变电站设计防火标准》(GB 50229—2019)。

10.2 建筑构件的耐火极限（根据建筑物具体类别调整，见表2)：

表 2　建筑构件耐火极限表

| 构件名称 | | 燃烧性能和耐火极限 | 构件名称 | 燃烧性能和耐火极限 |
|---|---|---|---|---|
| 墙 | 防火墙 | 不燃性 3.00h | 柱 | 不燃性 2.50h |
| | 承重墙 | 不燃性 2.50h | 梁 | 不燃性 1.50h |
| | 非承重外墙、疏散走道两侧的隔墙 | 不燃性 1.00h | 楼板 | 不燃性 1.00h |
| | | | 屋顶承重构件 | 不燃性 1.00h |
| | 房间隔墙 | 不燃性 0.50h | 疏散楼梯 | 不燃性 1.00h |
| | 楼梯间和电梯井的墙体 | 不燃性 2.00h | 吊顶（包括吊顶搁栅） | 难燃性 0.25h |

10.3 建筑物间距及消防道路的设置见土建总平面图，本工程与周围建筑的间距符合规范要求的防火间距。

10.4 本工程为×层建筑，设为×个防火分区。每个防火分区均满足安全出口要求。所有房间门到安全出口的距离，大厅或房间内最远一点到门口的距离，均满足规范要求。所有疏散楼梯净宽度不小于1.1m。疏散楼梯间为乙级防火门，门净宽均不小于0.8m，净高不小于2.1m。

10.5 建筑防火构造：

（1）防火墙，房间隔墙均砌筑至顶板不留缝隙。除风井外的各类竖井，待管线安装完毕后，楼板和墙体进行防火封堵，其耐火极限等同于楼板和墙体。

（2）所有土建及设备装修材料均需满足相应防火规范要求，施工时必须按工程消防要求进行施工，各项防火措施均应符合有关规范的规定。

（3）二次装修应符合《建筑内部装修设计防火规范》(GB 50222—2017)，不得随意改变本施工图各项防火设计要求。

（4）防火门的设置：应具有自闭功能，双扇防火门应具有按顺序关闭的功能；防火门、窗、防火卷帘应选用国家确认的定点厂家产品；常开防火门应能在火灾时自行关闭，并应有信号反馈的功能。

（5）室内所有隔墙无论吊顶与否均需砌至梁、板底部，且不宜留有缝隙。

（6）当屋面和外墙均采用 B1、B2 级保温材料时，应采用宽度不小于500mm 的不燃材料设置防火隔离带将屋面和外墙分隔。

建筑说明

**10.6** 电梯层门耐火完整性不应低于 2.00h；电梯井壁耐火极限≥2h；玻璃外墙采用防火玻璃时，耐火极限≥2h。

## 11 建筑节能设计

根据《工业建筑节能设计统一标准》（GB 51245—2017）和《建筑节能与可再生能源利用通用规范》（GB 55015—2021），本建筑物属于×类工业建筑，地处××地区。

**11.1** 规范标准参考依据：①《工业建筑节能设计统一标准》（GB 51245—2017）；②《建筑外门窗气密、水密、抗风压性能分级及检测方法》（GB/T 7106—2008）；③《建筑外门窗保温性能分级及检测方法》（JGJ/T 151—2016）；④《墙体材料应用统一技术规范》（GB 50574—2010）。

**11.2** 建筑材料热工参数参考依据（见表3）：

表3　建筑材料热工参数

| 材料名称 | 密度 (kg/m³) | 导热系数 [W/(m·K)] | 蓄热系数 [W/(m²·K)] | 导热系数修正系数 | | 选用依据 |
|---|---|---|---|---|---|---|
| | | | | α | 使用部位 | |
| 岩棉保温板 | 100 | 0.040 | 0.70 | 1.30 | 外墙 | （仅为示例，根据实际需要修改） |
| 岩棉保温板（屋面保温） | 100 | 0.040 | 0.70 | 1.30 | 屋面 | （仅为示例，根据实际需要修改） |

（1）基本情况（见表4）：

表4　基本情况表

| 气候分区 | 建筑类别 | 节能水平 | 体形系数 | 建筑面积 (m²) | 空调形式 | 集中采暖面积 | 利用可再生能源种类 | 节能计算方法 |
|---|---|---|---|---|---|---|---|---|
| ××地区 | ■一类<br>□二类 | ■65%<br>□50% | 0.22 | | ■集中<br>□分体 | | | ■规定性指标<br>□性能性指标 |

（2）建筑物围护结构热工性能（见表5、表6、表7）：

## 12 防水设计

**12.1** 项目概况：

**12.1.1** 本项目场地地势平坦，场地标高为×.×00m，室内标高为×.×00m。

**12.1.2** 建筑防水等级：屋面为一级，外墙为一级，卫生间等有水房间

为一级。地下工程防水设计工作年限不应低于工程结构设计工作年限 50 年。屋面工程防水设计工作年限不应低于 20 年限。室内工程防水设计工作年限不应低于 25 年限。

表5　屋面、外墙、架空楼板、分隔非采暖空调房间与采暖空调房间的隔墙和楼板的热工性能

| 围护结构部位 | | 主要保温材料 | | | | | | 传热系数 [W/(m²·K)] | | 备注 |
|---|---|---|---|---|---|---|---|---|---|---|
| | | 名称 | 干密度 (kg/m³) | 厚度 (mm) | 导热系数 | | 燃烧性能等级 | 设计值 | 规范限值 | |
| | | | | | λ [W/(m·K)] | 修正系数 α | | | | |
| 屋面 | 屋面1（使用部位） | 岩棉保温板 | 100 | 100 | 0.040 | 1.30 | A | 0.53 | 0.70 | 仅为示例，根据实际需要修改 |
| | 屋面加权平均值 | 岩棉保温板 | 100 | 100 | 0.040 | 1.30 | A | 0.53 | 0.70 | 仅为示例，根据实际需要修改 |
| 外墙 | 外墙1（外墙主体部分） | 岩棉保温板 | 100 | 100 | 0.040 | 1.30 | A | 0.53 | 1.10 | 仅为示例，根据实际需要修改 |

表6　外窗（包括透明幕墙）的热工性能

| 朝向 | 构造 | | 窗墙面积比 | | 传热系数 K [W/(m²·K)] | | SHGC 限值 | | 备注 |
|---|---|---|---|---|---|---|---|---|---|
| | 窗框（幕墙型材） | 玻璃 | 设计值 | 规范限值 | 设计值 | 规范限值 | 设计值 | 规范限值 | |
| 南向 | 铝合金断桥窗框 | 中空双层玻璃 | 0.143 | 0.70 | 3.00 | 3.00 | 0.47 | — | 仅为示例，根据实际需要修改 |
| 北向 | 铝合金断桥窗框 | 中空双层玻璃 | 0.154 | 0.70 | 3.00 | 3.00 | 0.47 | — | 仅为示例，根据实际需要修改 |
| 东向 | 铝合金断桥窗框 | 中空双层玻璃 | 0.122 | 0.70 | 3.00 | 3.00 | 0.47 | — | 仅为示例，根据实际需要修改 |
| 西向 | 铝合金断桥窗框 | 中空双层玻璃 | 0.072 | 0.70 | 3.00 | 3.00 | 0.47 | — | 仅为示例，根据实际需要修改 |

表7　　外窗（包括透明幕墙）的可见光透射比、可开启面积比

| 朝向 | 玻璃可见光透射比 | | 外窗可开启面积比 | | 幕墙可开启面积比 | | 幕墙可见光反射比 | | 备注 |
|---|---|---|---|---|---|---|---|---|---|
| | 设计值 | 规范限值 | 设计值 | 规范限值 | 设计值 | 规范限值 | 设计值 | 规范限值 | |
| 东向 | 0.62 | 0.60 | 0.3 | 0.3 | — | 10%（5%） | — | 0.2 | 仅为示例，根据实际需要修改 |
| 南向 | 0.62 | 0.40 | 0.3 | 0.3 | — | 10%（5%） | — | 0.2 | 仅为示例，根据实际需要修改 |
| 西向 | 0.62 | 0.60 | 0.3 | 0.3 | — | 10%（5%） | — | 0.2 | 仅为示例，根据实际需要修改 |
| 北向 | 0.62 | 0.40 | 0.3 | 0.3 | — | 10%（5%） | — | 0.2 | 仅为示例，根据实际需要修改 |

12.2　防水设计依据。现行有关建筑设计规范、法规、规程、图集和规定，主要包括但不限于：

《建筑与市政工程防水通用规范》（GB 55030—2022）

《屋面工程技术规范》（GB 50345—2012）

《地下工程防水技术规范》（GB 50108—2008）

《建筑外墙防水工程技术规程》（JGJ/T 235—2011）

《倒置式屋面工程技术规程》（JGJ 230—2010）

《民用建筑通用规范》（GB 55031—2022）

12.3　防水设计原则

（1）防水设计应遵循"构造防水为主、材料防水为辅""以防为主""迎水面设防""刚柔相济""防排结合"的设计原则。

（2）防水工程采用的防水材料应有产品合格证书和性能检测报告，材料的品种、规格、性能应符合国家产品标准和设计的要求。

（3）防水工程设计应满足防水设防要求，细部构造处理明晰合理，并根据现场实际情况与结构、给排水、建筑电气、空调通风、装饰装修、园林环境等专业互相协调。

（4）柔性防水层上应设置保护层，选用保护层材料应考虑与防水层材料相适应和不妨碍建筑使用功能。

12.4　防水材料选择。各部位防水材料说明及规范要求（见表8）：

表8　　　　各部位防水材料说明及规范要求

| 部位 | 防水材料 | 设计厚度（mm） | 规范限值（mm） | 备注 |
|---|---|---|---|---|
| 屋面 | ××防水卷材 | 1.5 | ≥1.2 | |
| | ××防水卷材 | 1.5 | ≥1.2 | |
| | ××防水涂料 | 1.5 | ≥1.5 | |
| 卫生间等有水房间地面 | 预拌砂浆（掺5％的防水剂） | 20 | ≥20 | |
| | ××防水涂料 | 1.5 | ≥1.5 | |
| 雨篷 | ××防水卷材 | 1.5 | ≥1.5 | |
| 卫生间等有水房间地面 | ××防水涂料 | 1.5 | ≥1.5 | |
| 卫生间等有水房间顶棚 | ××防水涂料 | 1.5 | ≥1.2 | |
| 外墙 | ××防水材料 | ×.× | ≥×.× | |
| | 防水砂浆 | ×.× | ≥×.× | |
| 地下室外墙 | | — | — | |
| | | — | — | |
| 地下室顶板 | | — | — | |

注　本表格标准限值依据为《江苏省建筑防水工程技术规程》（DGJ32/TJ 212—2016）。

12.5　防水设计关键部位

（1）地下室。

1）地下室防水等级为一级，执行《地下工程防水技术规范》（GB 50108—2008）；地下室外围护结构防水混凝土的抗渗等级应符合 GB 55030—2022 的 4.1.5 第4条，不低于 P8；地下室外围护结构防水混凝土的强度等级不低于 C25，受中等及以上腐蚀性介质作用的地下工程防水混凝土强度等级不应低于 C35。

2）地下室桩头、后浇带、穿墙穿顶板管道预留孔洞（套管）、外墙防水材料收头等部位防水构造做法见 10J301《地下建筑防水构造》中 59 页 2 节

点（桩头），50页2、3节点（后浇带），54、55页节点（穿墙穿顶板套管），39页5节点（各节点需根据项目实际情况选取）。

3）地下室防水施工验收，执行《地下防水工程质量验收规范》（GB 50208—2011）。

4）集水井、水池等独立水容器、电梯基坑应采用强度等级为C30、抗渗等级为P8的防水钢筋混凝土结构，受力壁体厚度不小于250mm；水容器内侧抹1.2mm厚水泥基渗透结晶＋20厚1：2水泥砂浆加5％防水剂（满挂钢丝网）；设备与水容器壁体连接处应做防水密封处理。

5）地下室、半地下室的地下管道（沟）、地下坑井等应采取必要的截水、挡水及排水等防止涌水倒灌的措施，并应满足内涝防治要求。

6）地下工程的防水设计，应根据地表水、地下水、毛细管水等的作用，以及由于人为因素引起的附近水文地质改变的影响确定。单建式的地下工程，宜采用全封闭、部分封闭的防排水设计；附建式的全地下或半地下工程的防水设防高度，应高出室外地坪高程500mm以上。

（2）屋面。

1）屋面防水等级为一级。

2）本子项屋面采用三道防水层，做法详见具体工程建筑物剖面图。

3）屋面采用有组织排水，采用轻质材料找坡，屋面坡度不小于3％，采用结构找坡屋面坡度不小于5％，檐沟、天沟纵向坡度不小于1％，详见屋面平面图。

4）屋面找坡坡向雨水口，在雨水口部位坡度加大成积水区，雨水口杯标高比找平层低10～15mm，雨水口周围使用细石混凝土做成半径为500mm，坡度＞5％的杯形坡。外排水雨水管、雨水斗及存水管做法详见《平屋面建筑构造》（12J201）的相应详图。

5）基层与突出屋面结构（女儿墙、墙、变形缝、烟囱、管道）等的转角处水泥砂浆粉刷均应做成半径为150mm的圆弧，圆弧应用套板成形，确保顺直一致。

6）凡穿屋面管道应先预埋止水钢套管，管道穿屋面等屋面预留孔洞位置须检查核实后再做防水层，避免做防水层后凿洞。

7）高跨屋面雨水排至低跨屋面时，应在雨水管下方低跨屋面嵌设水簸箕。

8）有防水涂料附加层的屋面，檐沟和天沟的附加层伸入屋面的宽度不小于250mm，瓦屋面的檐沟和天沟的附加层伸入屋面的宽度不小于500mm，女儿墙泛水处的附加层在平面和立面的宽度均不小于250mm。

9）保温层应在女儿墙根部内侧留置30mm的通长缝隙，并用防水密封材料封严。

10）采用发泡混凝土或陶粒混凝土等轻质材料找坡层的保温屋面设置隔汽层，隔汽层采用防水涂膜或防水卷材，并按要求设排汽道和排汽口。

11）屋面伸缩缝采用现浇钢筋混凝土盖板，其强度等级不得低于C30；伸出屋面的墙体及烟道周边应同屋面结构一起整浇一道不小于300高的钢筋混凝土防水圈。

12）屋面雨水口应符合《平屋面建筑构造》（12J201-A20）及条文说明的规定。

13）女儿墙压顶顶面应坡向屋面，排水坡度不小于5％，并在内侧设滴水线，压顶宽度应完全覆盖两侧墙体保温层。

14）坡屋面檐口处应设置宽度不小于120mm的防滑挡肩，高度不应小于各构造层厚度总和，挡肩配筋与坡屋面的结构配筋相同，并应整体绑扎；挡肩泄水孔孔径不小于30mm，间距不大于3m。

15）在坡屋面脊墙、封火墙防水层收头处上方设置钢筋混凝土外挑线条，外挑宽度和最小厚度不小于60mm，线条顶面向外排水坡度不小于6％。屋脊附加防水卷材一道，宽度每边各不少于500mm。

16）防水工程施工必须由专业施工队按相关施工验收标准，以及《屋面工程质量验收规范》（GB 50207—2012）的要求施工。

17）楼梯间出屋面处的外开门上部均设雨篷，应设置外排水，坡度不应小于2％。且外口下沿应做滴水线。做法见具体工程建筑详图。

18）平屋面反梁过水孔、设备基座构造做法参《平屋面建筑构造》（12J201-H）23页中1、3节点。

19）种植屋面应满足种植荷载及耐根穿刺的构造要求。

（3）外墙。

1）工程防水等级为一级，外墙采用墙面整体防水。防水等级为一级的框架填充或砌体结构外墙时应设置二道及以上防水层。当采用两道防水时，应设置一道防水砂浆及一道防水涂料或其他防水材料。防水等级为一级现浇混凝土外墙，应设置一道及以上的防水层。执行《建筑外墙防水工程技术规程》(JGJ/T 235—2011)。

2) 外墙砌体填充墙及门窗洞口防水做法应严格按有关规程施工，安装在外墙上的构配件（各类孔洞、管道、螺栓）等均应预埋，预埋件位于砌块墙体时应在预埋件四周嵌以聚合物水泥砂浆。外墙脚手孔及洞眼应分层塞实，并在洞口外侧先加刷一道防水增强层。

3) 凸窗顶板面均需做水泥砂浆找坡，并在其上做聚合物水泥基防水涂膜。

4) 外墙门窗框与洞口、外窗框与附框之间的缝隙填充应遵循《建筑门窗附框技术要求》(GB/T 39866—2021)，门窗性能和安装质量应满足水密性要求。

5) 窗台处应设置排水板和滴水线等排水构造措施。外窗窗台向外的排水坡度不应小于5%。

6) 雨篷应设置外排水，坡度不应小于2%，且外口下沿应做滴水线。雨篷与外墙交接处的防水层应连续，且防水层应沿外口下翻至滴水线；阳台外口下沿应做滴水线。

7) 外挑板的排水坡度不小于2%，女儿墙和山墙压顶向内排水，坡度不小于5%。

8) 穿墙管、预留孔穿越外墙时均应设置套管，套管伸出外墙装饰面不宜小于5mm，套管埋设应内高外低，内外高差小于15mm。

9) 砌筑墙体应在室外地面以上、室内地面垫层处设置连续的水平防潮层，室内相邻地面有高差时，应在高差处贴邻土壤一侧加设防潮层。

(4) 室内。

1) 室内防水执行《建筑与市政工程防水通用规范》(GB 55030—2022)。

2) 卫生间、浴室的楼、地面、墙面应设置防水层，用水处墙面防水层高度应距楼、地面面层1.2m；当卫生间有非封闭式洗浴设施时，花洒所在及其邻近墙面防水层高度不应小于2.0m，且不低于淋浴喷淋口高度。当卫生间采用轻质隔墙时，应做整墙面防水。厨房的楼、地面设置防水层，墙面设置防潮层，当厨房采用轻质隔墙时，应做整墙面防水。门口处内外设置高差阻止积水外溢，有防水设防的功能房间，除应设置防水层的墙面外，其余

部分墙面和顶棚均应设置防潮层。厨房布置在无用水点房间的下层时，顶棚应设置防潮层。墙面其他部位泛水翻起高度不应小于250mm。

3) 有防潮要求的室内墙面迎水面应设防潮层，有防水要求的室内墙面迎水面应采取防水措施；有配水点的墙面应采取防水措施。

4) 楼、地面的防水层在门口处应向外水平延展，向外延展的长度不应小于500mm，向两侧延展的宽度不应小于200mm。

5) 厨房、卫生间、阳台、露台、敞开走道、井（烟道）、雨篷、空调板部位的内外墙体，以及女儿墙、有水房间的隔墙周边，除门洞外均应向上做一道高度不小于200mm的混凝土翻边与楼板一同浇筑，宽度同上部墙体，混凝土强度等级不低于C20。

6) 凡管道穿越楼板处应设置金属套管，高出地面30；预留洞边做混凝土坎边，高100。

7) 凡室内经常有水房间（包括阳台及室外平台），楼地面应找不小于1%排水坡坡向地漏，地漏应比相邻地面低5mm。

8) 潮湿房间的吊顶，应采用防水或防潮材料，并应采取防结露、防滴水及排放冷凝水的措施。

12.6 施工管理措施

(1) 结构工程施工前，施工单位应结合设计要求和工程特点编制防水工程专项施工方案，经监理单位或建设单位审查批准后执行。对易发生渗漏的部位和关键节点，制定有针对性的防控措施和节点做法。

(2) 防水材料应符合设计文件和环保要求并按规定办理登记手续。防水砂浆不得现场搅拌。材料进场时，施工单位应按照规定对进场的防水材料进行检验。检验合格后方可投入使用。

(3) 外窗、外墙、外保温、卫生间的防渗漏施工在全面展开前可先行开展样板段施工，样板段应展示工序做法并在完成面上进行相应淋水、蓄水检验。施工单位可在样板段施工和检验的基础上总结质量控制措施和渗漏防控要点，完善施工方案，对相应专业施工作业人员进行可视化交底。

(4) 施工单位应严格按设计文件和防水技术标准施工，实施举牌验收，不得偷工减料，以次充好。建设单位、施工单位、监理单位不得擅自修改设计文件。施工单位认为相关节点防水设计确需修改的，应当由原设计单位修改。设计变更或设计核定应符合工程建设强制性标准。

（5）门窗、防水、保温工程施工前，监理单位应组织施工总承包单位和相关专业施工单位进行工序交接验收。验收内容包括结构尺寸、标高、基层处理、防水构造措施等是否满足设计和后续施工要求。工序交接验收发现问题的，监理单位应及时督促整改，符合要求的应及时形成交接验收记录。后续施工不得破坏已完成的防水层和构造措施。

（6）外墙外保温工程应分别在基层防水层完成（现浇混凝土外墙可在螺栓洞口封堵完成）、外保温防水抗裂层完成且装饰面层施工前、分户验收时三个阶段进行淋水检验。淋水检验时应保证适当水压，形成连续水幕，持续时间不宜少于2h。当外墙使用爬模等新工艺时，在基层防水层不适合淋水检验的情况下，应采取有效的防水措施，在保温防水抗裂层完成且装饰面层施工前进行淋水检验，淋水时间不宜少于4h。

（7）主体验收和竣工验收时，应对屋面、卫生间和开敞式阳台等有防水要求部位进行淋水、蓄水验收，蓄水时间不少于24h，淋水时间不宜少于2h。竣工验收时应对外窗和东西山墙进行淋水验收，淋水时间不宜少于2h。淋水、蓄水后发现有漏水或积水现象的，应及时进行整改，并重新验收。淋水、蓄水过程可留设影像资料。

13 水池建筑

13.1 防水等级和设防要求

（1）防水等级：一级防水

（2）设防要求：采用防水混凝土和《地下工程防水技术规范》（GB 50108—2008）表 3.3.1-1 中选取的防水措施，并且符合《建筑与市政工程防水通用规范》（GB 55030—2022）规范要求。根据地勘报告，本工程不处于侵蚀性介质中。当采用卷材防水构造和涂料防水构造措施时，应根据国标图集 10J301 的要求设置软保护措施。

（3）建构筑物地下防水工程施工及验收应符合《地下工程防水技术规范》（GB 50108—2008）、《建筑与市政工程防水通用规范》（GB 55030—2022）等相关规范要求。

13.2 材料及构造要求

（1）防水混凝土：

1）防水混凝土抗渗等级为 P8，试配混凝土的抗渗等级应比设计要求提高 0.2MPa。

并应根据地下工程所处的环境和工作条件，满足抗压、抗冻和抗侵蚀性等耐久性要求。

2）迎水面钢筋保护层厚度 50mm。

3）水泥品种采用硅酸盐水泥。

4）防水混凝土选用矿物掺合料时应符合《地下工程防水技术规范》（GB 50108—2008）第4.1.9条规定。

5）应选用坚固耐久、粒形良好的洁净石子；最大粒径不大于 40mm，泵送时其最大粒径不大于输送管径的 1/4；吸水率不应大于 1.5%；不得使用碱活性骨料；石子的质量要求应符合国家现行标准《普通混凝土用砂、石质量及检验方法标准》（JGJ 52—2006）的有关规定。

6）砂选用坚硬、抗风化性强、洁净的中粗砂，不使用海砂；砂的质量要求应符合国家现行标准 JGJ52 的有关规定。

7）用于搅拌混凝土的水，应符合国家现行标准 JGJ63 的有关规定。

8）防水混凝土中各类材料的总碱量（$Na_2O$ 当量）不得大于 $3kg/m^3$；氯离子含量不应超过胶凝材料总量的 0.1%。

9）防水混凝土配合比要求；

a. 胶凝材料用量应根据混凝土的抗渗等级和强度等级等选用，其总用量不宜小于 $320kg/m^3$；当强度要求较高或地下水有腐蚀性时，胶凝材料用量可通过试验调整。

b. 在满足混凝土抗渗等级、强度等级和耐久性条件下，水泥用量不宜小于 $260kg/m^3$。

c. 砂率宜为 35%～40%，泵送时可增至 45%。

d. 灰砂比宜为 1∶1.5～1∶2.5。

e. 水胶比不得大于 0.50，有侵蚀性介质时水胶比不宜大于 0.45。

f. 防水混凝土采用预拌混凝土时，入泵坍落度宜控制在 120～160mm，坍落度每小时损失值不应大于 20mm，坍落度总损失值不应大于 40mm。

g. 掺加引气剂或引气型减水剂时，混凝土含气量应控制在 3%～5%。

h. 预拌混凝土的初凝时间宜为 6～8h。

10）当处于腐蚀介质中时按照 GB 50108—2008 中的有关规定执行。

11）混凝土结构蓄水类工程顶部最小厚度不小于 250mm，底板及侧墙小厚度不小于 300mm，最大允许裂缝宽度 0.20mm，最小钢筋保护层厚度不小于 35mm。

（2）防水卷材：

1）卷材外观质量、品种规格应符合国家现行有关标准的规定。

2）卷材及其胶黏剂应具有良好的耐水性、耐久性、耐穿刺性、耐腐蚀性和耐菌性。

3）在阴阳角等特殊部位，应增做卷材加强层，加强层宽度 500mm。

4）卷材的主要物理性能应符合《地下工程防水技术规范》（GB 50108—2008）表 4.3.9 中的规定。

5）粘贴防水卷材应采用与卷材材性相容的胶黏材料，其粘结质量应符合《地下工程防水技术规范》（GB 50108—2008）表 4.3.10，防水卷材搭接缝不透水性、剥离强度、最小厚度、耐根穿刺性试验应符合《建筑与市政工程防水通用规范》（GB 55030—2022）第 3.3 节中相关规定。长期处于腐蚀性环境中的防水卷材或防水涂料，应通过腐蚀性介质耐久性试验。

（3）细部构造：细部构造按《地下工程防水技术规范》（GB 50108—2008）内相关要求及节点详图实施。

（4）钢筋：采用 HRB400E 钢。

（5）工艺管道：钢制管件、管道支架等均采用 Q235B 钢。

（6）钢梯、预埋件：采用 Q235B 钢。

## 1.1 外墙面抹灰

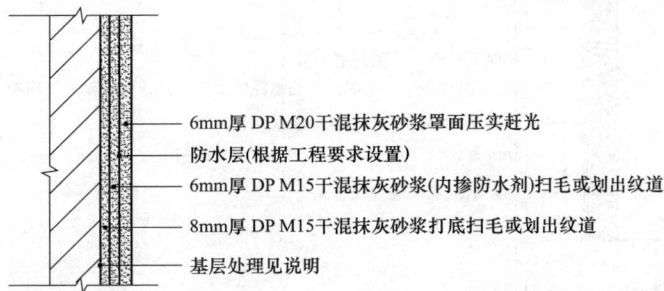

砖墙抹灰图示标注：
- 6mm厚 DP M20干混抹灰砂浆罩面压实赶光
- 防水层(根据工程要求设置)
- 6mm厚 DP M15干混抹灰砂浆(内掺防水剂)扫毛或划出纹道
- 8mm厚 DP M15干混抹灰砂浆打底扫毛或划出纹道
- 基层处理见说明

**砖墙抹灰**

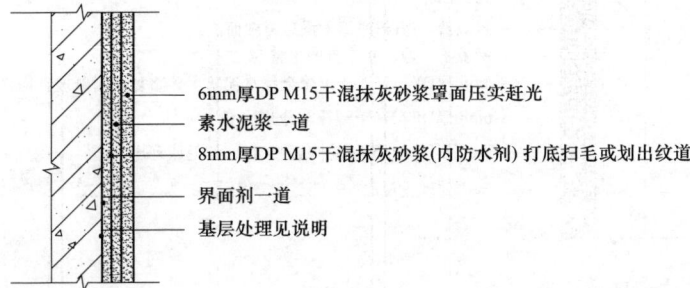

混凝土墙面抹灰图示标注：
- 6mm厚DP M15干混抹灰砂浆罩面压实赶光
- 素水泥浆一道
- 8mm厚DP M15干混抹灰砂浆(内防水剂)打底扫毛或划出纹道
- 界面剂一道
- 基层处理见说明

**混凝土墙面抹灰**

说明　1.基层处理：

　　　　(1) 混凝土表面抹灰前，采用界面处理剂对基面进行处理。

　　　　(2) 墙体大面积抹灰设分隔缝。所有墙面特别是不同材料基体交接处及墙面有管线竖向开槽处表面的抹灰应采取防止开裂的加强

　　　　措施：采用钢板网满布(钢板网选用15mm×25mm，丝径1m，搭接时应错缝，用带尾孔射钉双向@30梅花形错位锚固)，由上至下，

　　　　搭接宽度每边≥150mm；并采用机械喷涂 DP M15干混抹灰砂浆(内掺用水量10%的建筑用胶)进行粘贴。

　　2.墙体粉刷门窗口等阳角位置设 DP M20干混抹灰砂浆护角，每侧宽度为50mm，成活后与墙面灰层平齐。

　　3.要求砌筑墙体与框架柱留15mm凹槽，抹灰前采用微膨胀水泥砂浆填密实，至少2遍成活。

　　4.当要求抹灰层具有防水防潮功能时，应采用DW干混普通防水砂浆。

## 1.2 内墙涂料墙面

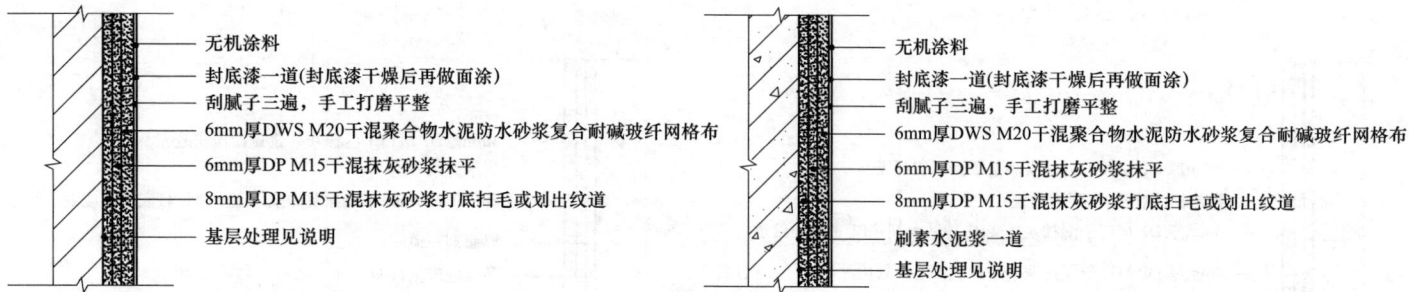

无机涂料
封底漆一道(封底漆干燥后再做面涂)
刮腻子三遍，手工打磨平整
6mm厚DWS M20干混聚合物水泥防水砂浆复合耐碱玻纤网格布
6mm厚DP M15干混抹灰砂浆抹平
8mm厚DP M15干混抹灰砂浆打底扫毛或划出纹道
基层处理见说明

无机涂料
封底漆一道(封底漆干燥后再做面涂)
刮腻子三遍，手工打磨平整
6mm厚DWS M20干混聚合物水泥防水砂浆复合耐碱玻纤网格布
6mm厚DP M15干混抹灰砂浆抹平
8mm厚DP M15干混抹灰砂浆打底扫毛或划出纹道
刷素水泥浆一道
基层处理见说明

**内墙砖墙涂料**　　　　　　　　　　　　　**内墙混凝土墙面涂料**

说明　1. 内墙涂料采用无机涂料。涂料耐洗刷性(次)≥300；无机涂料性能要求：VOC含量≤120g/L。

2. 无机涂料施工步骤：涂饰第二遍面层涂料；涂饰面层涂料；涂饰底涂料；局部腻子、磨平；清理基层。

3. 基层处理：

(1) 混凝土表面抹灰前，采用界面处理剂对基面进行处理。

(2) 墙体大面积抹灰宜设分隔缝。所有墙面特别是不同材料基体交接处及墙面有管线竖向开槽处表面的抹灰应采取防止开裂的加强措施：
采用钢丝网满布(钢丝网选用15mm×25mm，丝径1mm，搭接时应错缝，用带尾孔射钉双向@30梅花形错位锚固)，由上至下，搭接宽度每边≥150mm；并采用机械喷涂DP M15干混抹灰砂浆(内掺用水量10%的建筑用胶)进行粘贴。

4. 墙体粉刷门窗口等阳角位置设DP M20干混抹灰砂浆护角，每侧宽度为50mm，成活后与墙面灰层平齐。

5. 要求砌筑墙体与框架柱留15mm凹槽，抹灰前采用微膨胀水泥砂浆填密实，至少2遍成活。

## 1.3 内墙面砖

DTG干混填缝砂浆勾缝或白水泥擦缝
5~10mm厚内墙瓷砖(黏贴前先将瓷砖浸水2h以上)
6mm厚DTA干混陶瓷砖粘结砂浆或瓷砖胶粘剂粘结层
6mm厚DWS M20干混聚合物水泥防水砂浆复合耐碱玻纤网格布
8mm厚DP M15干混抹灰砂浆分层压实抹平
界面剂一道
基层处理见说明

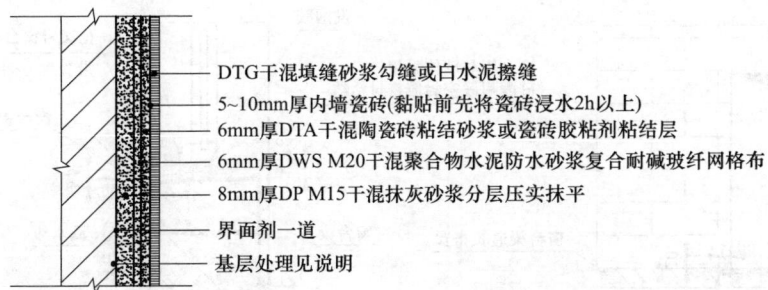

**内墙面砖墙面**

说明　1. 瓷砖吸水率$E \leqslant 6\%$；瓷砖破坏强度$\geqslant 600N$。

2. 在窗边，柱边，拐角处面砖规格为整砖。墙面砖规格大于400mm×400mm时，应有可靠安全措施。

3. 铺贴墙面砖前需先进行二次排砖设计，排砖时应按以下原则：

(1) 阳角、窗口、大墙面、通长全高的柱躁等主要部位都要排整砖。非整砖要本着对称和一致的原则放在阴角等次要部位，且非整砖不小于1/2整砖。

(2) 墙面阴阳角处采用异型角砖，如不采用异型砖，阳角两侧砖边磨成45°对接；横缝要与窗台平齐。

(3) 墙面砖压地砖。

4. 基层处理：

(1) 混凝土表面进行凿毛处理，聚合物水泥砂浆修补墙基面。

(2) 墙体大面积抹灰宜设分隔缝。所有墙面特别是不同材料基体交接处，以及墙面有管线竖向开槽处表面的抹灰应采取防止开裂的加强措施：采用钢丝网满布(钢丝网选用15mm×25mm，丝径1mm，搭接时应错缝，用带尾孔射钉双向@30梅花形错位锚固)，由上至下，搭接宽度每边$\geqslant 150mm$；并采用机械喷涂DP M15干混抹灰砂浆(内掺用水量10%的建筑用胶)进行粘贴。

5. 所有阴角处打胶处理。

## 2.1 花岗岩窗台做法

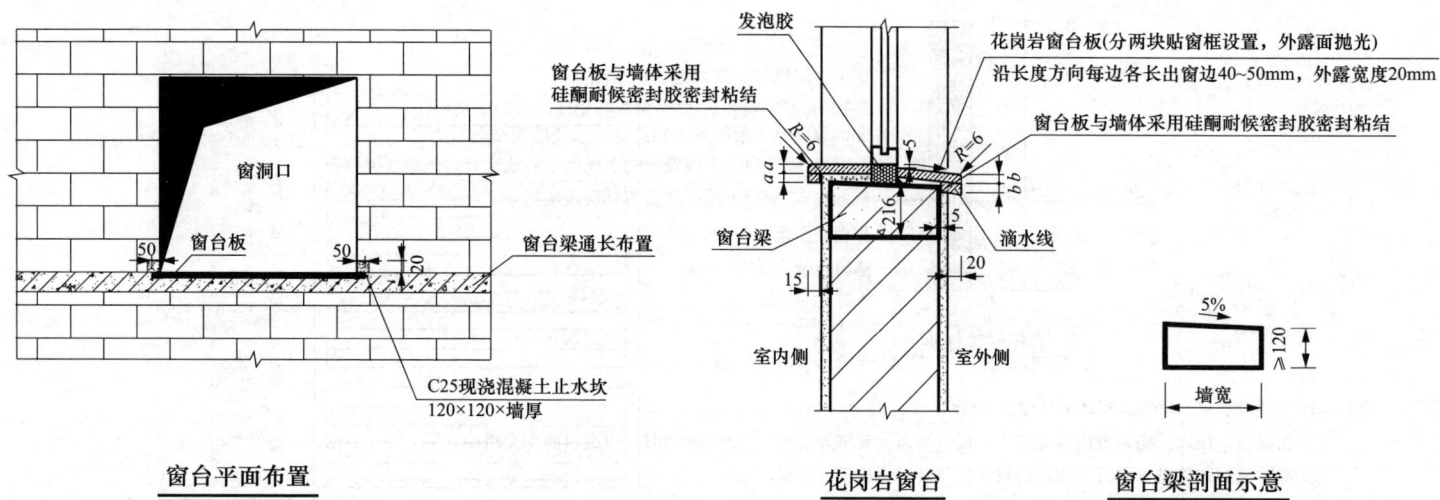

**窗台平面布置**

窗洞口

窗台板

窗台板与墙体采用硅酮耐候密封胶密封粘结

窗台梁通长布置

C25现浇混凝土止水坎
120×120×墙厚

发泡胶

花岗岩窗台板(分两块贴窗框设置,外露面抛光)

沿长度方向每边各长出窗边40~50mm,外露宽度20mm

窗台板与墙体采用硅酮耐候密封胶密封粘结

窗台梁

滴水线

室内侧

室外侧

**花岗岩窗台**

墙宽

**窗台梁剖面示意**

说明 　1. 内外窗台板的材料采用花岗岩,颜色根据具体工程确定,一般采用黑色。外墙和内墙粉刷按工程设计。

2. 台板的厚度(图中尺寸$a$、$b$)为12.7mm。

3. 窗台石板侧边外露部分应磨光,倒角。

4. 窗台板结构致密、表面光洁、拐角方正、抗老化、保色性能良好,不易变形。板材无甲醛和苯释放量。

5. 窗台板的安装高度不应妨碍窗的开启,内台板上与下部窗框下口底平,外台板应低于窗框底5mm。

6. 窗台板与窗、墙体间留5mm空隙,采用硅酮耐候密封胶进行封闭。

7. 窗台梁沿外墙通长布置,截面为不规则矩形。高度不宜小于120mm。

## 3.1　贴通体砖楼地面

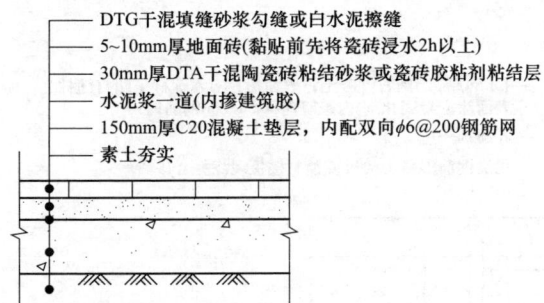

DTG干混填缝砂浆勾缝或白水泥擦缝
5～10mm厚地面砖(黏贴前先将瓷砖浸水2h以上)
30mm厚DTA干混陶瓷砖粘结砂浆或瓷砖胶粘剂粘结层
水泥浆一道(内掺建筑胶)
150mm厚C20混凝土垫层，内配双向φ6@200钢筋网
素土夯实

**贴通体砖地面(无防水层地面)**

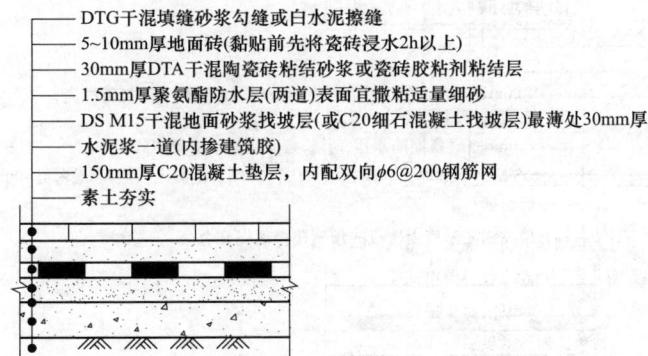

DTG干混填缝砂浆勾缝或白水泥擦缝
5～10mm厚地面砖(黏贴前先将瓷砖浸水2h以上)
30mm厚DTA干混陶瓷砖粘结砂浆或瓷砖胶粘剂粘结层
水泥浆一道(内掺建筑胶)
现浇钢筋混凝土楼板

**贴通体砖地面(无防水层楼面)**

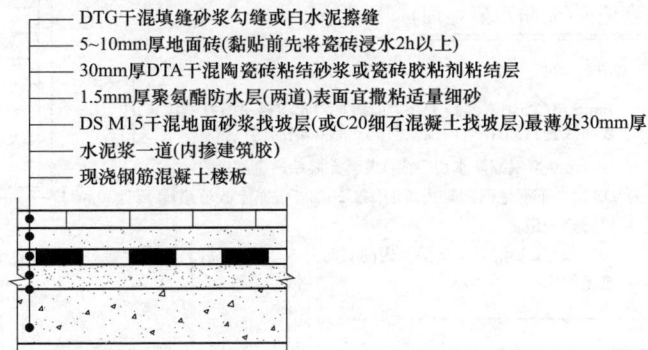

DTG干混填缝砂浆勾缝或白水泥擦缝
5～10mm厚地面砖(黏贴前先将瓷砖浸水2h以上)
30mm厚DTA干混陶瓷砖粘结砂浆或瓷砖胶粘剂粘结层
1.5mm厚聚氨酯防水层(两道)表面宜撒粘适量细砂
DS M15干混地面砂浆找坡层(或C20细石混凝土找坡层)最薄处30mm厚
水泥浆一道(内掺建筑胶)
150mm厚C20混凝土垫层，内配双向φ6@200钢筋网
素土夯实

**贴通体砖地面(有防水层地面)**

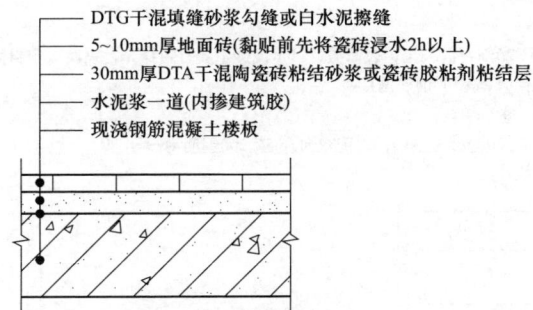

DTG干混填缝砂浆勾缝或白水泥擦缝
5～10mm厚地面砖(黏贴前先将瓷砖浸水2h以上)
30mm厚DTA干混陶瓷砖粘结砂浆或瓷砖胶粘剂粘结层
1.5mm厚聚氨酯防水层(两道)表面宜撒粘适量细砂
DS M15干混地面砂浆找坡层(或C20细石混凝土找坡层)最薄处30mm厚
水泥浆一道(内掺建筑胶)
现浇钢筋混凝土楼板

**贴通体砖地面(有防水层楼面)**

说明　1. 找坡层<30mm厚时用 DS M15干混抹灰砂浆；≥30mm厚时用C20细石混凝土找坡。

2. 聚氨酯防水层表面撒粘适量细砂，以增加结合层与防水层的粘结力，防水层在与墙柱交接处翻起的高度不小于250mm。

3. 相连通的房间中规格相同的地砖应对缝铺贴，确实不能够对缝的要用过门石隔开。

4. 铺贴墙面砖前需先进行二次排砖设计，排砖时应按以下原则：阳角、窗口、大墙面、通长全高的柱垛等主要部位都要排
　整砖；非整砖要本着对称和一致的原则，房子窗间墙和阴角等次要部位且非整砖不小于1/2整砖。

5. 分仓缝要求以柱网设缝纵缝平头缝横缝假缝设缝要求见《建筑地面设计规范》(GB 50037—2013)。

## 3.2 耐磨楼地面

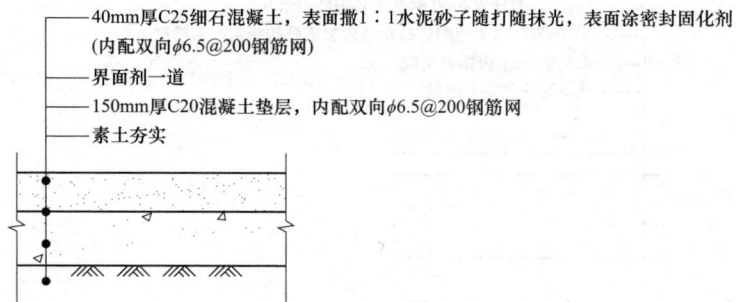

40mm厚C25细石混凝土，表面撒1：1水泥砂子随打随抹光，表面涂密封固化剂
(内配双向φ6.5@200钢筋网)
界面剂一道
150mm厚C20混凝土垫层，内配双向φ6.5@200钢筋网
素土夯实

**耐磨地面(无防水层地面)**

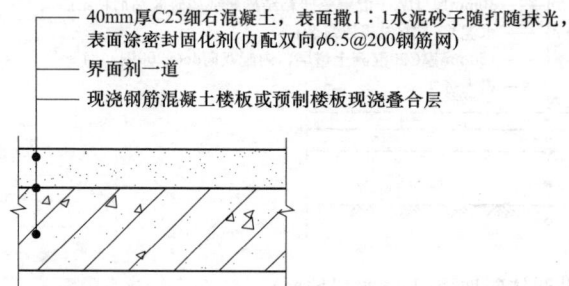

40mm厚C25细石混凝土，表面撒1：1水泥砂子随打随抹光，
表面涂密封固化剂(内配双向φ6.5@200钢筋网)
界面剂一道
现浇钢筋混凝土楼板或预制楼板现浇叠合层

**耐磨地面(无防水层楼面)**

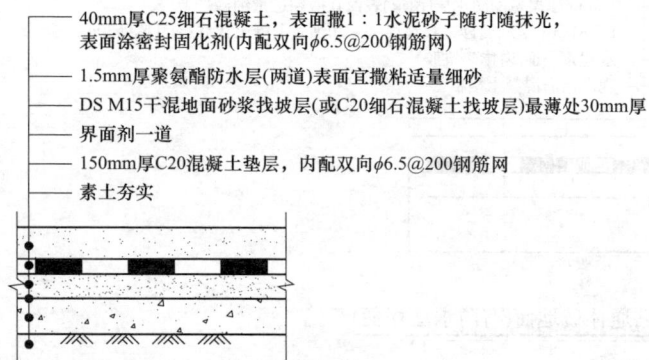

40mm厚C25细石混凝土，表面撒1：1水泥砂子随打随抹光，
表面涂密封固化剂(内配双向φ6.5@200钢筋网)
1.5mm厚聚氨酯防水层(两道)表面宜撒粘适量细砂
DS M15干混地面砂浆找坡层(或C20细石混凝土找坡层)最薄处30mm厚
界面剂一道
150mm厚C20混凝土垫层，内配双向φ6.5@200钢筋网
素土夯实

**耐磨地面(有防水层地面)**

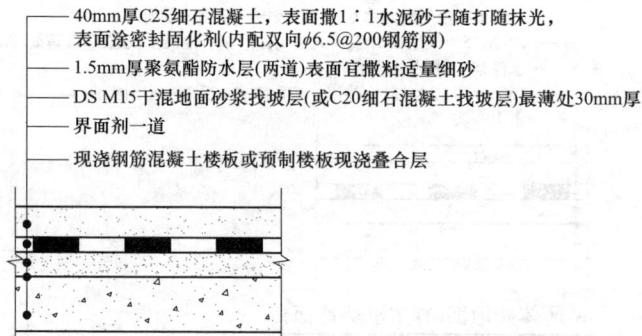

40mm厚C25细石混凝土，表面撒1：1水泥砂子随打随抹光，
表面涂密封固化剂(内配双向φ6.5@200钢筋网)
1.5mm厚聚氨酯防水层(两道)表面宜撒粘适量细砂
DS M15干混地面砂浆找坡层(或C20细石混凝土找坡层)最薄处30mm厚
界面剂一道
现浇钢筋混凝土楼板或预制楼板现浇叠合层

**耐磨地面(有防水层楼面)**

说明　1. 找坡层<30mm厚时用DS M15干混地面砂浆找坡层；≥30mm厚时用C20细石混凝土找坡。
　　　2. 聚氨酯防水层表面撒适量细砂，防水层在墙柱交接处翻起高度不小于250mm。
　　　3. 在墙、柱、设备基础边缘及分仓缝处用10mm厚的橡胶泡沫板设置变形缝，打胶处理。
　　　4. 分仓缝要求以柱网设缝纵缝平头缝横缝假设缝要求见《建筑地面设计规范》(GB 50037—2013)。

## 3.3 水泥基自流平楼地面

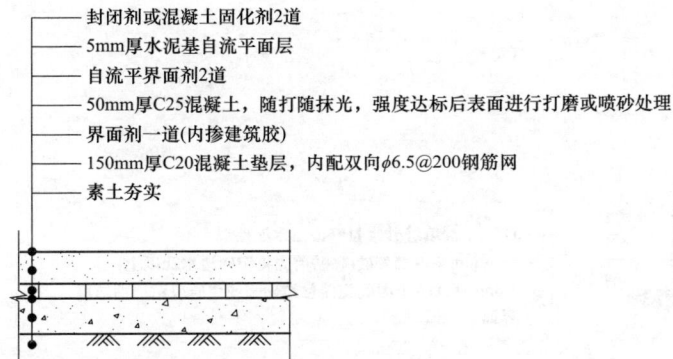

封闭剂或混凝土固化剂2道
5mm厚水泥基自流平面层
自流平界面剂2道
50mm厚C25混凝土,随打随抹光,强度达标后表面进行打磨或喷砂处理
界面剂一道(内掺建筑胶)
150mm厚C20混凝土垫层,内配双向φ6.5@200钢筋网
素土夯实

**水泥基自流平地坪(无防水层地面)**

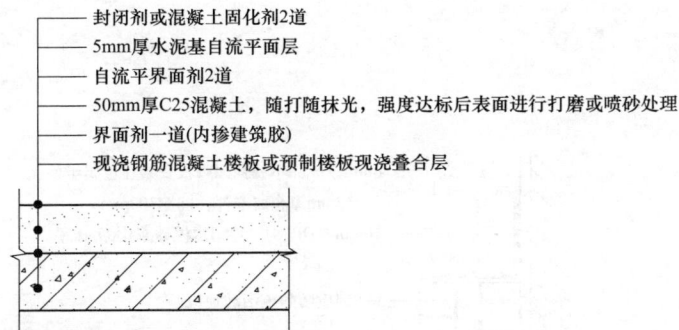

封闭剂或混凝土固化剂2道
5mm厚水泥基自流平面层
自流平界面剂2道
50mm厚C25混凝土,随打随抹光,强度达标后表面进行打磨或喷砂处理
界面剂一道(内掺建筑胶)
现浇钢筋混凝土楼板或预制楼板现浇叠合层

**水泥基自流平(无防水层楼面)**

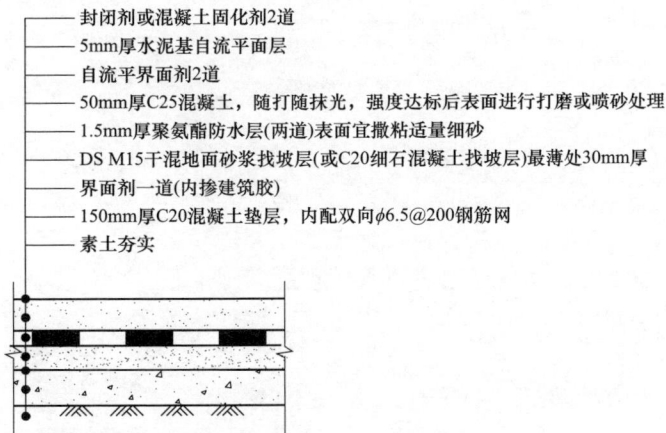

封闭剂或混凝土固化剂2道
5mm厚水泥基自流平面层
自流平界面剂2道
50mm厚C25混凝土,随打随抹光,强度达标后表面进行打磨或喷砂处理
1.5mm厚聚氨酯防水层(两道)表面宜撒粘适量细砂
DS M15干混地面砂浆找坡层(或C20细石混凝土找坡层)最薄处30mm厚
界面剂一道(内掺建筑胶)
150mm厚C20混凝土垫层,内配双向φ6.5@200钢筋网
素土夯实

**水泥基自流平(有防水层地面)**

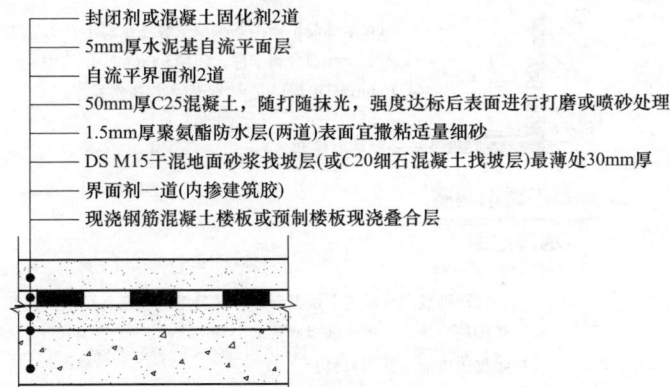

封闭剂或混凝土固化剂2道
5mm厚水泥基自流平面层
自流平界面剂2道
50mm厚C25混凝土,随打随抹光,强度达标后表面进行打磨或喷砂处理
1.5mm厚聚氨酯防水层(两道)表面宜撒粘适量细砂
DS M15干混地面砂浆找坡层(或C20细石混凝土找坡层)最薄处30mm厚
界面剂一道(内掺建筑胶)
现浇钢筋混凝土楼板或预制楼板现浇叠合层

**水泥基自流平(有防水层楼面)**

说明  1. 水泥基自流平耐火等级为A。

2. 找坡层<30mm厚时用DS M15干混地面砂浆找坡;≥30mm厚时用C20细石混凝土找坡。

3. 聚氨酯防水层表面撒适量细砂,防水层在墙柱交接处翻起高度不小于250mm。

4. 施工结束24h后,宜在面层表面进行封蜡处理。

5. 分仓缝要求以柱网设缝纵缝平头缝横缝假缝设缝要求见《建筑地面设计规范》(GB 50037—2013)。

## 3.4 踢脚线

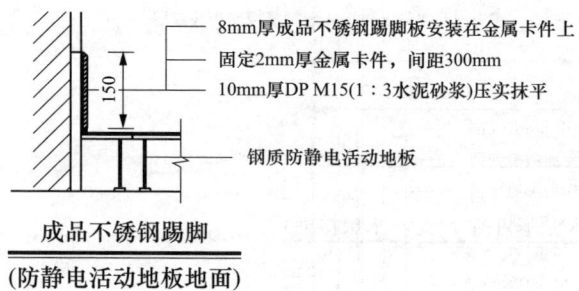

8mm厚成品不锈钢踢脚板安装在金属卡件上
固定2mm厚金属卡件，间距300mm
10mm厚DP M15(1：3水泥砂浆)压实抹平

钢质防静电活动地板

**成品不锈钢踢脚**

**(防静电活动地板地面)**

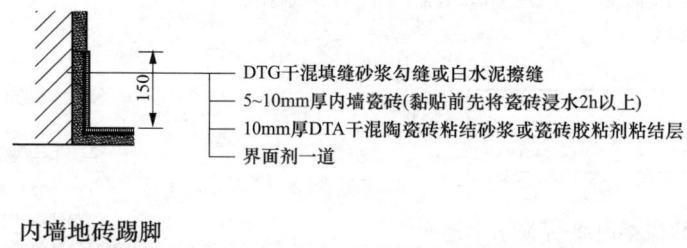

DTG干混填缝砂浆勾缝或白水泥擦缝
5~10mm厚内墙瓷砖(黏贴前先将瓷砖浸水2h以上)
10mm厚DTA干混陶瓷砖粘结砂浆或瓷砖胶粘剂粘结层
界面剂一道

**内墙地砖踢脚**

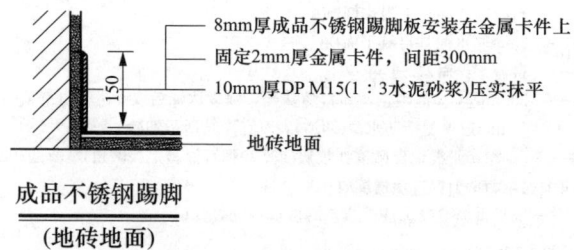

8mm厚成品不锈钢踢脚板安装在金属卡件上
固定2mm厚金属卡件，间距300mm
10mm厚DP M15(1：3水泥砂浆)压实抹平

地砖地面

**成品不锈钢踢脚**

**(地砖地面)**

说明　1.地砖踢脚线完成后突出墙面6mm。防静电地板踢脚线采用拉丝不锈钢，厚度不小于1mm。
　　　2.踢脚板应注意与地面砖对缝铺贴。
　　　3.踢脚线压地面装饰材料。

## 3.5 卫生间详图（一）

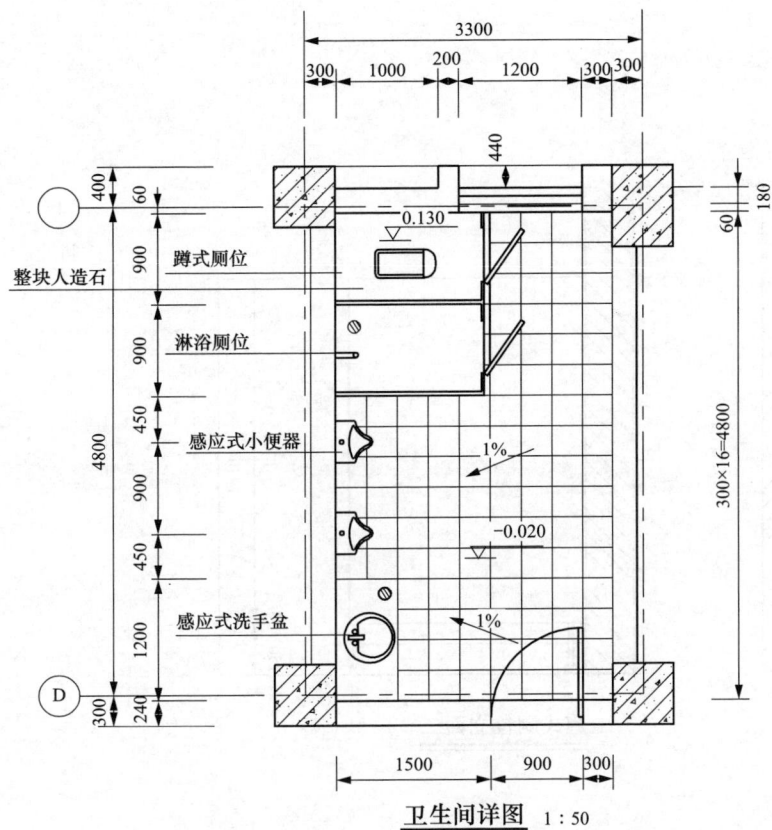

卫生间详图  1:50

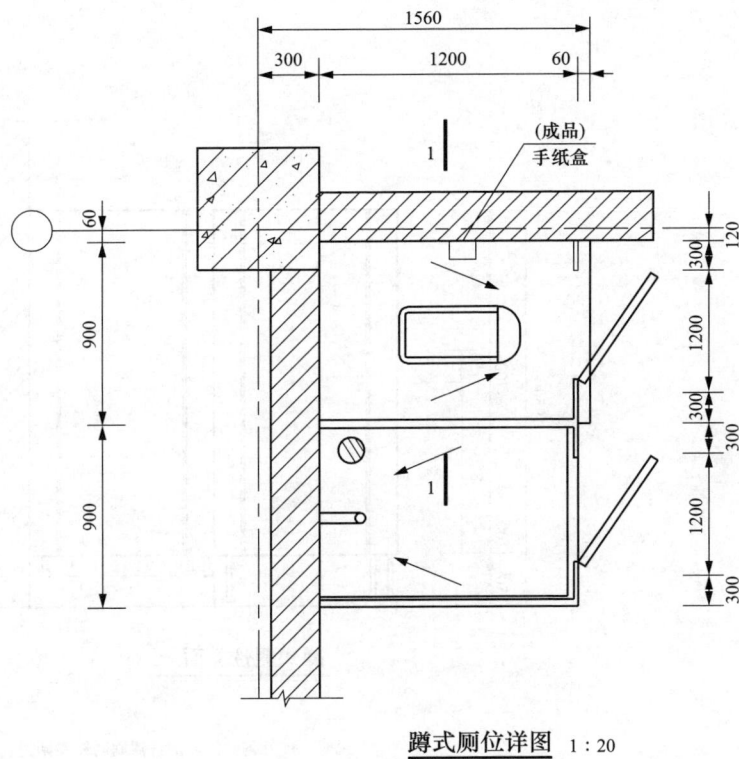

蹲式厕位详图  1:20

说明  1. 卫生间的墙体、楼地面、顶棚及墙面装饰需统一设计，分隔缝需整齐。

2. 布置于卫生间的电气开关、插座优先考虑居面砖中间布置。

3. 布置于卫生间的电气开关、插座及灯具均须选用防潮型。卫生间窗户采用磨砂中空玻璃。

4. 蹲式厕位内采用脚踏式冲水，脚踏与蹲坑位置不小于300mm。脚踏与墙面净距离不小于100mm。

5. 淋浴厕位四周设挡水坎。

6. 采用防臭地漏，存水高度不小于150mm。

7. 淋浴间玻璃隔断采用贴膜玻璃。

8. 卫生间内柱尽量设置与墙齐平。

建筑内楼地面

3

## 3.6 卫生间详图（二）

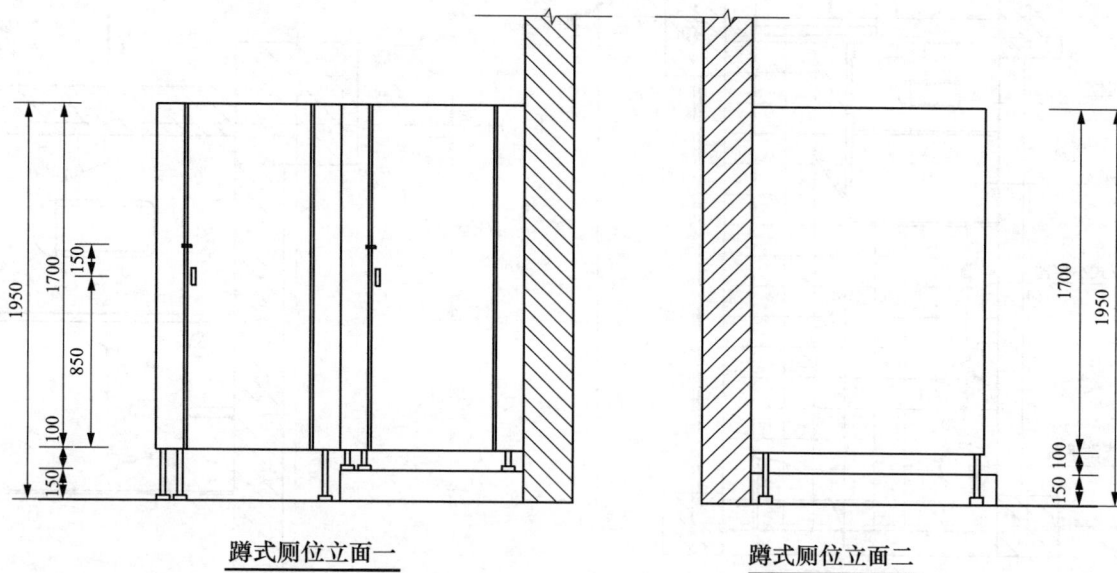

蹲式厕位立面一　　　　　蹲式厕位立面二

说明　1. 外露铁件、钢管需刷防锈漆两道。

　　　2. 门锁采用有人无人锁，门铰采用自关铰，五金件均采用铜质或不锈钢制品。

　　　3. 手纸盒离地700mm，采用成品。

## 3.7 蹲坑剖面图

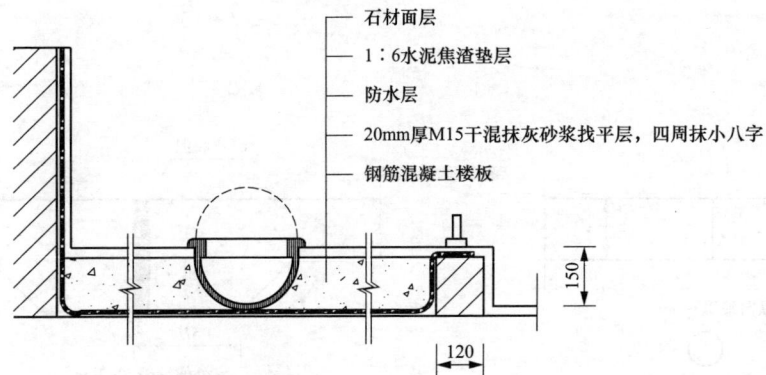

石材面层
1：6水泥焦渣垫层
防水层
20mm厚M15干混抹灰砂浆找平层，四周抹小八字
钢筋混凝土楼板

150

120

**蹲坑剖面图**

## 3.8 卫生间地漏节点

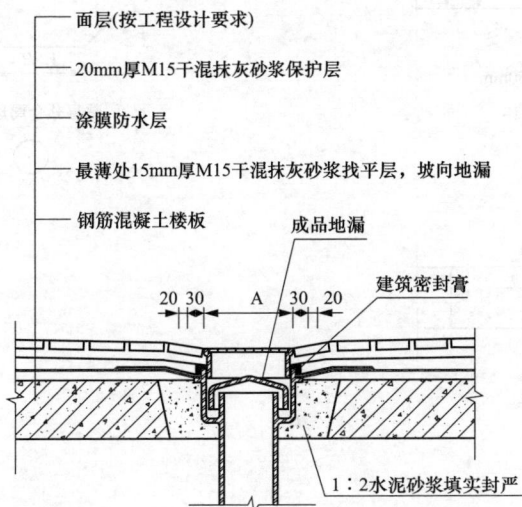

面层(按工程设计要求)
20mm厚M15干混抹灰砂浆保护层
涂膜防水层
最薄处15mm厚M15干混抹灰砂浆找平层，坡向地漏
钢筋混凝土楼板

成品地漏
建筑密封膏

20  30  A  30  20

1：2水泥砂浆填实封严

**卫生间地漏节点**

说明　水封与地面的高度不小于5cm。

## 3.9 地面分仓缝做法

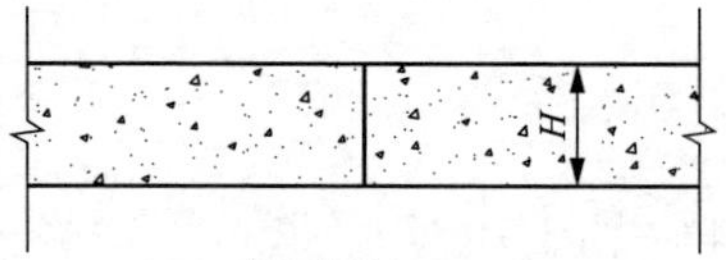

纵向缩缝3~6m

① 1：10

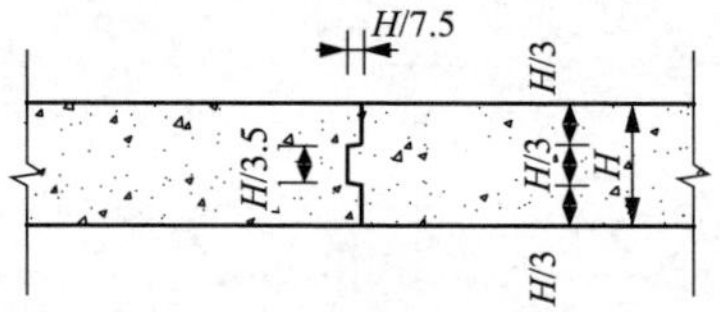

纵向缩缝3~6m，$H>150$mm

② 1：10

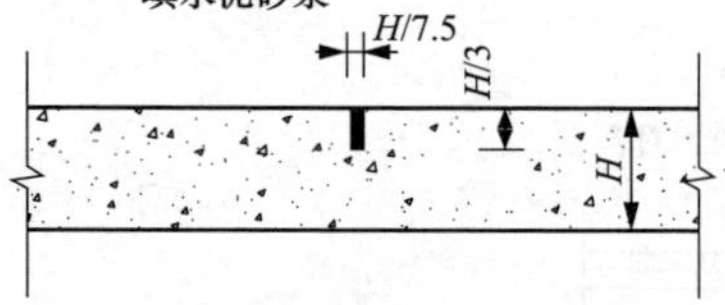

填水泥砂浆

横向缩缝6~12m

③ 1：10

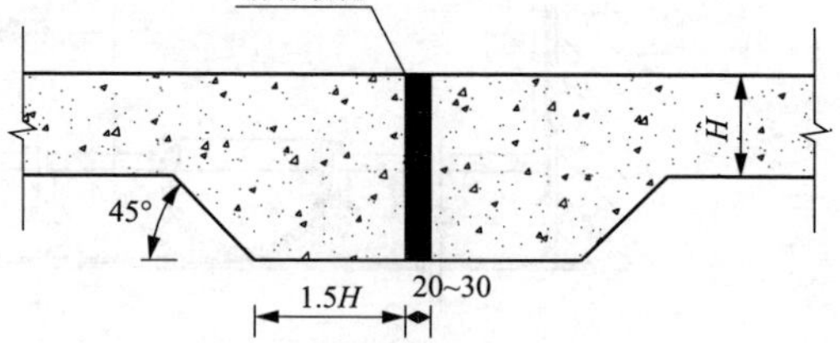

沥青胶泥

45°

1.5$H$ 20~30

室外伸缩缝20~30m

④ 1：10

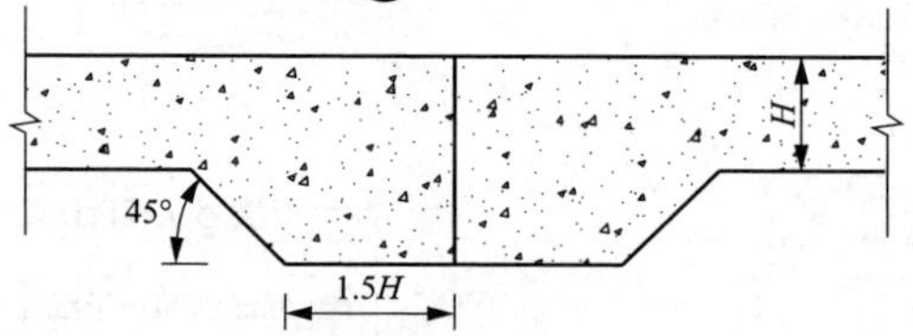

45°

1.5$H$

垫层分仓周边加肋缩缝

⑤ 1：10

## 3.10　GIS室地面布置示意图

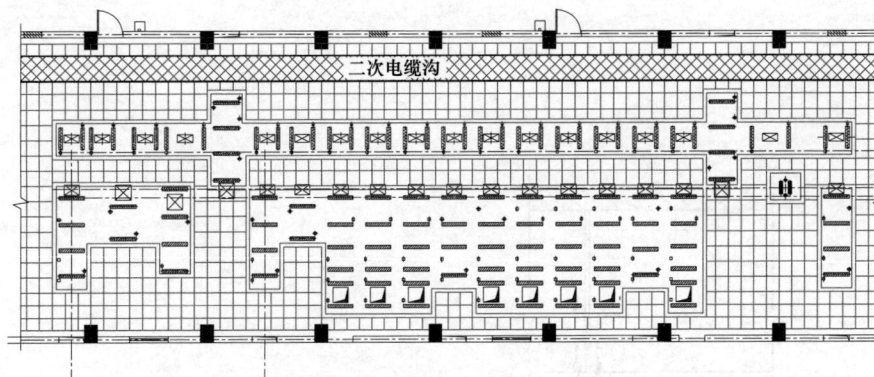

说明　1. ⊞ 区域内地面采用贴地砖，全部贴整砖，出现非整砖时采用走边处理。
　　　2. 二次电缆沟盖板区地面采用成品镀锌钢盖板。
　　　3. 其余地面均采用耐磨地面。
　　　4. 二次电缆沟深度不小于支架+槽盒(≥100mm)+电缆沟盖板全部深度。
　　　5. 当有条件时，二次电缆沟宽度宜为600mm的整倍数。

## 4.1　无机涂料顶棚

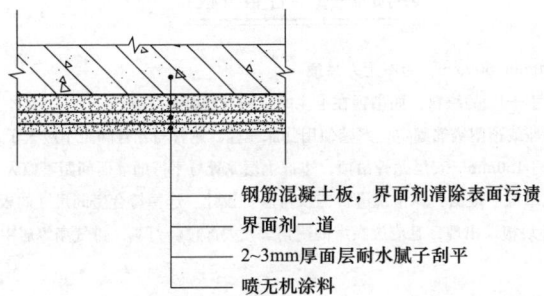

钢筋混凝土板，界面剂清除表面污渍
界面剂一道
2~3mm厚面层耐水腻子刮平
喷无机涂料

**无机涂料顶棚**

说明　内墙涂料采用无机涂料。涂料耐洗刷性(次)≥500；无机涂料性能要求：VOC含量≤100g/L。

## 4.2 吊顶顶棚（铝扣板）

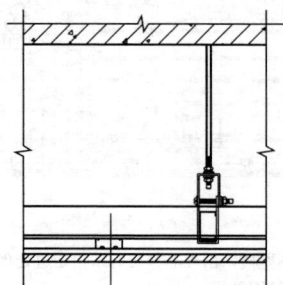

铝合金方板600mm×600mm与配套专用龙骨固定
与铝合金方板配套的专用下层副龙骨联结，间距<600mm
与安装型式配套的专用上层主龙骨，间距<1200mm用吊件与钢筋吊杆联结后找平
10号镀锌低碳钢丝(或8钢筋)吊杆，双向中距<1200mm，吊杆上部与板底预留吊环(勾)固定
现浇钢筋混凝土板底预留010钢筋吊环(勾)双向中距<1200mm

### 吊顶顶棚(铝合金方板)

说明　1. 铝合金方板规格600mm×600mm，为不上人吊顶。

2. 吊顶不能出现尺寸小于1/2的块料，如吊顶在卫生间，需与墙面砖对缝。

3. 吊杆应采用预埋铁件或预留锚筋固定，严禁使用膨胀螺栓。龙骨与龙骨间距不应大于1200mm。单层龙骨吊顶，
龙骨至板端不应大于150mm。双层龙骨吊顶，边部上层龙骨与平行的墙面间距不应大于300mm。

4. 支架铺设前，施工单位应根据具体情况进行二次排版、设计。选择符合房间尺寸的板块模数。如无法满足时，
不应有小于1/2非整块板块出现，且应放在房间阴角等次要部位。灯具、排气扇等居中。

## 5.1 木门安装

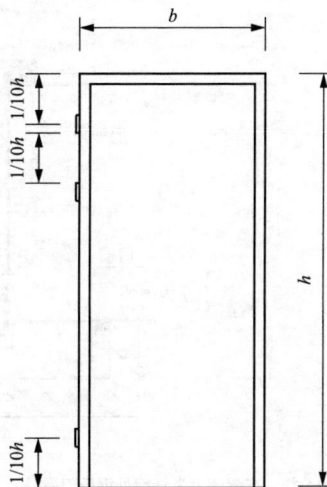

说明　1. 木门中间合页上移，割角、拼缝严密平整。门窗框、扇裁口顺直。

2. 门合页开槽严密，木螺栓旋槽方向一致。木门套与地面交接处打胶防潮。

3. 上下合页距门扇上下端宜分别取边框的1/10处，避开上下框。宽度大于1m的木门，合页应按"上二下一"的要求安装，上面两个合页的间距应为200mm。

4. 合页安装前，门框与门扇均应开槽，确保合页与门框表面平齐。

5. 卫生间木门下设百叶窗，门套下脚采用150mm高的花岗岩，形状同木门套。

6. 门扇上下侧需油漆，门扇上帽口应留有排气孔。

7. 木门安装门扇离地间隙为3mm。

## 5.2 单开钢质门安装图

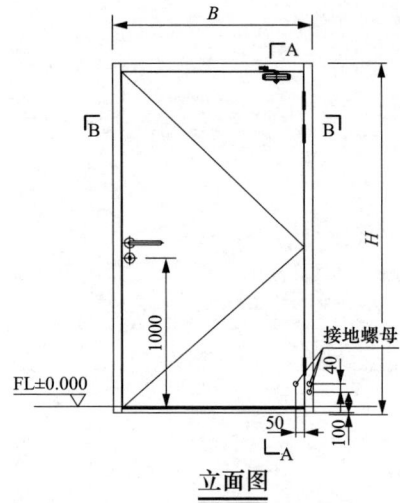

立面图

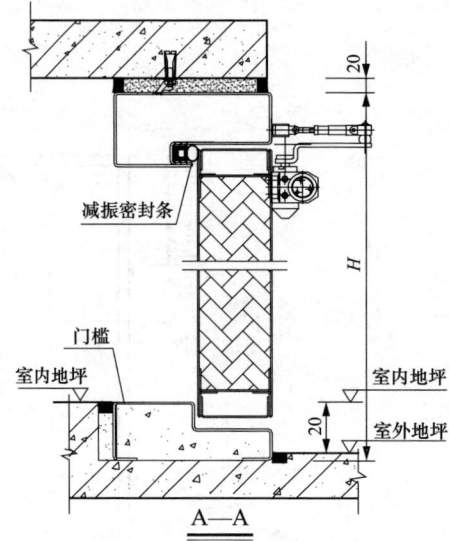

A—A

注：本图所示为外墙处钢质门做法，当内门处采用钢质门时，门的内外两侧不设置高差。

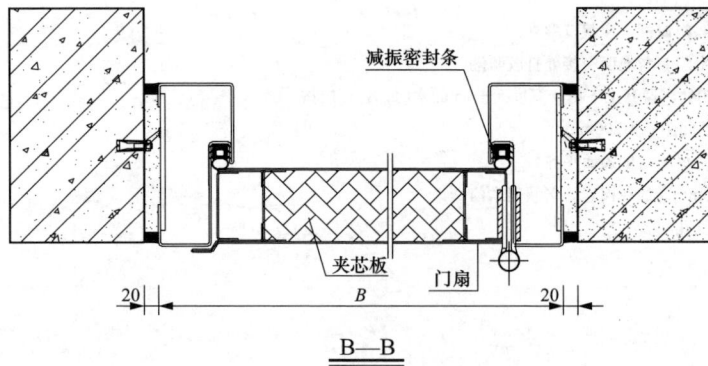

B—B

## 5.3　防火门（钢门）安装

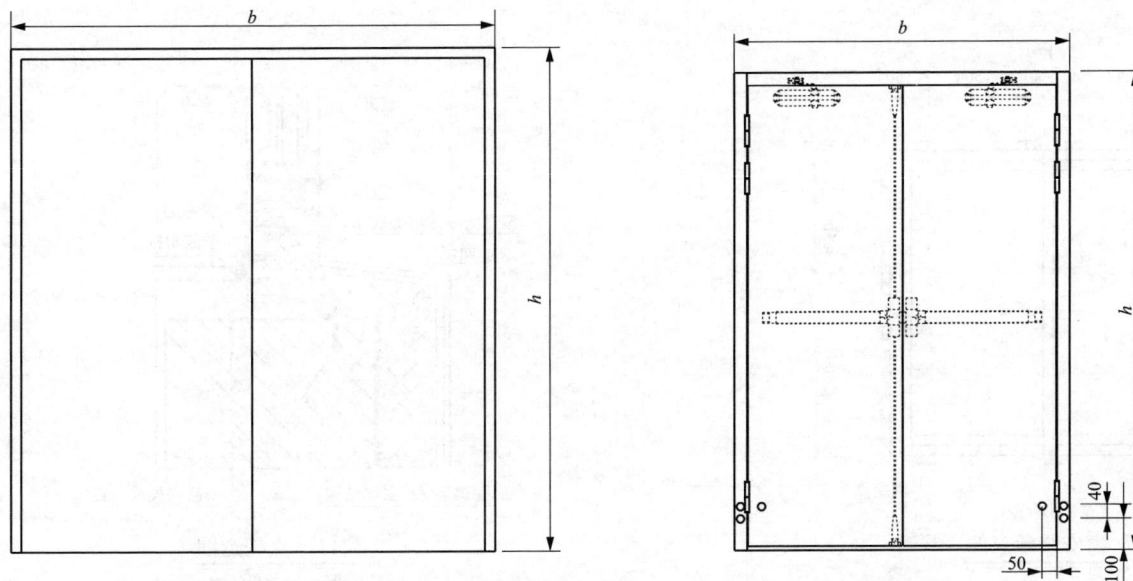

说明　1. 门应采用塑料胶带粘贴保护，分类侧放，防止受力变形。门装入洞口应横平竖直，外框与洞口连接牢固，不得将外门框直接埋入墙体。门槛内侧顶面应与地面齐平。

　　2. 门框与墙体间空隙采用发泡材料填充密实，门框外侧和墙体室外二次粉刷应预留20mm，深槽口用硅酮膏密封。

　　3. 防火门内应装不用钥匙即可开启的平推式弹簧锁，严禁使用门闩。除特殊情况外，防火门应向疏散方向开启。

　　4. 防火门均装闭门器，双扇防火门均装顺序器；防火门均为钢门，门轴为不锈钢材料。

　　5. 防火门门框安装在防火门开启方向侧。门扇离地面高度不应大于5mm。

　　6. 钢质防火门门框内应充填C20混凝土，门框与墙体应用预埋铁件或膨胀螺栓等连接牢固，其固定点间距不宜大于600mm。

　　7. 每樘防火门在明显位置不得缺少永久性标牌。

　　8. 单扇防火门门扇不小于1m。

　　9. 门框安装要求见单扇门要求。

## 5.4 铝合金窗做法

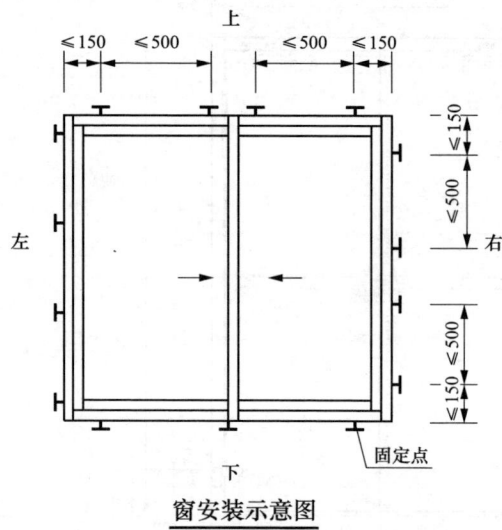

窗安装示意图

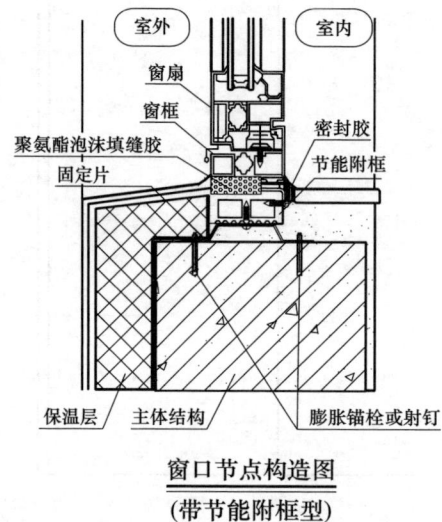

窗口节点构造图
（带节能附框型）

说明　1. 填充材料为水泥砂浆和发泡剂，下框部位用防水水泥砂浆，铝材与水泥接触部位应防腐处理。

2. 铝合金门窗使用的型材壁厚不宜低于下列数据：外门不应小于2.2mm，内门不应小于2.0mm；外窗不应小于1.8mm，内窗不应小于1.4mm。

3. 铝合金型材表面处理应符合阳极氧化、着色aA15；电泳涂漆B级；粉沫喷涂40~120μm；氟碳漆喷涂30≥μm的要求。

4. 除不锈钢外钢制件应表面镀锌，镀层厚度大于12μm。

5. 门窗装入洞口应横平竖直，外框与洞口应弹性连接牢固，不得将门窗外框直接埋入墙体。

6. 门窗扇缝隙均匀、平直、关闭严密、开启灵活。推拉门窗必须设置防撞及防坠落装置。

7. 槽轨内做溢水孔，溢水孔大于等于2个，内外成一定坡度，以免积水。

8. 窗台处做法详见窗台详图。

## 5.5 通风百叶窗安装

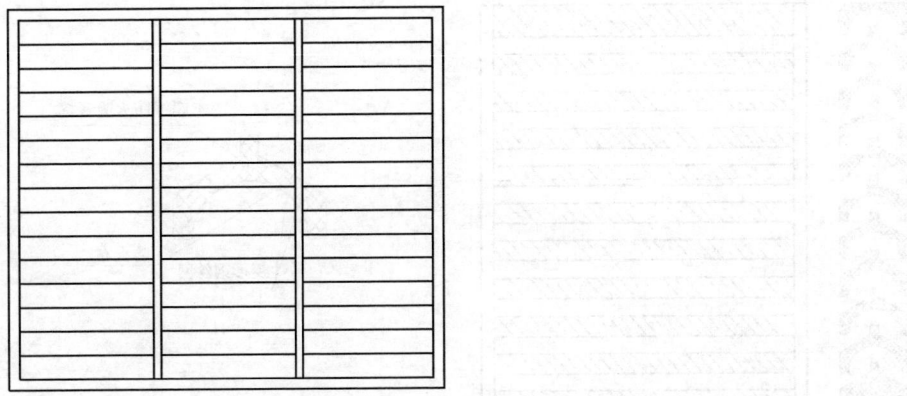

说明　1. 百叶窗做法采用固定铝制百叶(国网绿色)。

2. 铝合金百叶窗采用的材料应符合《铝合金窗》(GB 8478—2020)和《铝合金建筑型材》(GB 5237—2017)的规定。

　　表面处理阳极氧化膜厚度为AA15；电泳涂漆膜厚度为B级，粉末喷漆厚度为40~120μm；氟碳漆喷涂厚度30μm。

　　百叶片规格应符合宽度<110mm、长度<900mm，且不得有明显划痕和深度>0.5m、长度>2.0mm的局部缺口。

3. 密封条为橡胶条，密封胶采用硅酮胶。

4. 窗内侧设置不锈钢钢丝网，以防虫鸟、防虫钢丝网孔不应大于10mm×10mm。

## 5.6 折板式消音通风百叶窗简图（一）

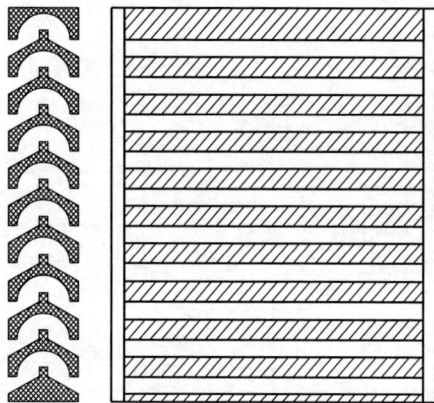

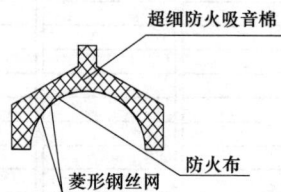

超细防火吸音棉

防火布

菱形钢丝网

说明　1.折板式消音通风百叶窗厚度为200mm，面板为铝本色或国网绿色，内部为超细防火吸音棉。

　　　2.所用板材为1.2mm厚镀锌铝板或彩钢板。

　　　3.所有接缝处均灌内有部打泡沫发泡剂，外部用美纹纸打黑胶，防止雨水进入室内。

　　　4.本产品能够在降低噪声的同时，兼顾室内通风要求，最大限度的降低变压器的温度，使主变压器能安全运行。

　　　5.窗户的具体数据根据图纸及现场实际尺寸进行计算确定。

　　　6.根据实际情况，在百叶窗立面进行45°倒角包边处理。

## 5.7　折板式消音通风百叶窗简图（二）

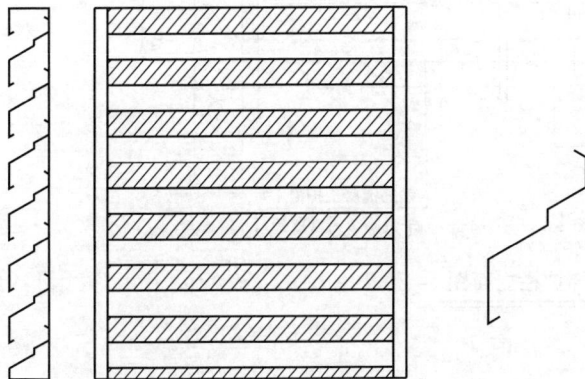

说明　1. 折板式通风百叶窗厚度为100~200mm，面板为铝本色或国网绿色。

　　　2. 所用板材为1.2mm厚镀锌铝板或彩钢板。

　　　3. 内侧立面用10mm×10mm不锈钢网片封闭。

　　　4. 所有接缝处均灌内有部打泡沫发泡剂，外部打有透明胶水，防止雨水进入室内。

　　　5. 窗户的具体数据根据图纸及现场实际尺寸进行计算确定。

　　　6. 本产品主要用于散热器室通风所用，最大程度上保证散热器的正常运行。

## 6.1 室内外楼梯栏杆（含临空栏杆）

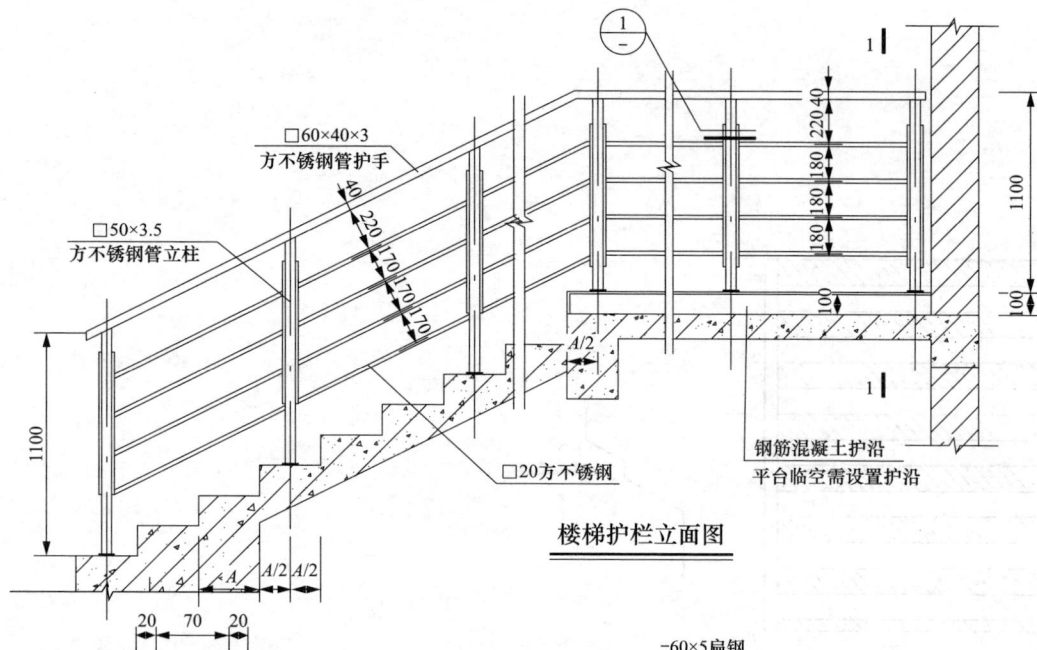

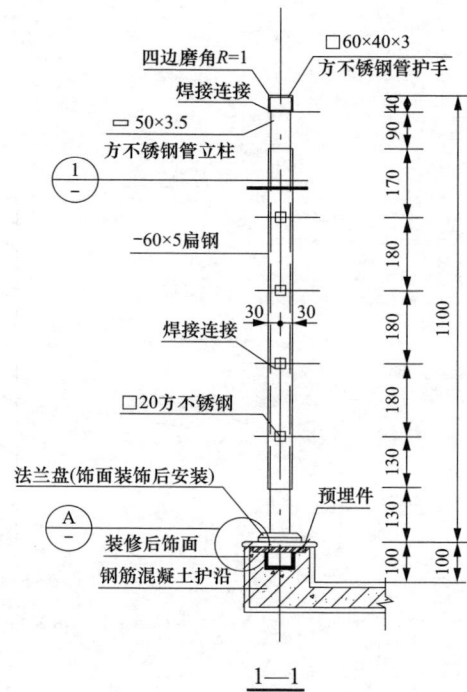

楼梯护栏立面图

1—1

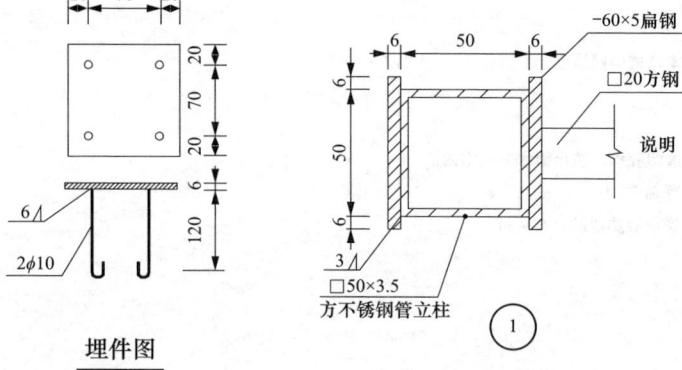

埋件图

□60×40×3
方不锈钢管护手

□50×3.5
方不锈钢管立柱

□20方不锈钢

钢筋混凝土护沿
平台临空需设置护沿

四边磨角R=1
焊接连接
□60×40×3
方不锈钢管护手

□50×3.5
方不锈钢管立柱

-60×5扁钢

焊接连接

□20方不锈钢

法兰盘(饰面装饰后安装)
装修后饰面
钢筋混凝土护沿
预埋件

-60×5扁钢
□20方钢
□50×3.5
方不锈钢管立柱

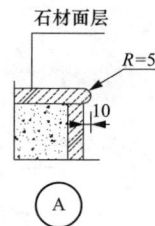

石材面层
R=5

A

说明
1. 预埋件按照立杆位置预埋，焊接前应检查标高和位置。
2. 室内楼梯护栏采用成品木扶手，室外楼梯护栏采用方不锈钢管护手扶手安装必须牢靠，室外金属栏杆必须可靠接地。
3. 楼梯平台水平临空面，休息平台靠窗处，应设置钢筋混凝土护沿(装修后高100mm×宽150mm×通长)，与楼梯整浇。
4. 室外楼梯平台及踏步与墙体交接处需做防水，平台排水方向不排向踏步。
5. 楼梯扶手转角处高度室内不宜小于0.90m，室外不应低于1.1m。
6. 楼梯休息平台的最小宽度不应小于梯净宽度。梯段改变方向时，扶手转向端处的休息平台最小宽度不得小于1.20m。
7. 楼梯扶手转角段水平设置。
8. 楼梯踏步完成后，相邻踏步高差不大于10mm，应采取防滑措施。
9. 栏杆高度应从楼地面或屋面至栏杆扶手顶面垂直高度计算，如底部有宽度大于或等于0.22m，且高度低于或等于0.45m的可踏部位，应按可踏部位顶面至扶手顶面的垂直高度计算。
10. 栏杆离楼面或屋面0.10m高度内不宜留空。
11. 室内楼梯扶手高度自踏步前缘线量起不宜小于0.90m。靠楼梯井一侧水平扶手长度超过0.50m时，其高度不应小于1.1m。

楼梯

6

## 6.2 楼梯防滑条

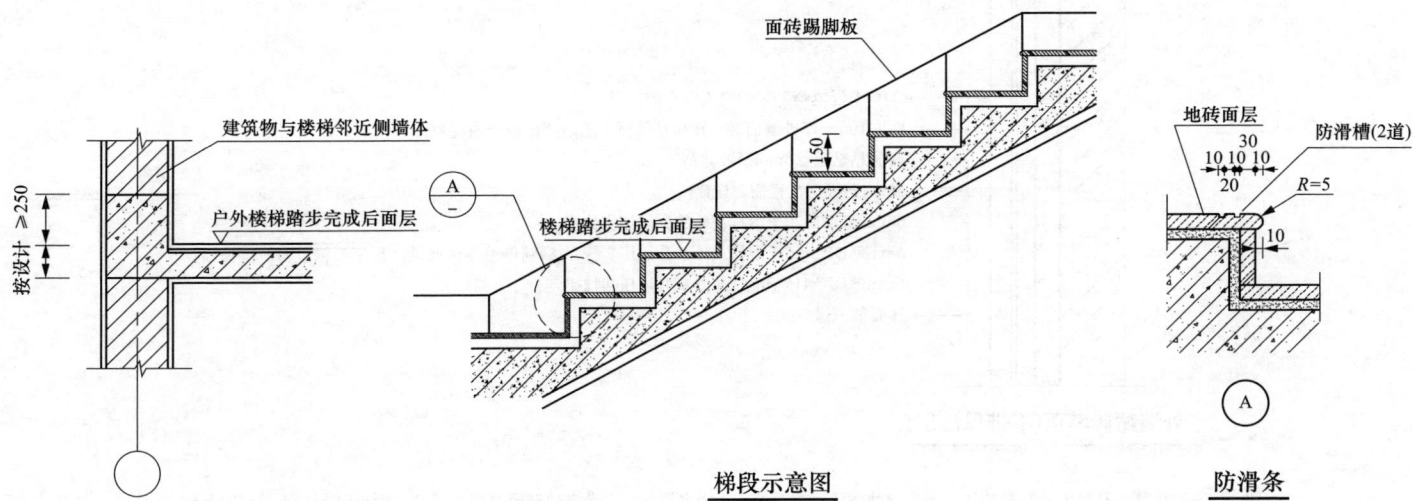

梯段示意图

防滑条

说明　1.面砖踢脚板，分隔见示意。

　　　2.室内每个梯段的踏步不应超过18级，亦不应小于3级。

　　　3.楼梯踏步完成后相邻踏步高差不大于10mm。

　　　4.室外楼梯踏步与墙体交接处需做防水层，防水层高250mm、宽250mm。

## 7.1 外墙贴砖墙面

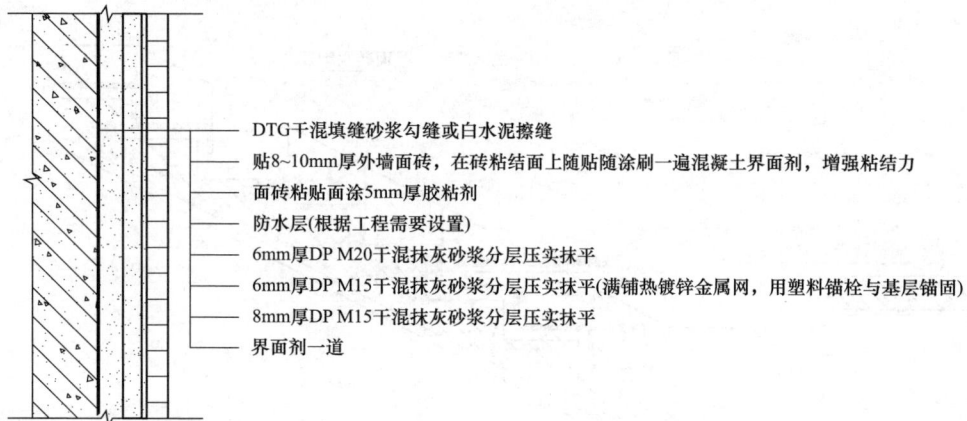

DTG干混填缝砂浆勾缝或白水泥擦缝

贴8~10mm厚外墙面砖，在砖粘结面上随贴随涂刷一遍混凝土界面剂，增强粘结力

面砖粘贴面涂5mm厚胶粘剂

防水层(根据工程需要设置)

6mm厚DP M20干混抹灰砂浆分层压实抹平

6mm厚DP M15干混抹灰砂浆分层压实抹平(满铺热镀锌金属网，用塑料锚栓与基层锚固)

8mm厚DP M15干混抹灰砂浆分层压实抹平

界面剂一道

**外墙贴砖墙面(不带保温层)**

说明　1. 基层处理：基层无残存的砂浆、灰尘、油污等，并提前一天浇水湿润；太光滑的墙面要凿毛或刷界面处理剂。不同材料基体交接处及墙面有管线开槽表面的抹灰应采取防止开裂的加强措施：墙体与框架柱、梁的交接处及墙面有管线开槽处采用钉钢丝网加强（钢丝网选用 12.7mm×12.7mm，丝径 0.9mm，搭接时应错缝，用带尾孔射钉双向 @300 梅花形错位锚固），钢丝网与基体的搭接宽度每边≥150mm；当墙体为空心砖、加气混凝土砌块时，采用钢丝网满布，由上至下，搭接宽度每边≥150mm；并采用机械喷涂 DP M15 干混抹灰砂浆进行粘贴。

2. 外墙饰面砖粘贴应设置伸缩缝。伸缩缝间距不宜大于 6m，伸缩缝宽度宜为 20mm。

3. 外墙饰面砖伸缩缝应采用耐候密封胶嵌缝。

4. 外墙饰面砖粘贴应采用水泥基粘贴材料，其性能应符合现行行业标准《陶瓷墙地砖胶粘剂》(JC/T 547) 的规定。其中外墙外保温系统粘贴外墙饰面砖所用填缝材料的横向变形不得小于 1.5mm。

5. 在水平阳角处，顶面排水坡度不应小于 3%；应采用顶面饰面砖压立面饰面砖、立面最低一排饰面砖压底平面面砖的做法，并应设置滴水构造。

6. 檐口、窗楣、雨篷、阳台、压顶和突出墙面等部位，上面做成流水坡度，外口下沿应做滴水线。檐口、窗楣、雨篷、阳台等与外墙交接处的防水层应连续，且防水层应沿外口下翻至滴水线。

## 7.2 外墙贴砖墙面分隔缝

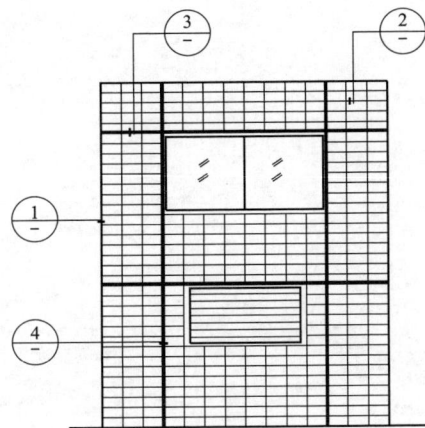

立面示例

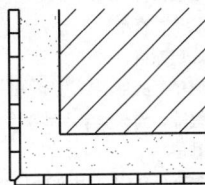

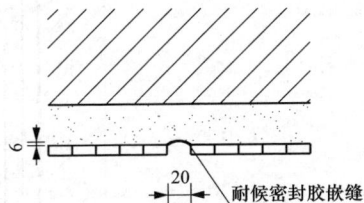

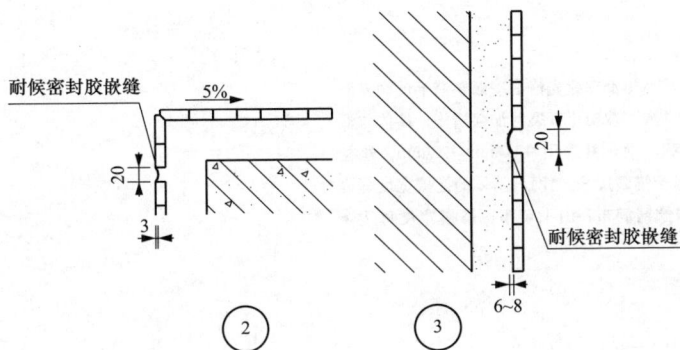

① 外墙阳角

说明 1. 外墙墙面装饰面应设置伸缩缝，竖直向伸缩缝可设在洞口两侧或与柱中间对应的部位，可详见具体设计。水平向伸缩缝设在洞口上下或与楼层对应处。

2. 施工单位应根据，《外墙饰面砖工程施工及验收规程》(JGJ 126—2000) 的要求对建筑立面图对排砖和分隔缝进行专项设计。外墙面砖缝可根据据面砖大小调整，转角须宜用成品转角面砖。

3. 不同材料连接处禁止设在阳角处。

4. 外墙饰面砖粘贴应设置伸缩缝。伸缩缝间距不宜大于 6m，伸缩缝宽度宜为 20mm。

5. 外墙饰面砖伸缩缝应采用耐候密封胶嵌缝。

6. 外墙饰面砖粘贴应采用水泥基粘贴材料，其性能应符合《陶瓷墙地砖胶粘剂》(JC/T 547—2017) 的规定。其中外墙外保温系统粘贴外墙饰面砖所用填缝材料的横向变形不得小于 1.5mm。

7. 在水平阳角处，顶面排水坡度不应小于 3%；应采用顶面饰面砖压立面饰面砖、立面最低一排面砖压底平面面砖的做法，并应设置滴水构造。

8. 檐口、窗楣、雨篷、阳台、压顶和突出墙面等部位，上面做成流水坡度，外口下沿应做滴水线。檐口、窗楣、雨篷、阳台等与外墙交接处的防水层应连续，且防水层应沿外口下翻至滴水线。

## 7.3 外墙涂料墙面

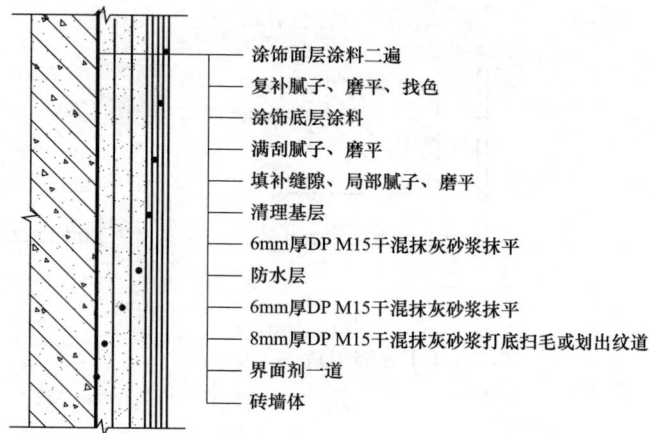

涂饰面层涂料二遍
复补腻子、磨平、找色
涂饰底层涂料
满刮腻子、磨平
填补缝隙、局部腻子、磨平
清理基层
6mm厚DP M15干混抹灰砂浆抹平
防水层
6mm厚DP M15干混抹灰砂浆抹平
8mm厚DP M15干混抹灰砂浆打底扫毛或划出纹道
界面剂一道
砖墙体

**外墙涂料墙面(不带保温层)**

说明　1. 涂料耐洗刷性（次）≥1000，耐老化性≥3000h。

2. 外墙采用弹性涂料。

3. 基层处理：基层无残存的砂浆、灰尘、油污等，并提前一天浇水湿润；太光滑的墙面要凿毛或刷界面处理剂。不同材料基体交接处及墙面有管线开槽处表面的抹灰应采取防止开裂的加强措施：墙体与框架柱、梁的交接处及墙面有管线开槽处采用钉钢丝网加强（钢丝网选用 12.7mm×12.7mm，丝径 0.9mm，搭接时应错缝，用带尾孔射钉双向 @300 梅花形错位锚固），钢丝网与基体的搭接宽度每边 ≥150mm；当墙体为空心砖、加气混凝土砌块时，采用钢丝网满布，由上至下，搭接宽度每边≥ 150mm；并采用机械喷涂 DP M15 干混抹灰砂浆进行粘贴。

4. 当工程设计有需要时，胶粘剂应使用锚栓作为辅助固定件。

5. 抹灰面层应设置分隔缝，分隔缝必须进行二次策划。

6. 建筑外墙防水施工应符合《建筑外墙防水工程技术规程》(JGJ/T 235—2011)。

7. 檐口、窗楣、雨篷、阳台、压顶和突出墙面等部位，上面做成流水坡度，外口下沿应做滴水线。檐口、窗楣、雨篷、阳台等与外墙交接处的防水层应连续，且防水层应沿外口下翻至滴水线。

## 7.4　外墙涂料墙面分隔缝

立面示例

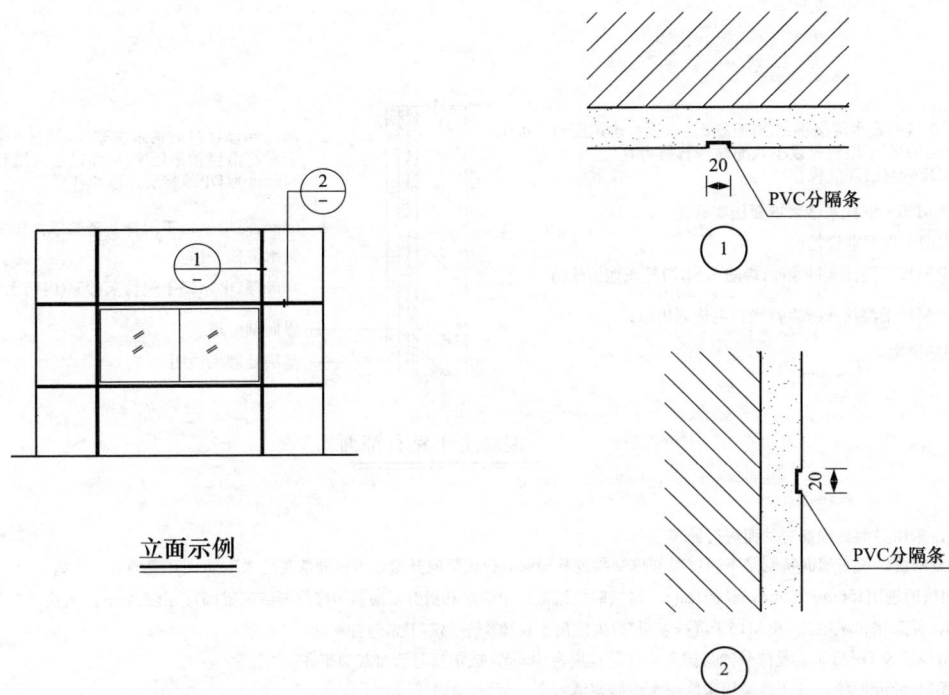

说明　1. 分格缝采用PVC条，缝应横平竖直，连接贯通，缝宽20mm。分格缝的横向和纵向间距均不应大于6m。

2. 外墙涂料工程应分段进行，以分隔缝、墙面阴角处作为分界线，同一建筑应用同一批号型的涂料。

3. 分隔线设置在主梁上时居中设置，禁止设置在不同墙体材料交界处。

## 7.5 干粘石饰面

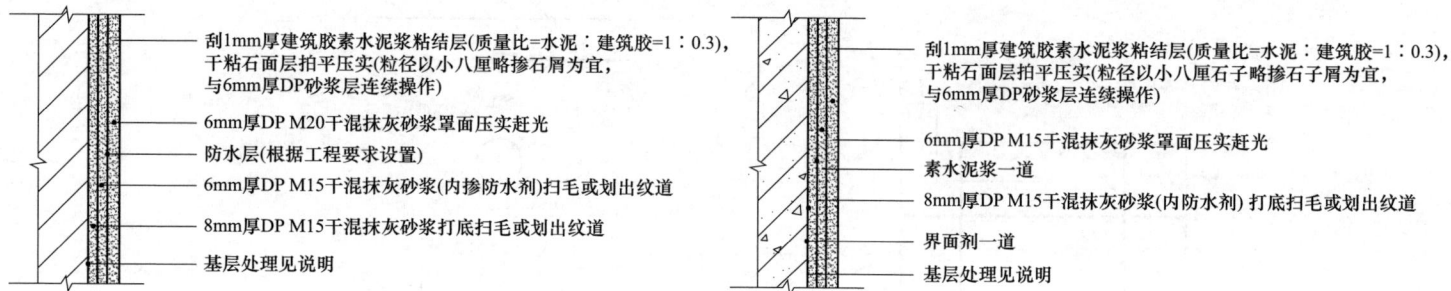

刮1mm厚建筑胶素水泥浆粘结层(质量比=水泥：建筑胶=1：0.3)，
干粘石面层拍平压实(粒径以小八厘略掺石屑为宜，
与6mm厚DP砂浆层连续操作)

6mm厚DP M20干混抹灰砂浆罩面压实赶光

防水层(根据工程要求设置)

6mm厚DP M15干混抹灰砂浆(内掺防水剂)扫毛或划出纹道

8mm厚DP M15干混抹灰砂浆打底扫毛或划出纹道

基层处理见说明

刮1mm厚建筑胶素水泥浆粘结层(质量比=水泥：建筑胶=1：0.3)，
干粘石面层拍平压实(粒径以小八厘石子略掺石子屑为宜，
与6mm厚DP砂浆层连续操作)

6mm厚DP M15干混抹灰砂浆罩面压实赶光

素水泥浆一道

8mm厚DP M15干混抹灰砂浆(内防水剂) 打底扫毛或划出纹道

界面剂一道

基层处理见说明

**砖墙干粘石饰面**

**混凝土干粘石饰面**

说明　1.基层处理：
　　(1) 混凝土表面抹灰前，采用界面处理剂对基面进行处理。
　　(2) 墙体大面积抹灰设分隔缝。所有墙面特别是不同材料基体交接处及墙面有管线竖向开槽处表面的抹灰应采取防止开裂的加强措施：
　　　　采用钢板网满布(钢板网选用15mm×25mm，丝径1mm，搭接时应错缝，用带尾孔射钉双向@30梅花形错位锚固)，由上至下，搭接
　　　　宽度每边≥150mm，并采用机械喷涂 DP M15干混抹灰砂浆(内掺用水量10%的建筑用胶)进行粘贴。
　　2.墙体粉刷门窗口等阳角位置设 DP M20干混抹灰砂浆护角，每侧宽度为50mm，成活后与墙面灰层平齐。
　　3.要求砌筑墙体与框架柱留15mm凹槽，抹灰前采用微膨胀水泥砂浆填密实，至少2遍成活。
　　4.当要求抹灰层具有防水防潮功能时，应采用 DW干混普通防水砂浆。

## 7.6 外墙侧内保温系统做法

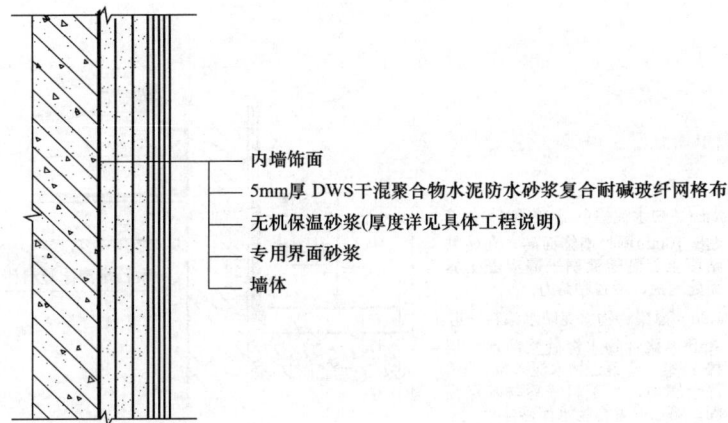

内墙饰面
5mm厚 DWS干混聚合物水泥防水砂浆复合耐碱玻纤网格布
无机保温砂浆(厚度详见具体工程说明)
专用界面砂浆
墙体

**外墙侧内保温系统做法**

说明　1. 基层处理:
   (1) 界面砂浆应均匀涂刷于基层面。
   (2) 墙体大面积抹灰宜设分隔缝。所有墙面特别是不同材料基体交接处及墙面有管线竖向开槽处表面的抹灰应采取防止开裂的加强措施:
    采用钢丝网满布(钢丝网选用15mm×25mm,丝径1mm,搭接时应错缝,用带尾孔射钉双向@30梅花形错位锚固),由上至下,搭接宽
    度每边≥150mm,并采用机械喷涂DP M15干混抹灰砂浆(内掺用水量10%的建筑用胶)进行粘贴。
  2. 保温砂浆应采用机械搅拌,机械搅拌时间不宜少于3min且不宜大于6min。搅拌好的砂浆应在2h内用完。
  3. 保温砂浆施工应在界面砂浆形成强度前分层施工,保温层与基层之间及各层之间粘结必须牢固,不应脱层、空鼓和开裂。
  4. 抹面聚合物水泥砂浆施工时,应预先将抹面聚合物水泥砂浆均匀施工在保温层上,耐碱玻璃纤维网布必须埋入抹面胶浆层中,严禁耐碱
   玻璃纤维网布直接铺在保温层面上用砂浆涂布粘结。
  5. 设置锚固件,数量不得少于每平方米2个。锚栓的安装应在网格布压入后,钉在玻纤网外粘胶点处。

## 7.7 外墙勒脚做法（无保温）

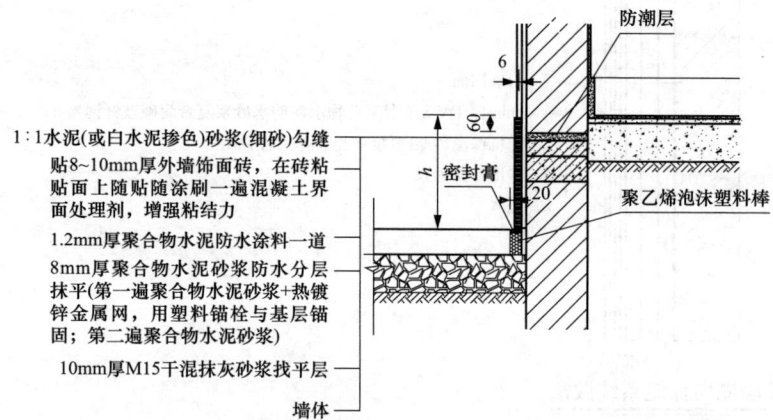

1:1水泥(或白水泥掺色)砂浆(细砂)勾缝

贴8~10mm厚外墙饰面砖，在砖粘贴面上随贴随涂刷一遍混凝土界面处理剂，增强粘结力

1.2mm厚聚合物水泥防水涂料一道

8mm厚聚合物水泥砂浆防水分层抹平(第一遍聚合物水泥砂浆+热镀锌金属网，用塑料锚栓与基层锚固；第二遍聚合物水泥砂浆)

10mm厚M15干混抹灰砂浆找平层

墙体

防潮层

密封膏

聚乙烯泡沫塑料棒

6

60

20

h

**外墙勒脚(无保温)**

说明　1. 勒脚面砖与粉刷连接处设置一条20mm宽的塑料分隔线条。

2. 外墙砖应贴至散水上口，不应在散水中。

## 7.8 外墙勒脚做法（有保温）

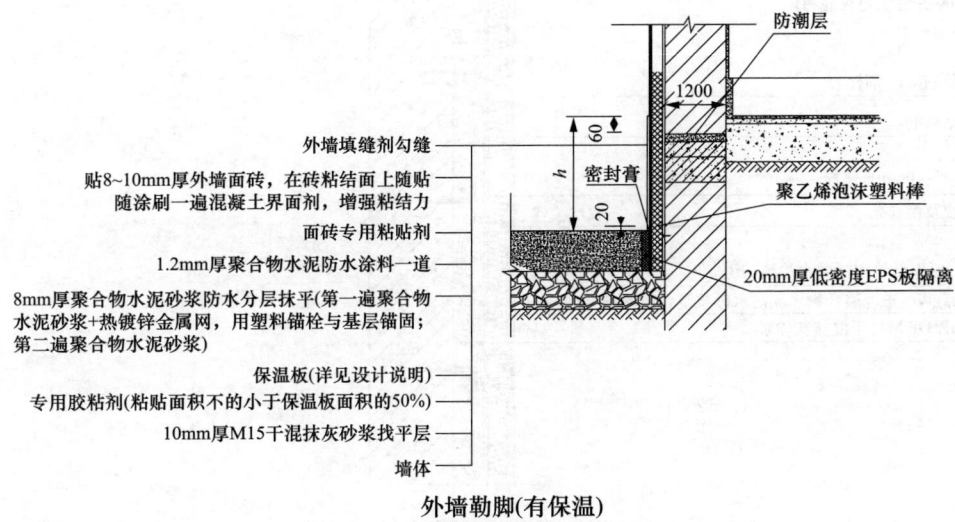

外墙填缝剂勾缝

贴8~10mm厚外墙面砖，在砖粘结面上随贴随涂刷一遍混凝土界面剂，增强粘结力

面砖专用粘贴剂

1.2mm厚聚合物水泥防水涂料一道

8mm厚聚合物水泥砂浆防水分层抹平(第一遍聚合物水泥砂浆+热镀锌金属网，用塑料锚栓与基层锚固；第二遍聚合物水泥砂浆)

保温板(详见设计说明)

专用胶粘剂(粘贴面积不的小于保温板面积的50%)

10mm厚M15干混抹灰砂浆找平层

墙体

防潮层

1200

60

$h$

密封膏

20

聚乙烯泡沫塑料棒

20mm厚低密度EPS板隔离

**外墙勒脚(有保温)**

说明　1.勒脚面砖与粉刷连接处设置一条20mm宽的塑料分隔线条。
　　　2.外墙砖应贴至散水上口，不应在散水中。

建筑外墙面

7

43

## 7.9 岩棉薄抹灰外墙外保温板墙面节点（一）

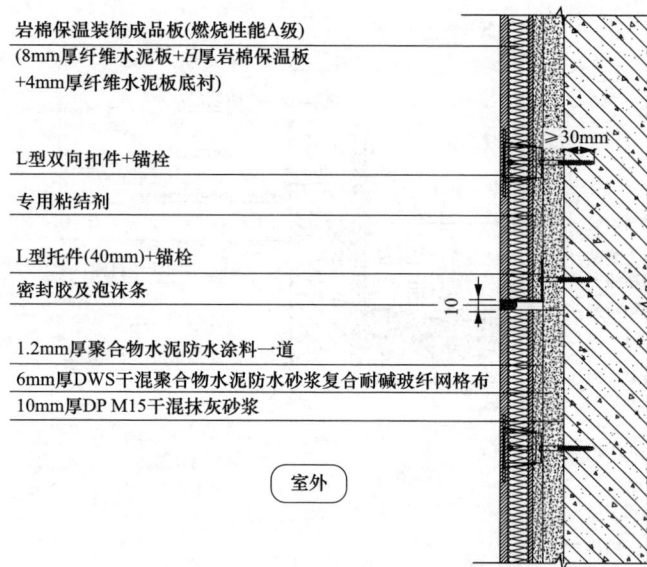

岩棉保温装饰成品板(燃烧性能A级)
(8mm厚纤维水泥板+H厚岩棉保温板
+4mm厚纤维水泥板底衬)

L型双向扣件+锚栓

专用粘结剂

L型托件(40mm)+锚栓

密封胶及泡沫条

1.2mm厚聚合物水泥防水涂料一道
6mm厚DWS干混聚合物水泥防水砂浆复合耐碱玻纤网格布
10mm厚DP M15干混抹灰砂浆

≥30mm

10

室外

**岩棉薄抹灰外墙外保温板墙面节点**

说明　1.基层处理：基层无残存的砂浆、灰尘、油污等，并提前一天浇水湿润；太光滑的墙面要凿毛或刷界面处理剂。
　　　2.外墙保温装饰板件的黏结强度应检测，符合要求。
　　　3.锚栓有效锚固深度不小于30mm。

建筑外墙面

7

## 7.10  岩棉薄抹灰外墙外保温板墙面节点（二）

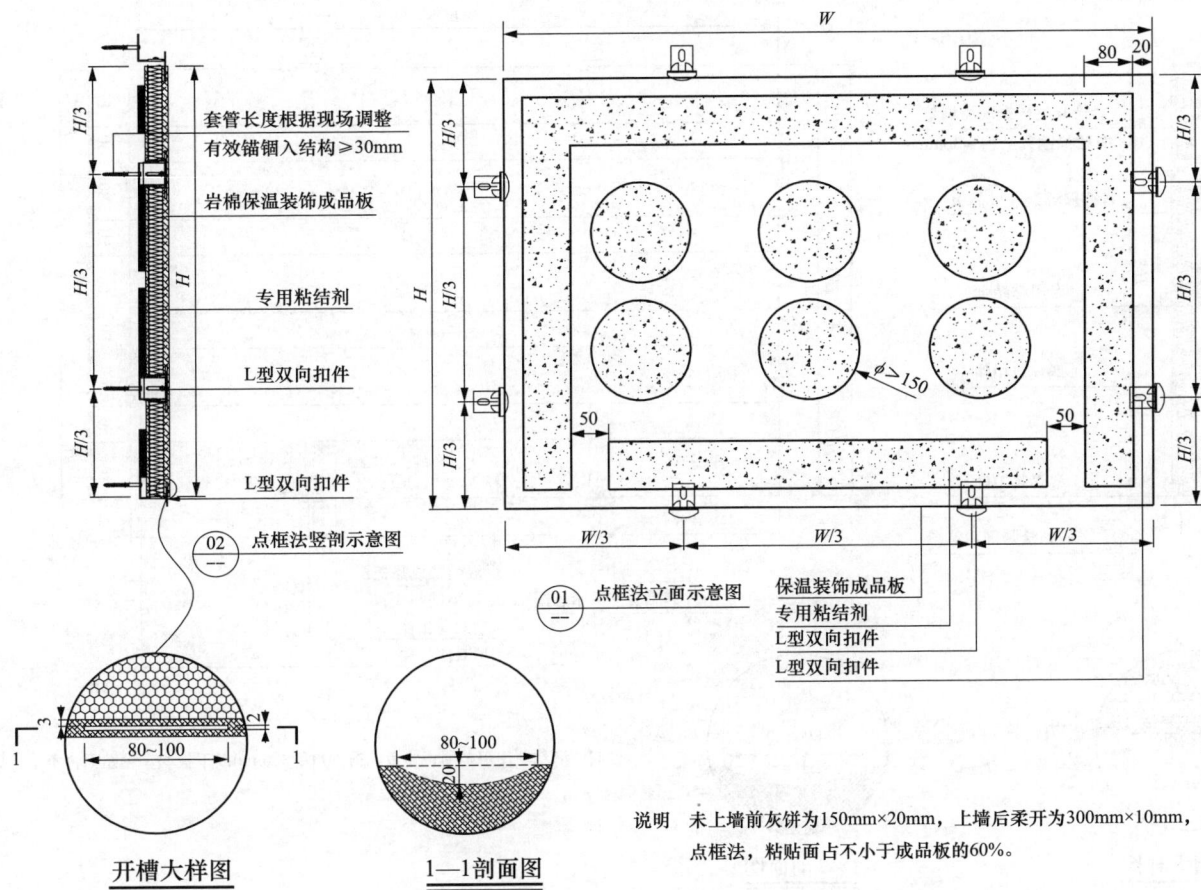

套管长度根据现场调整
有效锚锢入结构≥30mm

岩棉保温装饰成品板

专用粘结剂

L型双向扣件

L型双向扣件

$\dfrac{02}{—}$ 点框法竖剖示意图

$\phi \geqslant 150$

$\dfrac{01}{—}$ 点框法立面示意图

保温装饰成品板
专用粘结剂
L型双向扣件
L型双向扣件

**开槽大样图**
80~100

**1—1剖面图**
80~100

说明　未上墙前灰饼为150mm×20mm，上墙后柔开为300mm×10mm，
　　　点框法，粘贴面占不小于成品板的60%。

建筑外墙面

7

## 7.11 岩棉薄抹灰外墙外保温板墙面节点（三）

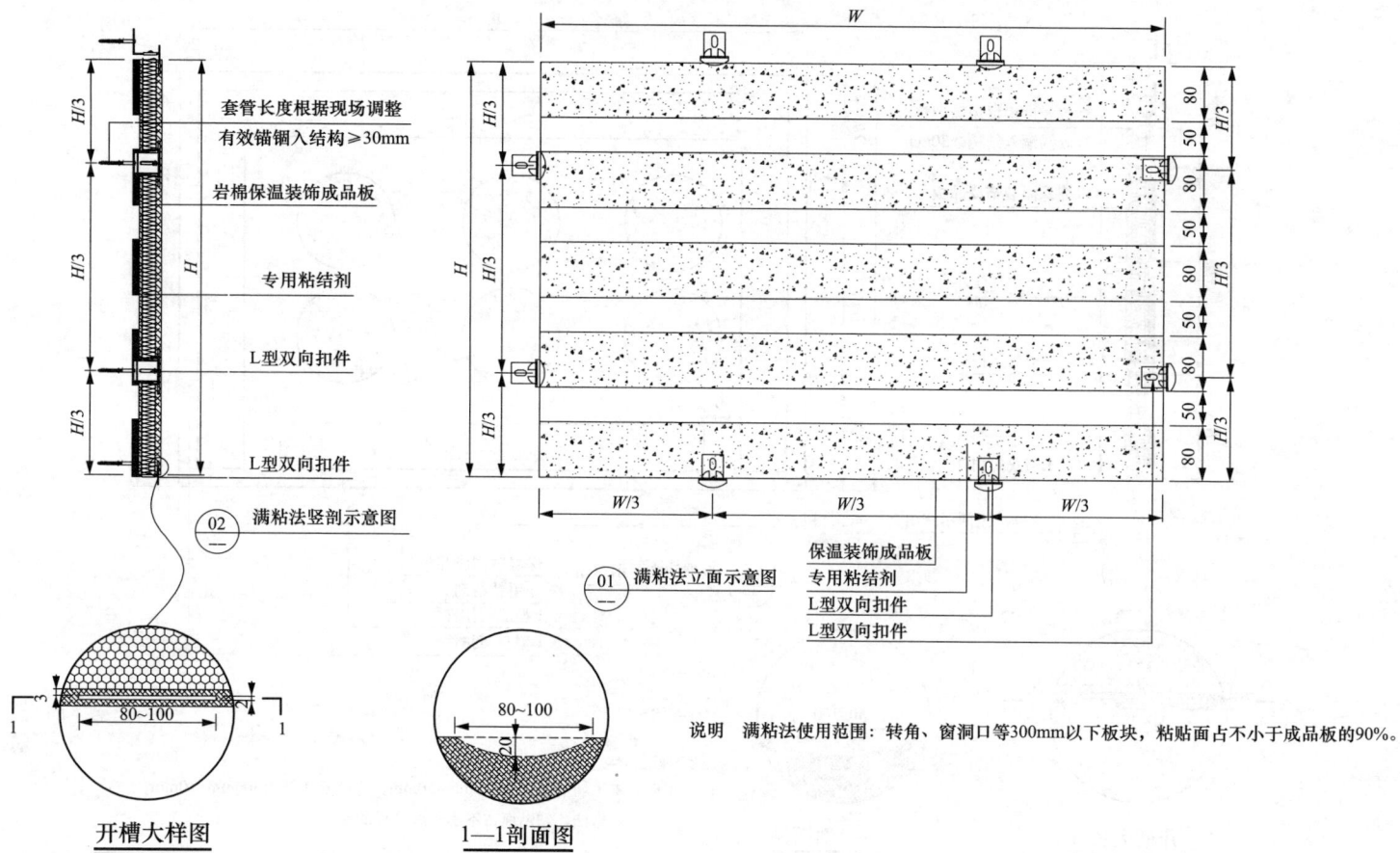

套管长度根据现场调整
有效锚锚入结构≥30mm

岩棉保温装饰成品板

专用粘结剂

L型双向扣件

L型双向扣件

$\dfrac{02}{—}$ 满粘法竖剖示意图

$\dfrac{01}{—}$ 满粘法立面示意图

保温装饰成品板
专用粘结剂
L型双向扣件
L型双向扣件

80~100

**开槽大样图**

80~100

**1—1剖面图**

说明　满粘法使用范围：转角、窗洞口等300mm以下板块，粘贴面占不小于成品板的90%。

建筑外墙面

7

## 7.12　岩棉薄抹灰外墙外保温板墙面节点（四）

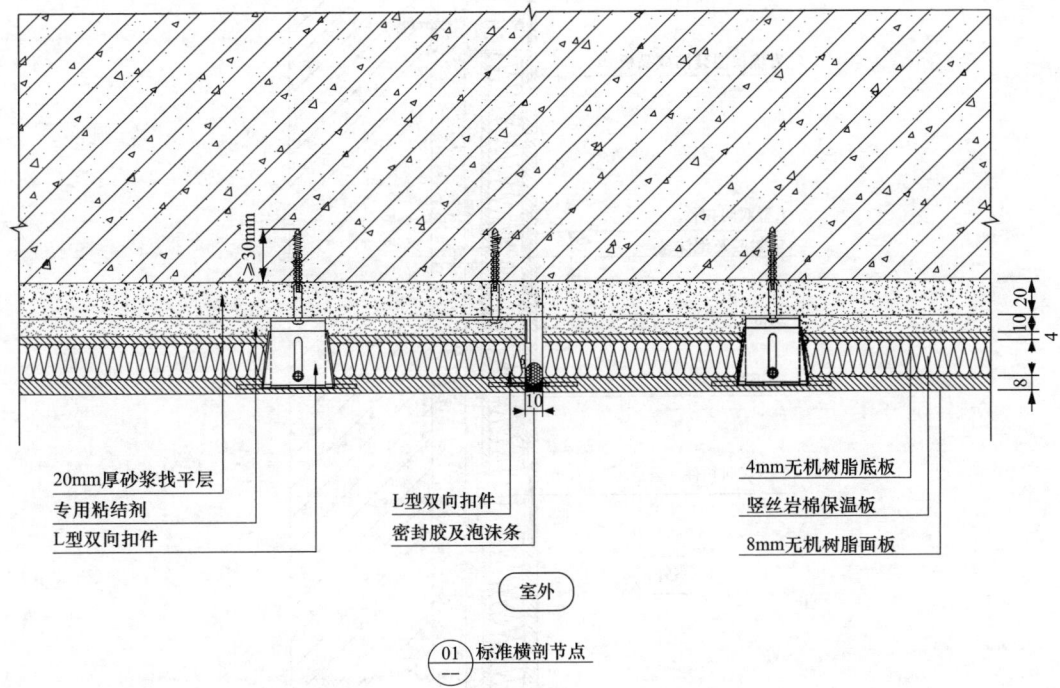

>30mm

20mm厚砂浆找平层
专用粘结剂
L型双向扣件

L型双向扣件
密封胶及泡沫条

4mm无机树脂底板
竖丝岩棉保温板
8mm无机树脂面板

10

室外

01 标准横剖节点

## 7.13 岩棉薄抹灰外墙外保温板墙面节点（五）

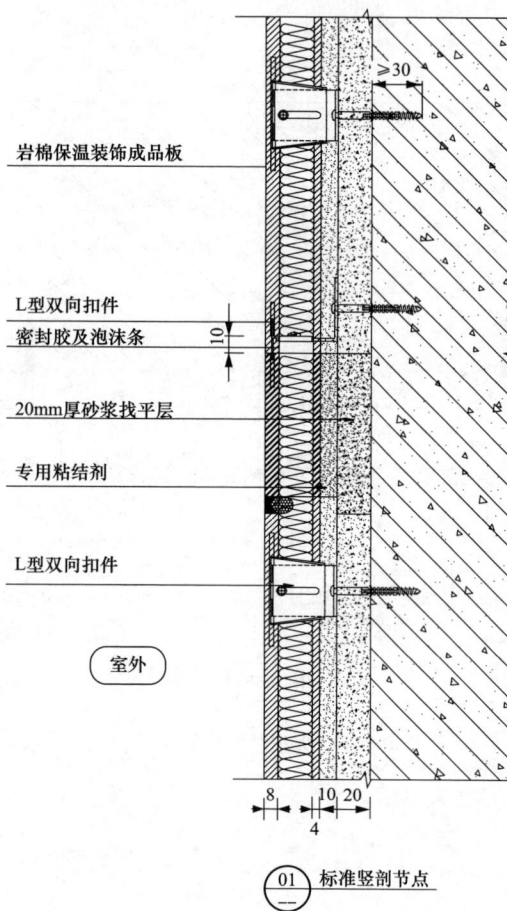

岩棉保温装饰成品板

L型双向扣件
密封胶及泡沫条

20mm厚砂浆找平层

专用粘结剂

L型双向扣件

≥30

10

室外

8 | 10 | 20
4

01 标准竖剖节点

## 7.14 岩棉薄抹灰外墙外保温板墙面节点（六）

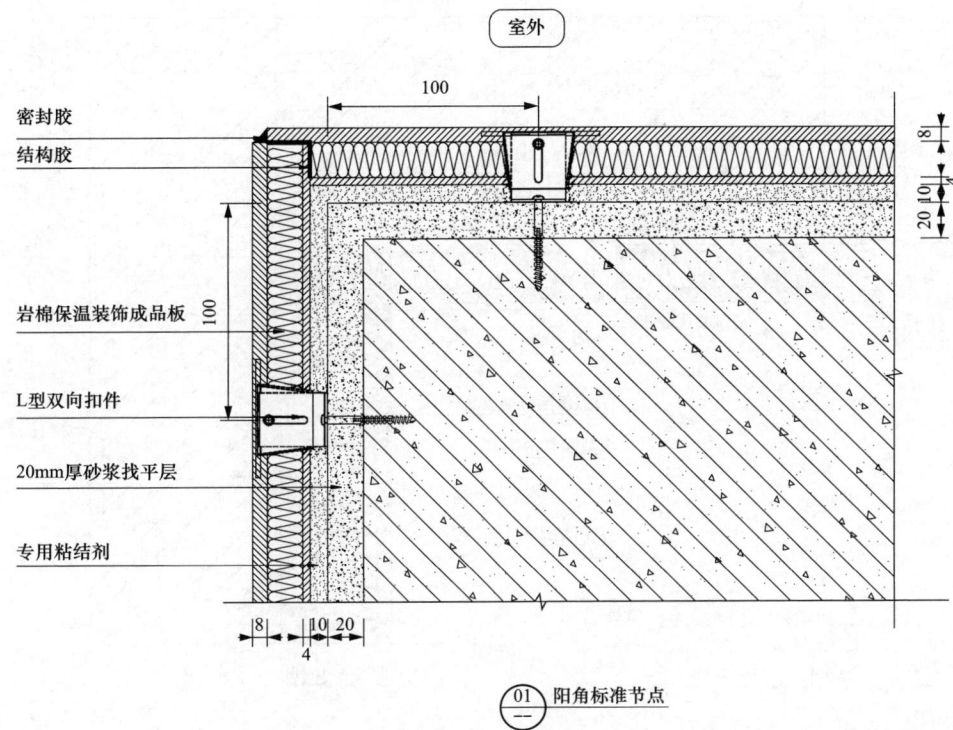

室外

100

8
20 10
4

密封胶
结构胶

岩棉保温装饰成品板

100

L型双向扣件

20mm厚砂浆找平层

专用粘结剂

8
10 20
4

01 阳角标准节点
—

## 7.15 岩棉薄抹灰外墙外保温板墙面节点（七）

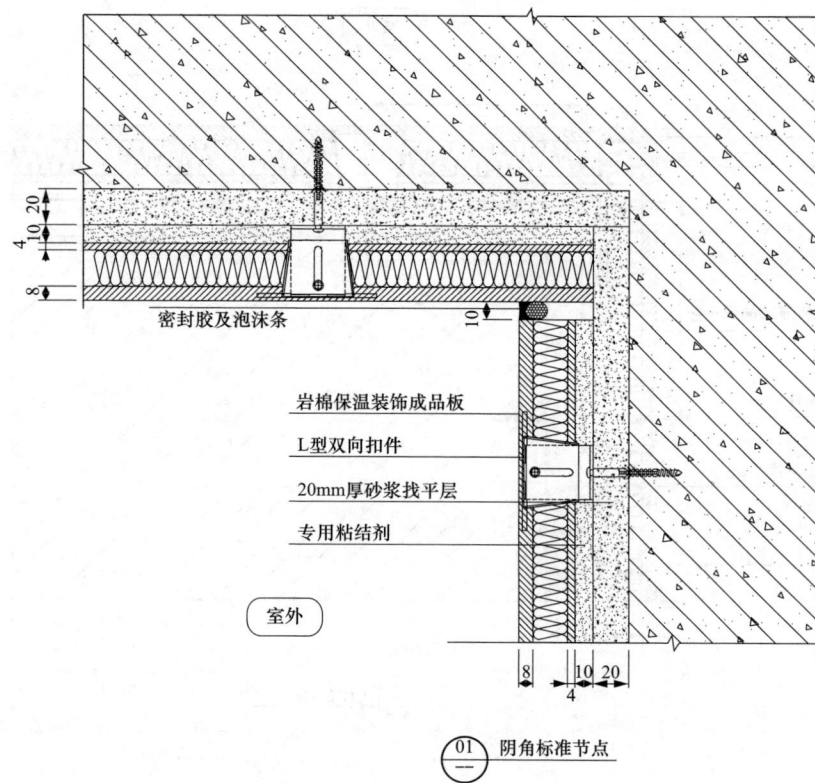

建筑外墙面

7

密封胶及泡沫条

岩棉保温装饰成品板

L型双向扣件

20mm厚砂浆找平层

专用粘结剂

室外

01  阴角标准节点

## 7.16  岩棉薄抹灰外墙外保温板墙面节点（八）

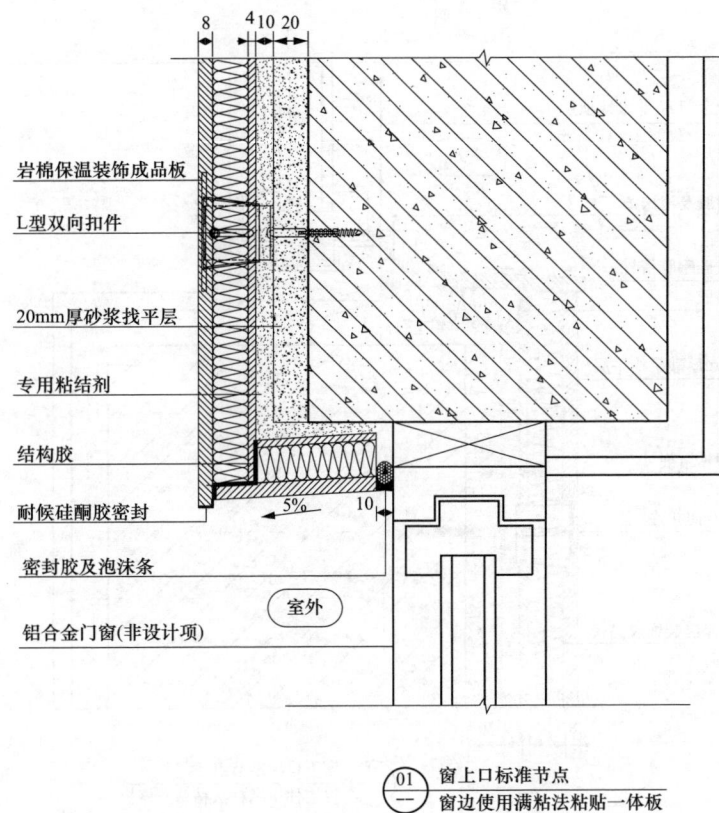

岩棉保温装饰成品板

L型双向扣件

20mm厚砂浆找平层

专用粘结剂

结构胶

耐候硅酮胶密封

密封胶及泡沫条

铝合金门窗(非设计项)

室外

8  4 10 20

5%  10

01  窗上口标准节点
―   窗边使用满粘法粘贴一体板

建筑外墙面

7

## 7.17 岩棉薄抹灰外墙外保温板墙面节点（九）

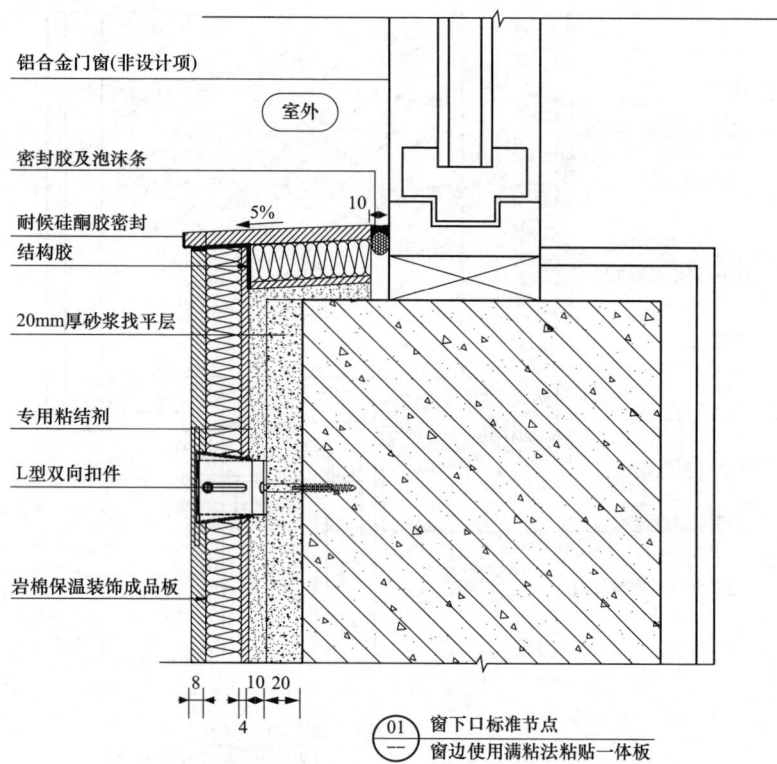

铝合金门窗(非设计项)

室外

密封胶及泡沫条

耐候硅酮胶密封

结构胶

5%

10

20mm厚砂浆找平层

专用粘结剂

L型双向扣件

岩棉保温装饰成品板

8  10  20
4

01 窗下口标准节点
—  窗边使用满粘法粘贴一体板

## 7.18 岩棉薄抹灰外墙外保温板墙面节点（十）

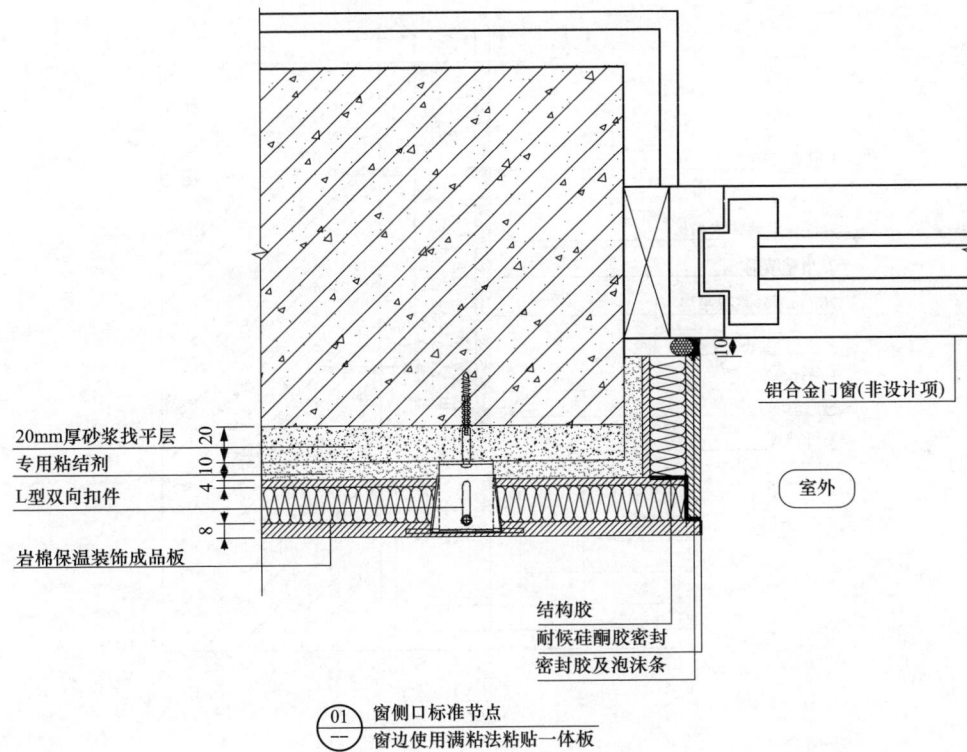

20mm厚砂浆找平层

专用粘结剂

L型双向扣件

岩棉保温装饰成品板

铝合金门窗(非设计项)

室外

结构胶

耐候硅酮胶密封

密封胶及泡沫条

01 窗侧口标准节点
一 窗边使用满粘法粘贴一体板

建筑外墙面

7

## 7.19 岩棉薄抹灰外墙外保温板墙面节点（十一）

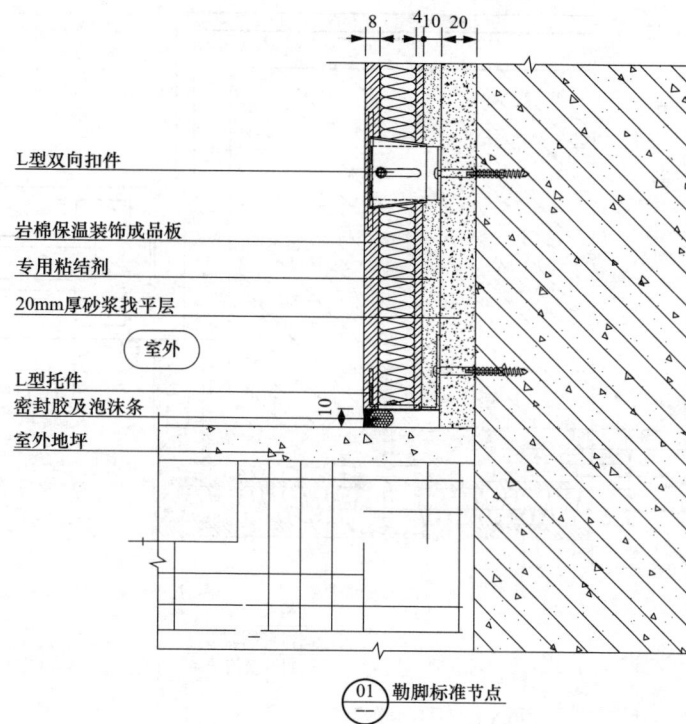

L型双向扣件

岩棉保温装饰成品板
专用粘结剂
20mm厚砂浆找平层

室外

L型托件
密封胶及泡沫条
室外地坪

01 勒脚标准节点

建筑外墙面

7

## 7.20 岩棉薄抹灰外墙外保温板墙面节点（十二）

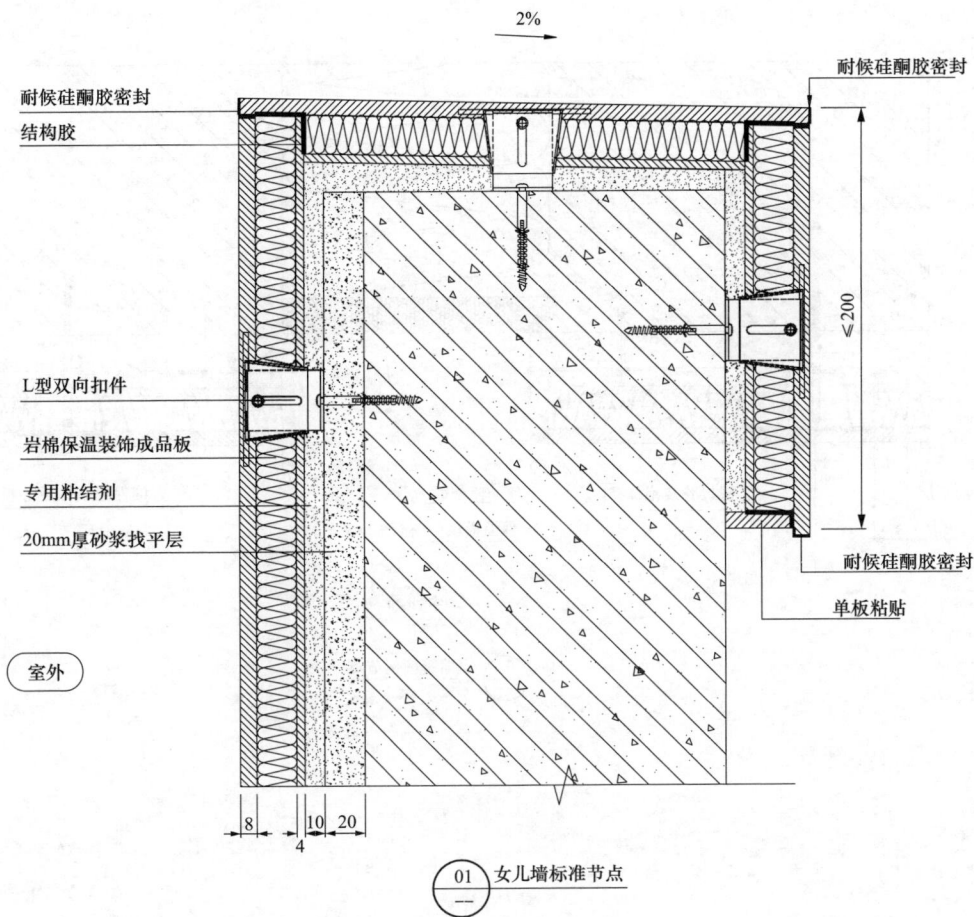

2%

耐候硅酮胶密封

耐候硅酮胶密封

结构胶

L型双向扣件

岩棉保温装饰成品板

专用粘结剂

20mm厚砂浆找平层

室外

≤200

耐候硅酮胶密封

单板粘贴

8　10　20
4

01　女儿墙标准节点
一

建筑外墙面

7

## 7.21 岩棉薄抹灰外墙外保温板墙面节点（十三）

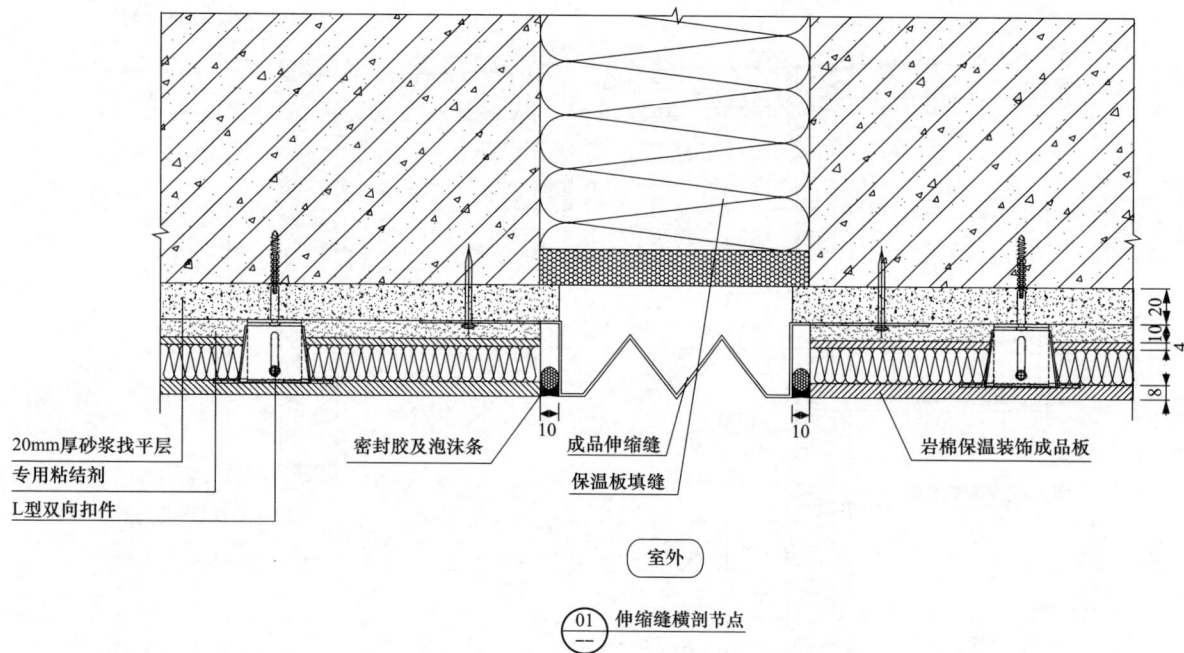

20mm厚砂浆找平层
专用粘结剂
L型双向扣件

密封胶及泡沫条
成品伸缩缝
保温板填缝

岩棉保温装饰成品板

室外

01 伸缩缝横剖节点

## 7.22 岩棉薄抹灰外墙外保温板墙面节点（十四）

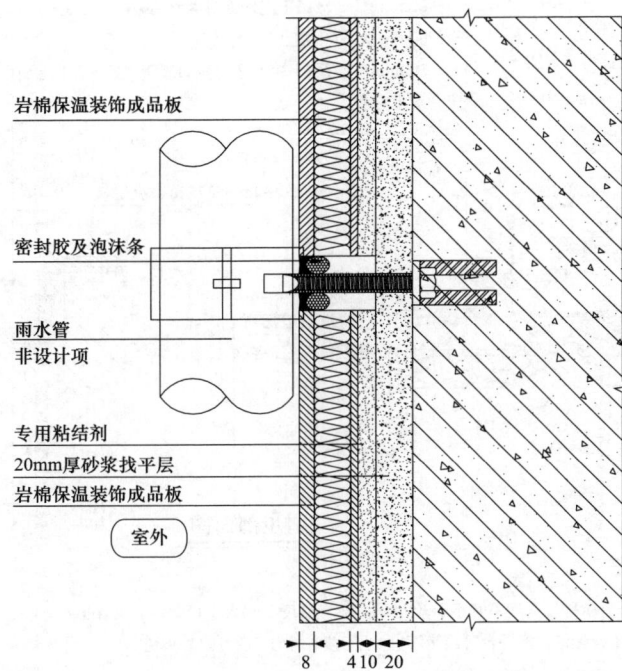

岩棉保温装饰成品板

密封胶及泡沫条

雨水管
非设计项

专用粘结剂
20mm厚砂浆找平层
岩棉保温装饰成品板

室外

8　4 10 20

01　雨水管节点

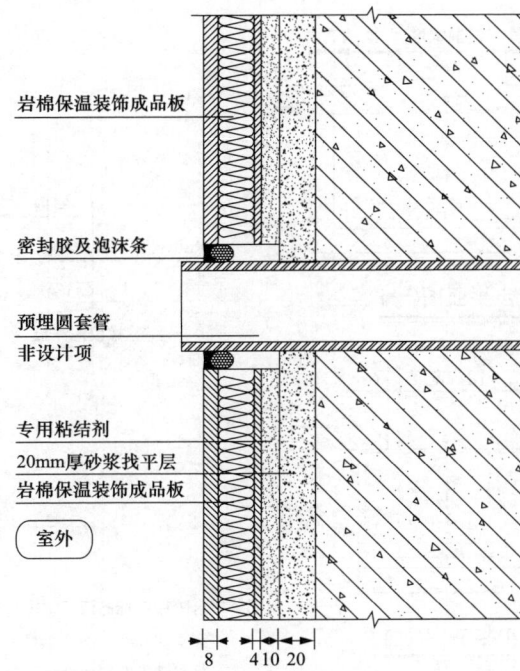

岩棉保温装饰成品板

密封胶及泡沫条

预埋圆套管
非设计项

专用粘结剂
20mm厚砂浆找平层
岩棉保温装饰成品板

室外

8　4 10 20

02　墙面开孔节点

建筑外墙面

7

## 8.1 板材踏步

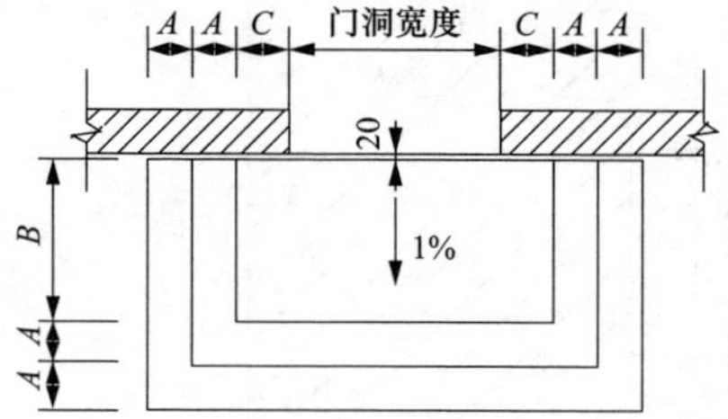

踏步

8

踏步平面图(一)

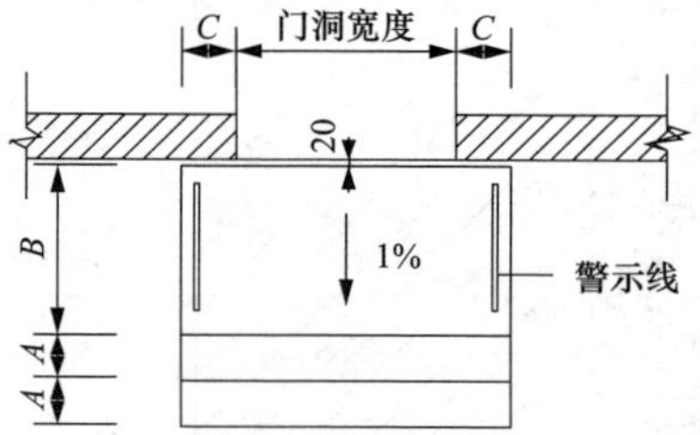

踏步平面图(二)

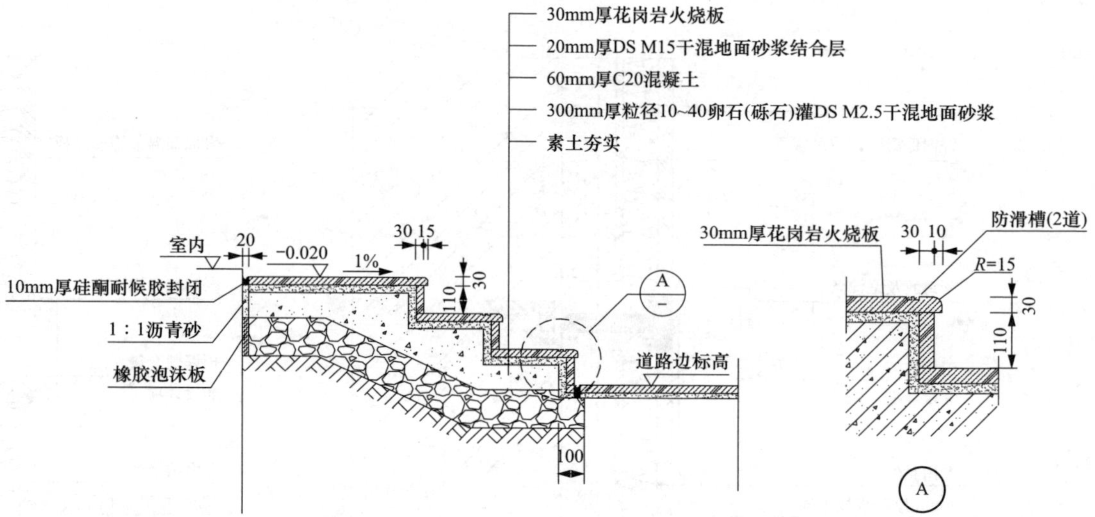

*A* *A* *C* 门洞宽度 *C* *A* *A*

20

1%

*B*

*A* *A*

*C* 门洞宽度 *C*

20

1%

*B*

*A* *A*

警示线

30mm厚花岗岩火烧板
20mm厚DS M15干混地面砂浆结合层
60mm厚C20混凝土
300mm厚粒径10~40卵石(砾石)灌DS M2.5干混地面砂浆
素土夯实

室内 20 −0.020 1% 30 15

10mm厚硅酮耐候胶封闭
1:1沥青砂
橡胶泡沫板

10
30

A
—

道路边标高

100

30mm厚花岗岩火烧板 30 10 防滑槽(2道)

R=15

30

110

A

踏步剖面图

说明　1. 台阶顶面标高低于室内地坪20mm。室外台阶踏步宽度不宜小于300mm,踏步高度不宜大于150mm,并不宜
　　　　 小于100mm。图中,尺寸*A*、*B*、*C*由具体设计定;室外台阶踏步不宜小于3步,小于3步可改为坡道。
　　　 2. 板材踏步的侧面外露部分应贴板材,具体做法同台阶正立面。
　　　 3. 室外台阶与建(构)筑物间应留置20mm宽变形缝,采用硅酮耐候胶封闭。
　　　 4. 建筑物室外台阶数根据场地实际情况设置。
　　　 5. 建筑物室外台阶高度超过700mm,且侧面临空时,应有防护措施。
　　　 6. 板材铺设时面板压立板,平立面光洁度一致。
　　　 7. 板块面应坚实、平整、洁净,缝格顺直,不应有空鼓、松动、脱落和裂缝、污染现象。踏步齿角应整齐,防
　　　　 滑槽应顺直。地面镶边用料及尺寸,符合设计要求和施工规范要求,边角整齐、光滑。
　　　 8. 板材破坏强度≥15000N。

## 9.1 火烧板坡道

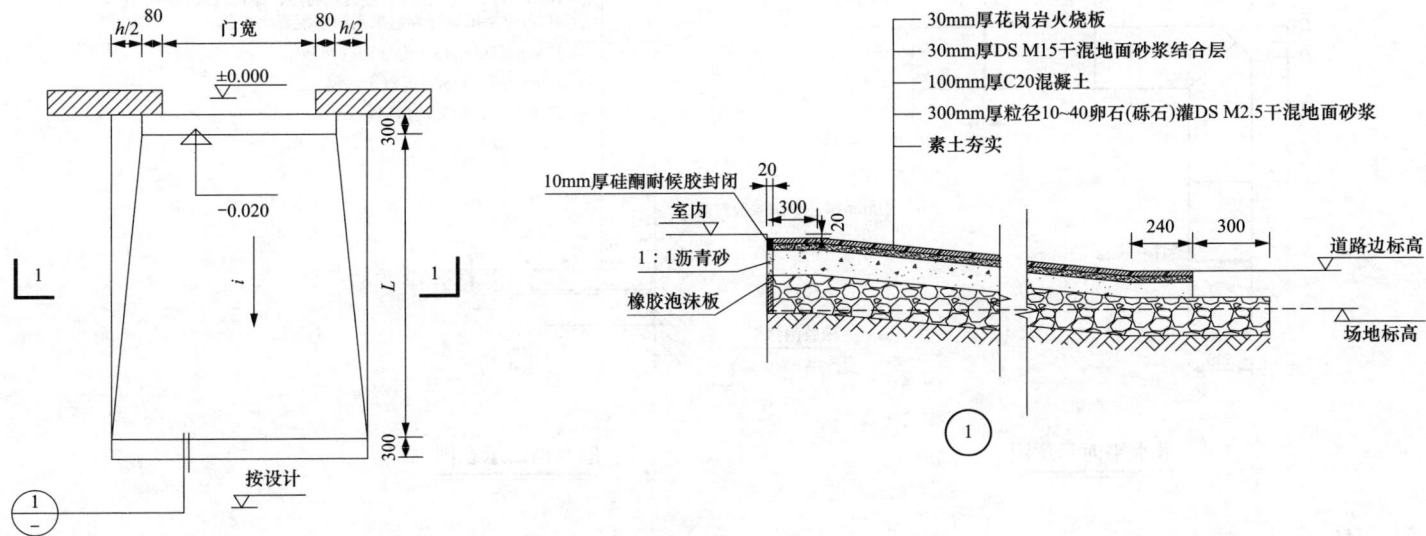

30mm厚花岗岩火烧板
30mm厚DS M15干混地面砂浆结合层
100mm厚C20混凝土
300mm厚粒径10~40卵石(砾石)灌DS M2.5干混地面砂浆
素土夯实

10mm厚硅酮耐候胶封闭
室内
1:1沥青砂
橡胶泡沫板
道路边标高
场地标高

入口坡道

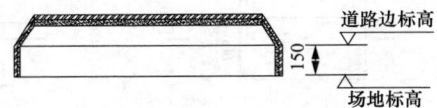

道路边标高
场地标高

1—1剖面图

说明　1. 坡道长、宽、高($L×b×h$)应由单体设计的底层平面及室内外高差示出，其中$L=h/i$；
　　　　$b$=门宽+$h$+400。当使用者为残疾人时，坡度$i$不宜大于1：10，根据具体工程设计确定。
　　　2. 坡道与建(构)筑物间均留置20mm宽变形缝，采用硅酮耐候胶封闭。
　　　3. 侧边设置立板，伸入±0.00以下100mm。

## 10.1 细石混凝土散水

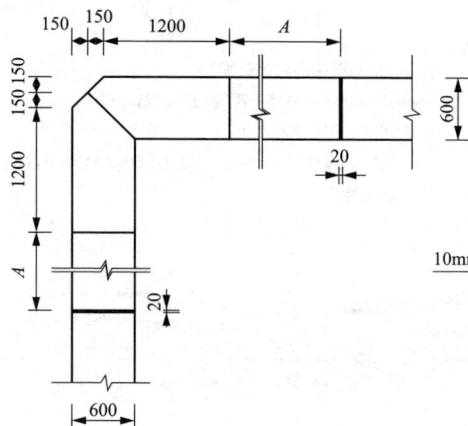

散水平面示意图

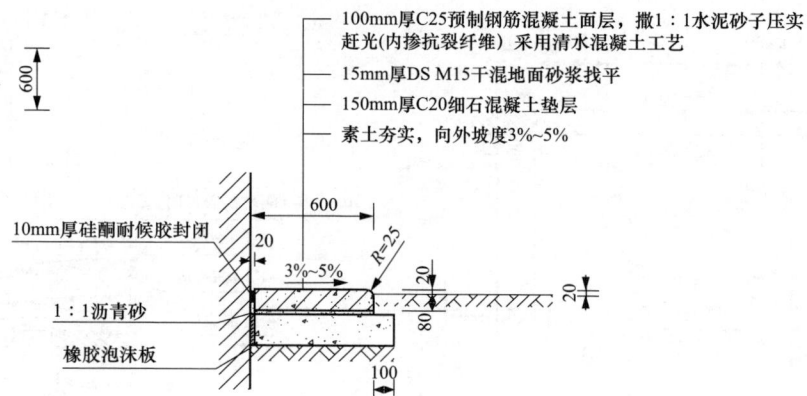

100mm厚C25预制钢筋混凝土面层，撒1：1水泥砂子压实赶光(内掺抗裂纤维) 采用清水混凝土工艺
15mm厚DS M15干混地面砂浆找平
150mm厚C20细石混凝土垫层
素土夯实，向外坡度3%~5%

10mm厚硅酮耐候胶封闭
1：1沥青砂
橡胶泡沫板

散水剖面示意图

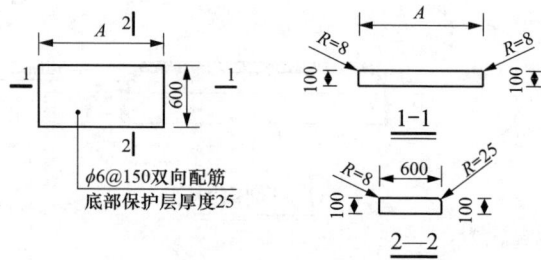

φ6@150双向配筋
底部保护层厚度25

预制散水平面图

说明　1. 图中尺寸 A 表示预制散水沿墙方向的尺寸，根据外墙做法确定，如外墙采用装饰面层尺寸 A 应该与装饰面层材料的模数相匹配，但是长度不超过 1.2m。

2. 预制散水采用 C25 素混凝土。散水安装时，与建筑物装饰面层间留 20mm 缝，预制散水每块之间留缝 5mm。

3. 预制散水的内侧与两侧做成 8mm 的圆角，外侧做成 25mm 的圆角，如图所示。预留缝采用硅酮耐候胶 20mm 密封。

4. 伸缩缝设置以建筑物四角和出入口位置作为开始。

5. 膨胀土、湿陷性黄土散水宽度按有关规范要求执行。

散水

10

## 10.2 预制散水

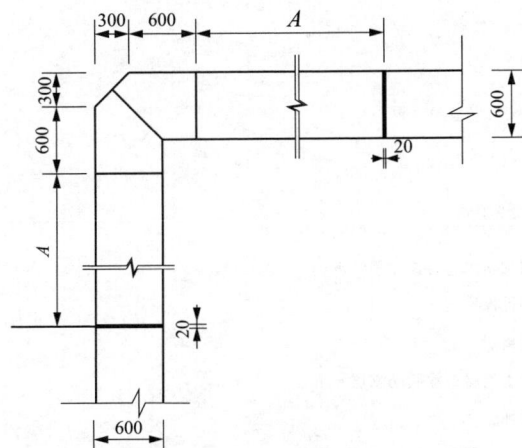

散水平面示意图

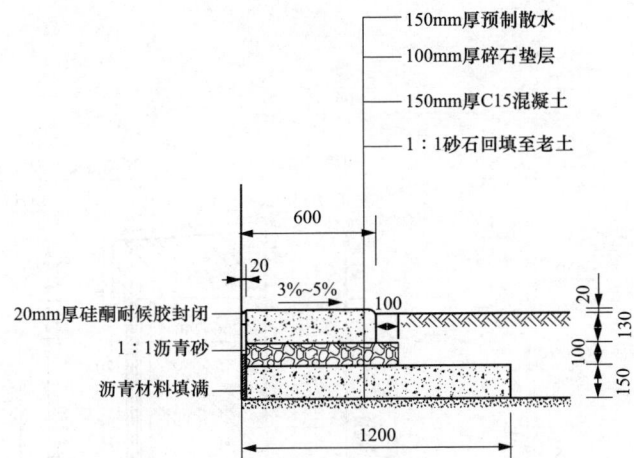

150mm厚预制散水
100mm厚碎石垫层
150mm厚C15混凝土
1:1砂石回填至老土

20mm厚硅酮耐候胶封闭
1:1沥青砂
沥青材料填满

3%~5%

散水剖面示意图

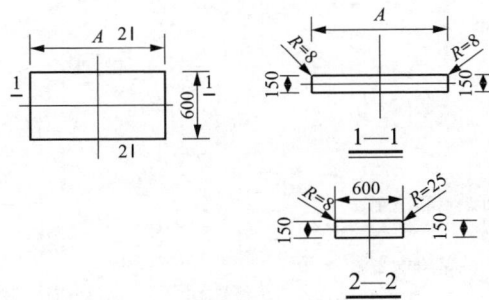

预制散水平面图

1—1

2—2

说明　1. 图中尺寸 A 表示预制散水沿墙方向的尺寸,根据外墙做法确定,如外墙采用装饰面层尺寸 A 应该与装饰面层材料的模数相匹配,但是长度不超过 1.2m。

2. 预制散水采用 C25 素混凝土散水安装时,与建筑物装饰面层间留 20mm 缝,预制散水每块之间留缝 5mm。

3. 预制散水的内侧与两侧做成 8mm 的圆角,外侧做成 25mm 的圆角,如图所示。预留缝采用硅酮耐候胶 20mm 密封。

4. 伸缩缝设置以建筑物四角和出入口位置作为开始。

5. 膨胀土、湿陷性黄土散水宽度按有关规范要求执行。

## 11.1　卷材防水屋面女儿墙（砖墙）

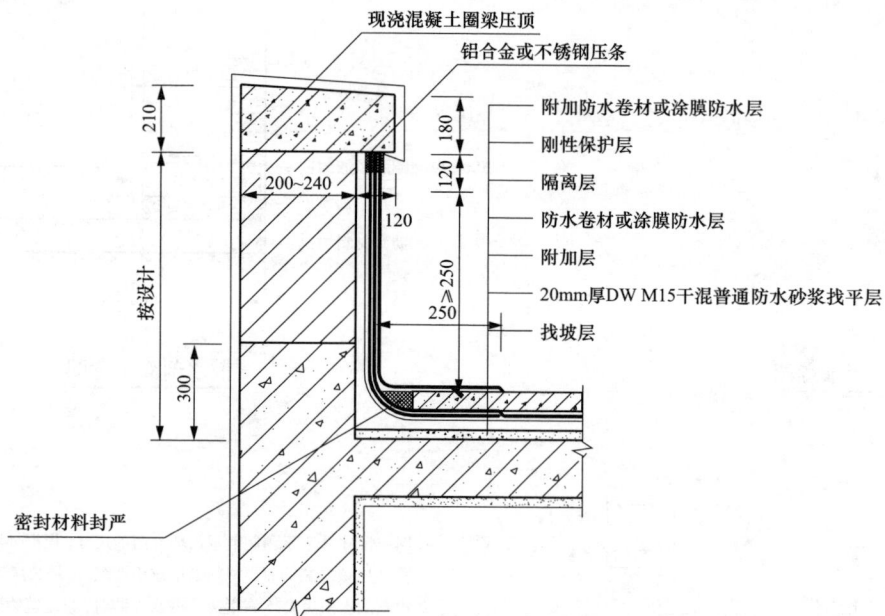

现浇混凝土圈梁压顶

铝合金或不锈钢压条

附加防水卷材或涂膜防水层

刚性保护层

隔离层

防水卷材或涂膜防水层

附加层

20mm厚DW M15干混普通防水砂浆找平层

找坡层

密封材料封严

210

200~240

按设计

300

180

120

120

120

≥250

250

说明　1. 防水卷材应根据当地最高最低气温、屋面坡度和使用条件，选择耐热度和柔性相适应的卷材；根据地基变形程度、结构形式，选择拉伸性能相适应的卷材。

2. 找平层、刚性保护层及压顶粉刷层宜设分格缝，间距不大于3m，缝宽宜为20mm，并嵌填密封材料。

3. 女儿墙为砖墙时，泛水高度不小于250mm，防水层收头应在砖墙凹槽内用防腐木条加盖金属固定，钉距不得大于450mm，并用密封材料封严。其中，泛水的高度均应从刚性保护层顶面算起。

## 11.2 卷材防水屋面女儿墙（钢筋混凝土）泛水

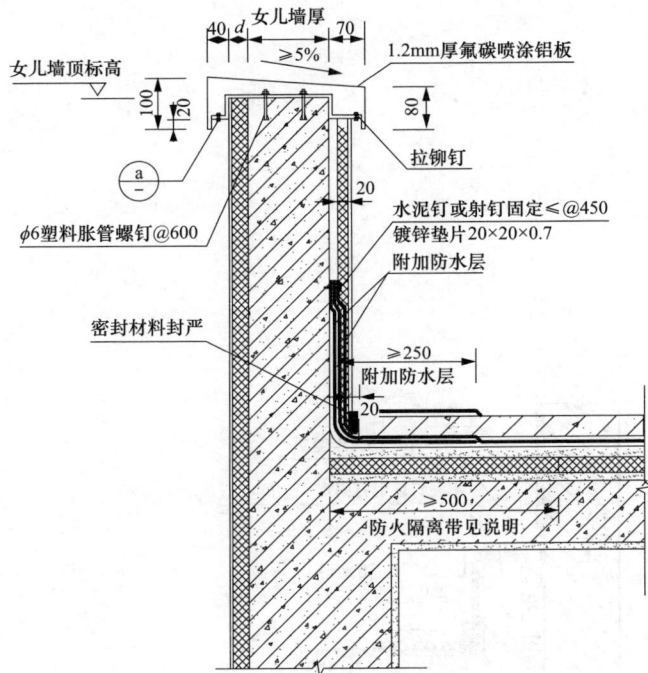

有外墙保温混凝土女儿墙泛水

女儿墙顶标高

1.2mm厚氟碳喷涂铝板

拉铆钉

φ6塑料胀管螺钉@600

水泥钉或射钉固定≤@450
镀锌垫片20×20×0.7
附加防水层

密封材料封严

附加防水层

防火隔离带见说明

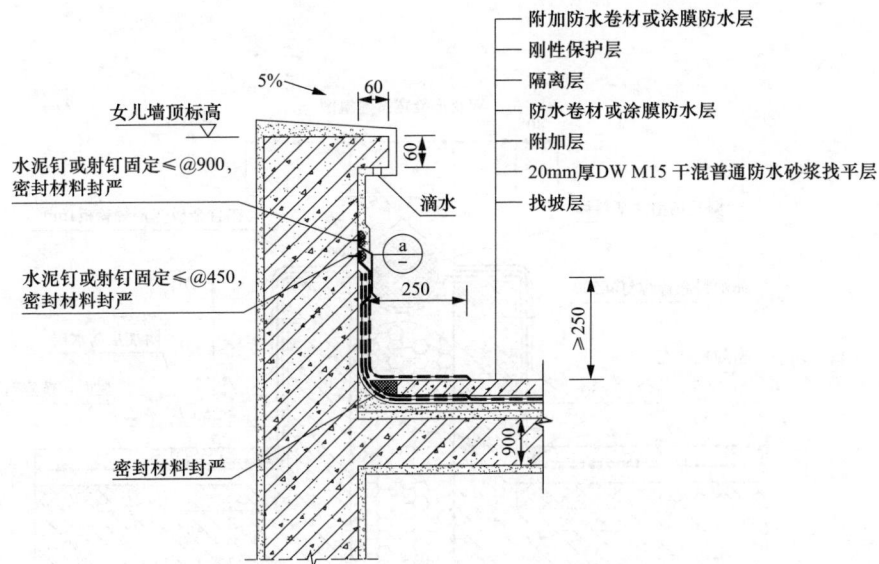

无外墙保温混凝土女儿墙泛水

女儿墙顶标高

水泥钉或射钉固定≤@900，
密封材料封严

水泥钉或射钉固定≤@450，
密封材料封严

滴水

密封材料封严

附加防水卷材或涂膜防水层
刚性保护层
隔离层
防水卷材或涂膜防水层
附加层
20mm厚DW M15 干混普通防水砂浆找平层
找坡层

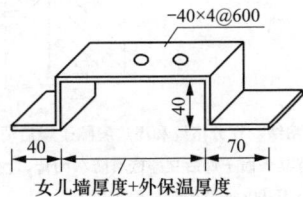

−40×4@600

女儿墙厚度+外保温厚度

ⓐ

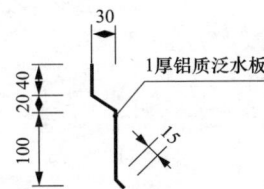

1厚铝质泛水板

1mm厚铝板

ⓐ

说明　1. d为外保温厚度，根据工程情况确定。
　　　2. 当屋面和外墙均采用B1、B2级保温材料时，应采用宽度不小于500mm的不燃材料A级保温材料设置防火隔离带将屋面和外墙分隔。
　　　3. 防水卷材应根据当地最高最低气温、屋面坡度和使用条件，选择耐热度和柔性相适应的卷材；根据地基变形程度、结构形式，选择拉伸性能相适应的卷材。
　　　4. 找平层，刚性保护层宜设分格缝，缝宽宜为20mm，并嵌填密封材料。
　　　5. 泛水高度不小于250mm，防水层收头用金属压条钉压固定，钉距不得大于450mm，密封材料封边，并在上部用镀锌铁皮等金属材料覆盖保护。其中，泛水的高度均应从刚性保护层顶面算起。
　　　6. 女儿墙处如需采用螺栓等固定其他设施，均应采用密封材料封严。

## 11.3 卷材防水屋面高低跨变形缝

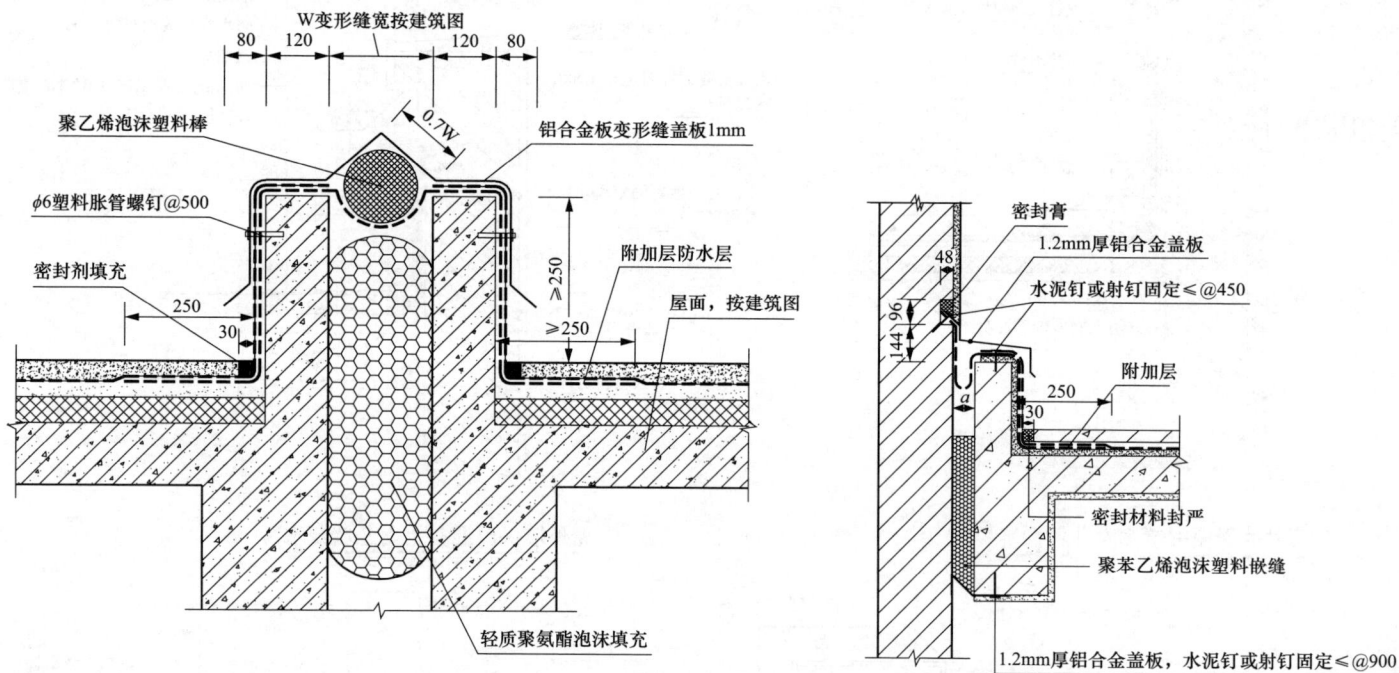

W变形缝宽按建筑图

80 120 120 80

0.7W

聚乙烯泡沫塑料棒
铝合金板变形缝盖板1mm

φ6塑料胀管螺钉@500

密封剂填充

250

30

附加层防水层

屋面，按建筑图

≥250

≥250

密封膏

1.2mm厚铝合金盖板

水泥钉或射钉固定≤@450

48

144 96

附加层

250

30

a

密封材料封严

聚苯乙烯泡沫塑料嵌缝

轻质聚氨酯泡沫填充

1.2mm厚铝合金盖板，水泥钉或射钉固定≤@900

说明 分格缝应上下贯通，缝内不得有水泥砂浆粘结。在分格缝和周边缝隙干燥后清理干净，
用与密封材料相匹配的基层处理剂涂刷，待其表面干燥后立即嵌填防水油膏，密封材料
底层应填背衬泡沫棒，分格缝上口粘贴不小于200mm宽的卷材保护层。

## 11.4 平屋面上人孔防水

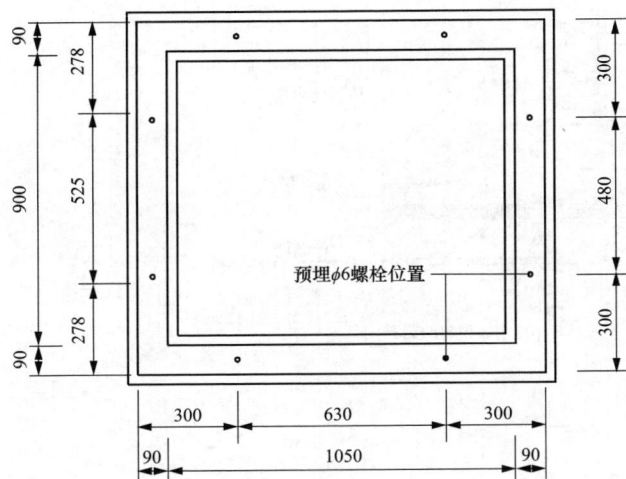

平面

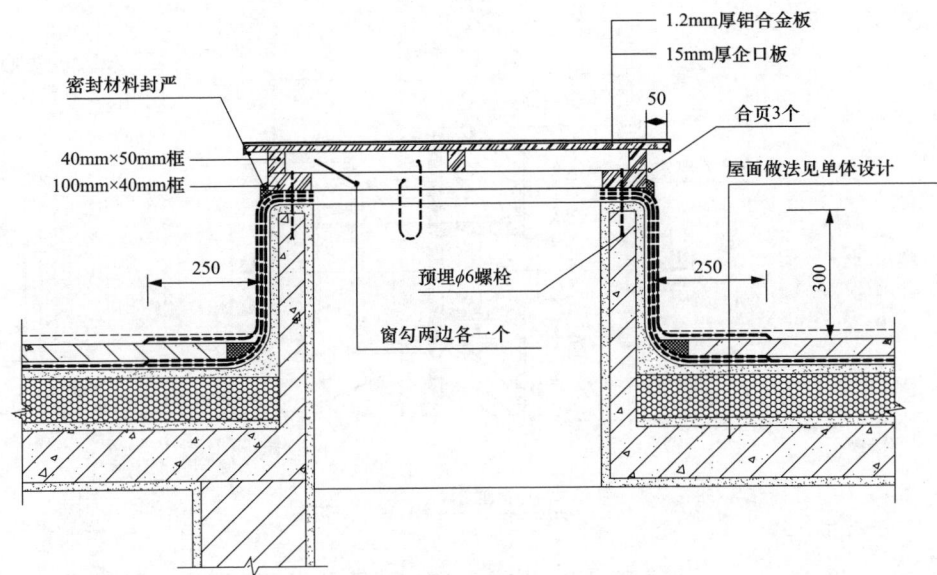

剖面

## 11.5 屋面女儿墙雨水口做法

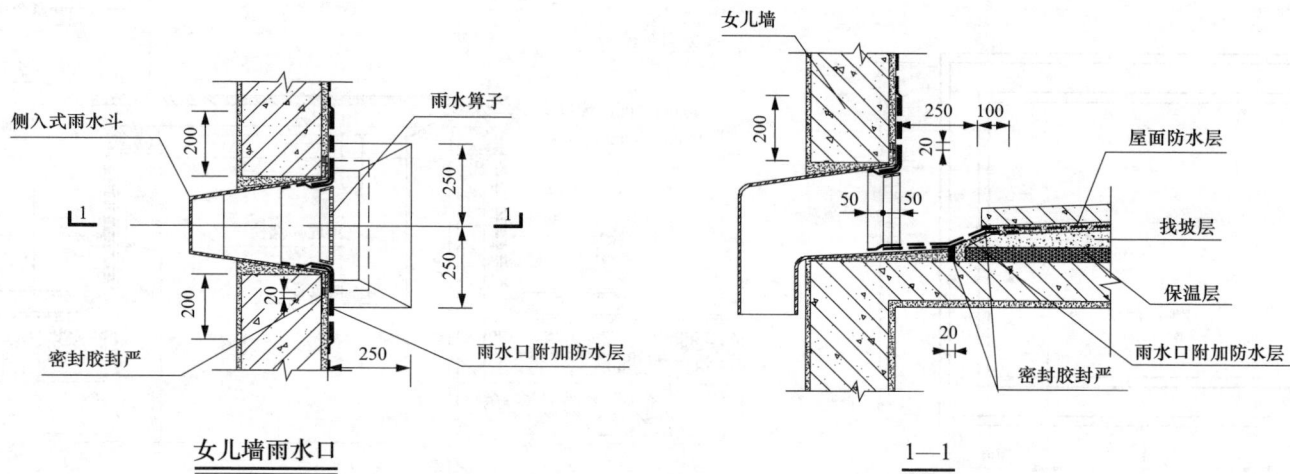

侧入式雨水斗

雨水箅子

密封胶封严

雨水口附加防水层

**女儿墙雨水口**

女儿墙

屋面防水层

找坡层

保温层

雨水口附加防水层

密封胶封严

**1—1**

说明　1. 侧入式雨水斗和雨水箅子见《雨水斗选用及安装》(09s302)图集。

　　　2. 雨水斗穿女儿墙的洞口尺寸现场确定，也可与女儿墙同时施工埋入。

　　　3. 找坡层采用结构找坡时，坡度不应小于3%；采用材料找坡时，宜采用质量轻、吸水率低和有一定强度的材料，找坡宜为2%。

## 11.6 屋面检修钢梯

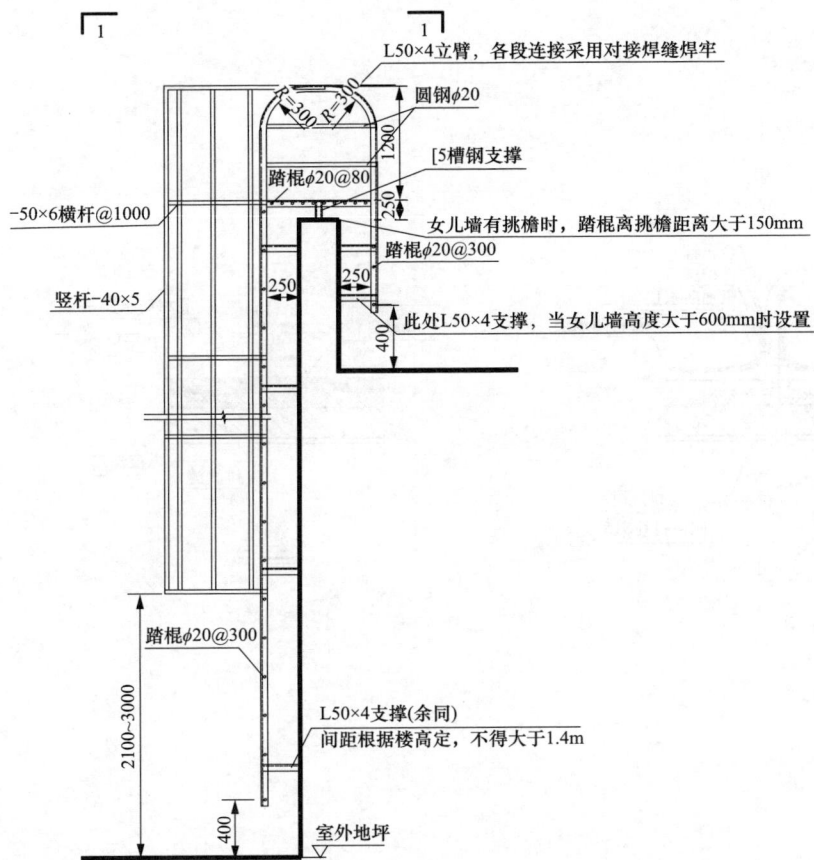

L50×4立臂,各段连接采用对接焊缝焊牢

圆钢φ20

[5槽钢支撑

踏棍φ20@80

女儿墙有挑檐时,踏棍离挑檐距离大于150mm

踏棍φ20@300

此处L50×4支撑,当女儿墙高度大于600mm时设置

-50×6横杆@1000

竖杆-40×5

踏棍φ20@300

L50×4支撑(余同)
间距根据楼高定,不得大于1.4m

2100~3000

室外地坪

**钢爬梯立面图**

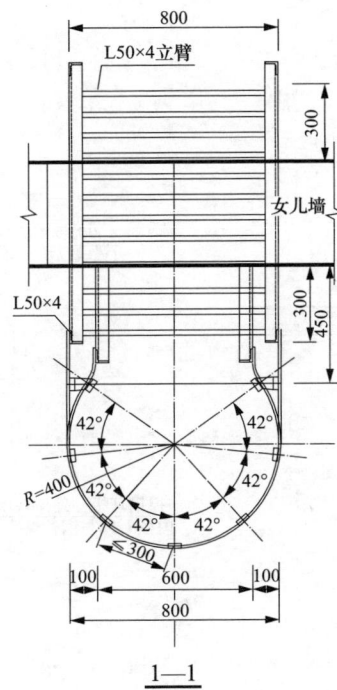

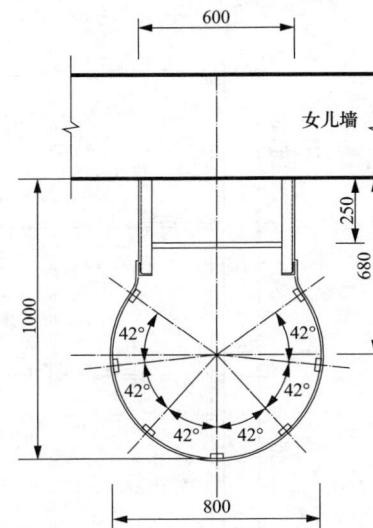

800

L50×4立臂

女儿墙

L50×4

300

300
450

R=400

42° 42°
42° 42°
42° 42°

≤300

100  600  100
800

**1—1**

600

女儿墙

250
680

1000

42° 42°
42° 42°

800

说明  1. 爬梯为直钢梯,带设护笼。
　　　2. 爬梯中所有连接均采用焊接,焊接可靠牢固。
　　　3. 所有外露钢构件必须采用热镀锌防腐。
　　　4. 所有支撑的地方必须采用预埋件。
　　　5. 接地件应避开避雷带引下线。

| 编号 | 名称 | 规格 | 备注 |
|---|---|---|---|
| 1 | 梯梁 | -6×10 | |
| 2 | 踏棍 | φ20 | @300 |
| 3 | 横梁 | -60×10 | |
| 4 | 活脚 | -60×10 | |
| 5 | 脚垫 | 15J401 D10页 | |
| 6 | 支撑 | ∠70×6 | @2100 |
| 7 | 水平笼箍 | -50×6 | |
| 8 | 立杆 | -40×5 | |
| 9 | 横杆 | -50×6 | |

建筑屋面

11

## 11.7 屋面排汽措施做法

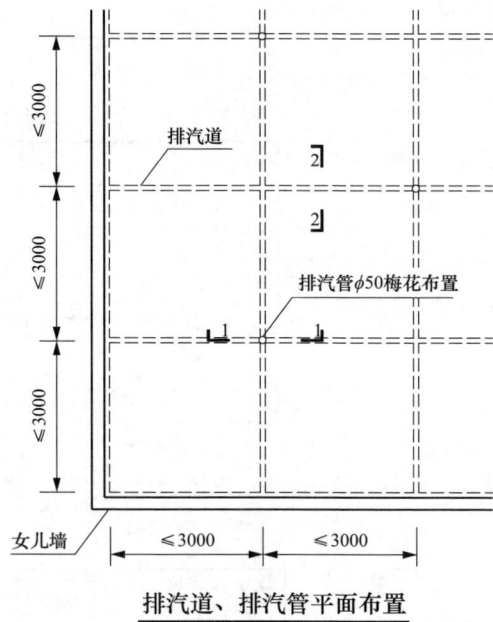

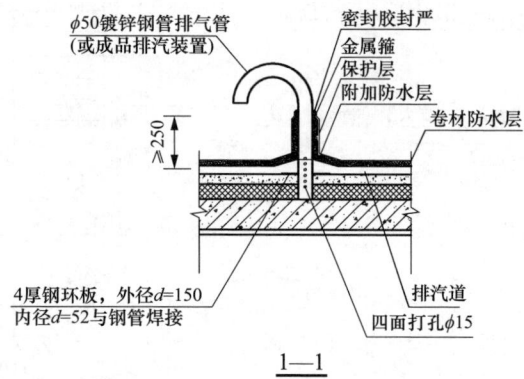

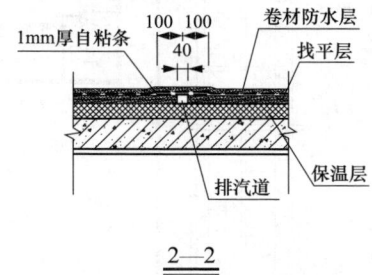

排汽道

2

2

排汽管φ50梅花布置

≤3000

≤3000

≤3000

女儿墙

≤3000  ≤3000

**排汽道、排汽管平面布置**

φ50镀锌钢管排气管
（或成品排汽装置）

密封胶封严
金属箍
保护层
附加防水层
卷材防水层

≥250

4厚钢环板，外径d=150
内径d=52与钢管焊接

排汽道

四面打孔φ15

**1—1**

1mm厚自粘条

100  100
40

卷材防水层
找平层

排汽道

保温层

**2—2**

说明　1. 排汽道设置在保温层内，排汽道应纵横贯通。排汽道纵横间距3m，屋面面积每36m²设一个排汽管。

　　　2. 施工时应确保排汽道、排汽管及排汽管壁上的孔不被堵塞。

　　　3. 当找平层分格缝兼作排汽道时，铺贴卷材时宜采用条粘法或点粘法。

建筑屋面

11

## 11.8 建筑物雨篷做法

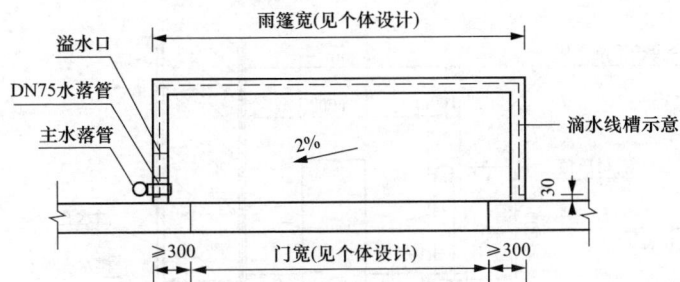

雨篷平面图(一)

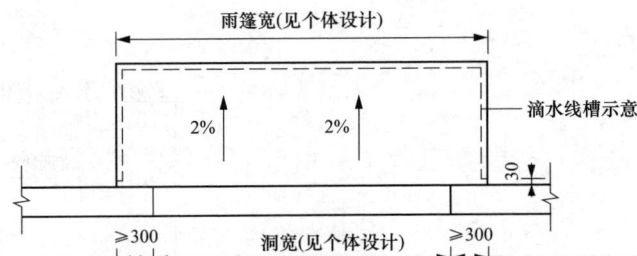

雨篷平面图(二)

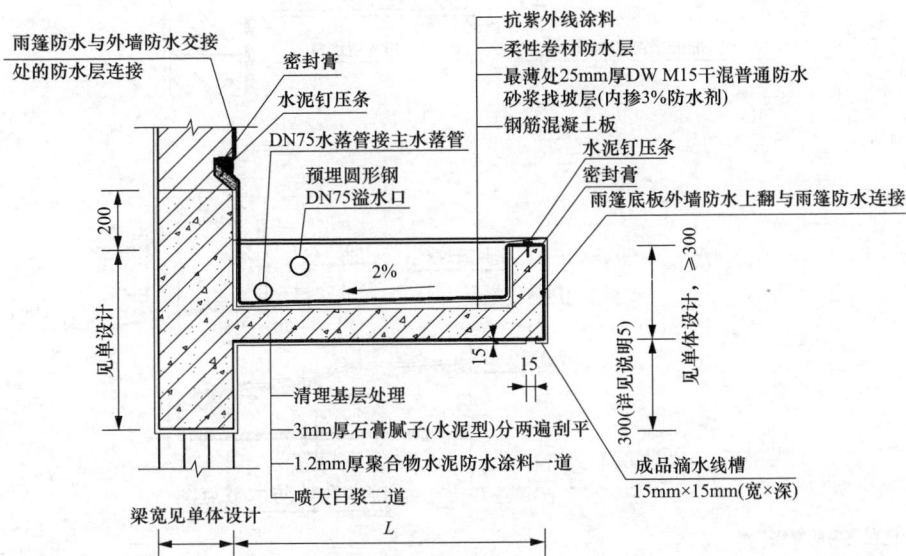

雨篷剖面图(一)

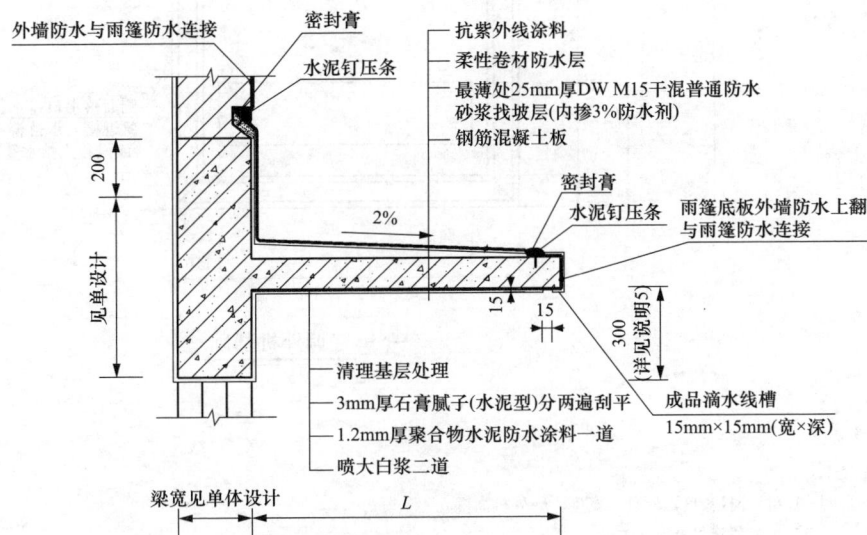

雨篷剖面图(二)

说明 1. 雨篷梁应设为反梁。宽度同墙体,高度≥雨篷翻边200mm,框架结构雨篷梁长度至两侧框架柱为止,砖混结构雨篷梁长度至两侧结构(构造)柱为止或雨篷外边缘各500mm。
　　　2. 雨篷下口应设滴水槽。滴水线条宽度为50mm,厚度为15mm;滴水槽居于滴水线条正中,深度为15mm,宽度为15mm,离墙面30mm处设置断水口。
　　　3. 滴水线条、滴水线槽应顺直美观,无变形。
　　　4. 雨篷上雨水采取有组织排水,就近接入主落水管或单独设置落水管,且排水通畅。
　　　5. 门高度≥3m时,该尺寸详见具体设计。

## 12.1 空调外机楼层布置

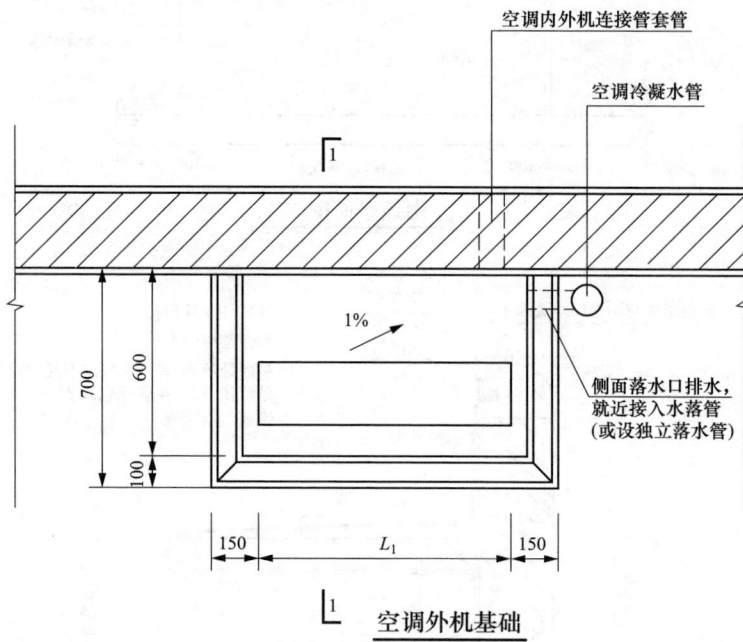

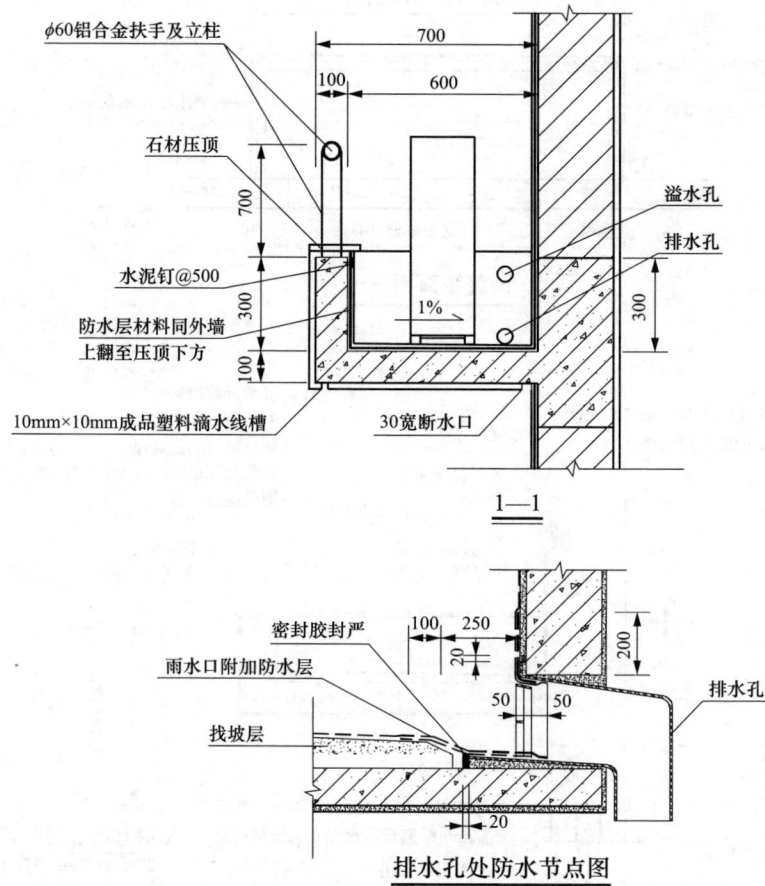

空调内外机连接管套管

空调冷凝水管

φ60铝合金扶手及立柱

石材压顶

700

700

100

600

100

1%

150    $L_1$    150

**空调外机基础**

水泥钉@500

防水层材料同外墙
上翻至压顶下方

10mm×10mm成品塑料滴水线槽

溢水孔

排水孔

300

100

1%

300

30宽断水口

**1—1**

侧面落水口排水，
就近接入水落管
（或设独立落水管）

密封胶封严

雨水口附加防水层

找坡层

100   250

20

50   50

20

200

排水孔

**排水孔处防水节点图**

说明 1. $L_1$=外机长度，$b$=外机宽度，$h$=外机高度。
2. 外机排风口宜顺风安装。
3. 应尽量减少室外机与室内机的高度差，不宜超过4m。穿墙洞应尽量与室内机的管道相对，以减少管道在室内的弯绕。
4. 分体式空调机组采用柜式空调，室外机安装牢固、可靠；除应满足冷却风循环空间要求，还应符合环境卫生保护法规的规定。
5. 室外机机体引至室外电源线应排列整齐，采用UPVC排管或电缆槽盒，盘管顺畅。室外机应有可靠接地。
6. 冷凝水的排放要畅通。分体空调通向室外的管路应向下倾斜引入就近水落管或采用有组织排水。穿墙孔洞应有护套，护套处应采取避免雨水流入措施和内外防水密封措施。
7. 当冷凝水管较长时可采用悬挂方式，支架间距为1.0~1.2m，并确保排水坡度。
8. 空调板应设置防水层及排水，坡度不小于1%，且外口下沿做滴水线。空调板与外墙交接处的防水层应连续。
9. 雨水立管接入排水系统，水落口周边应留槽嵌填密封材料。
10. 空调板与墙体连接处应采取防雨水倒灌措施和节点构造防水措施。

## 12.2 出屋面套管（管道）防水节点大样图

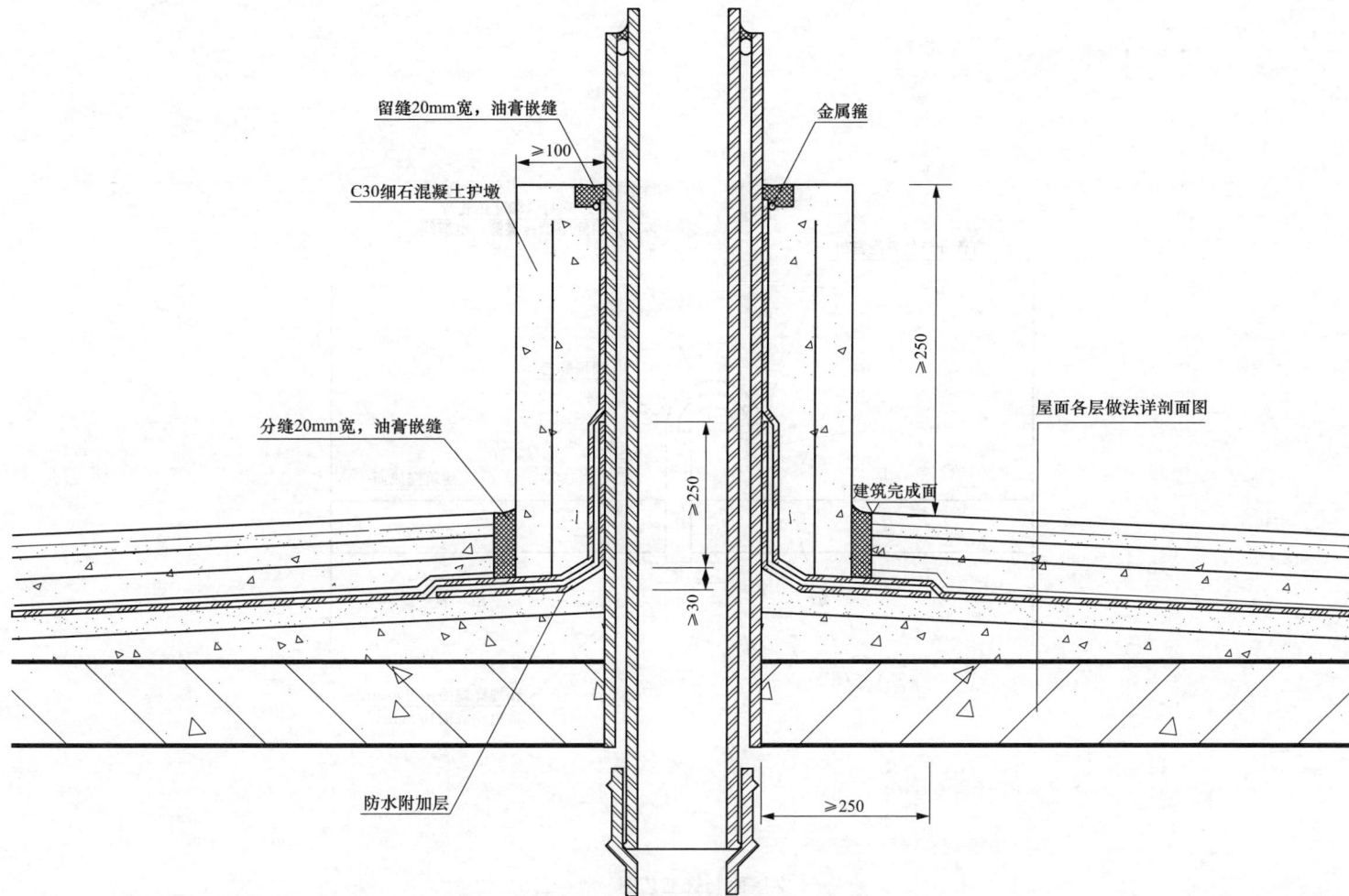

留缝20mm宽，油膏嵌缝

金属箍

≥100

C30细石混凝土护墩

≥250

分缝20mm宽，油膏嵌缝

≥250

屋面各层做法详剖面图

建筑完成面

≥250

≥30

防水附加层

≥250

**出屋面套管(管道)防水节点大样图**

说明 出屋面套管(管道)的防水构造应符合《屋面工程技术规范》(GB 50345—2012)第4.11.19节中下列规定:
  1. 管道周围的找平层应抹出高度不小于30mm的排水坡。
  2. 管道泛水处的防水层下应增设附加层，附加层在平面和立面的宽度均不应小于250mm。
  3. 管道泛水处的防水层泛水高度不应小于250mm。
  4. 卷材收头应用金属箍紧固和密封材料封严，涂膜收头应用防水涂料多遍涂刷。
  5. 如工程需要，可在管道外侧预设C30细石混凝土护墩包封。

建筑空调

12

## 12.3 空调穿屋面套管工艺图

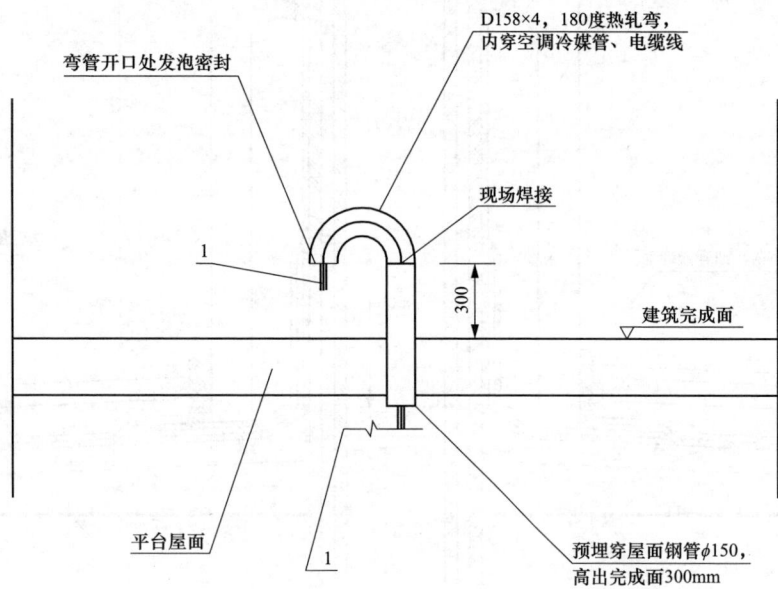

弯管开口处发泡密封

D158×4，180度热轧弯，
内穿空调冷媒管、电缆线

现场焊接

1

300

建筑完成面

平台屋面

1

预埋穿屋面钢管φ150，
高出完成面300mm

**穿屋面套管工艺图**

## 13.1 雨落水管道敷设

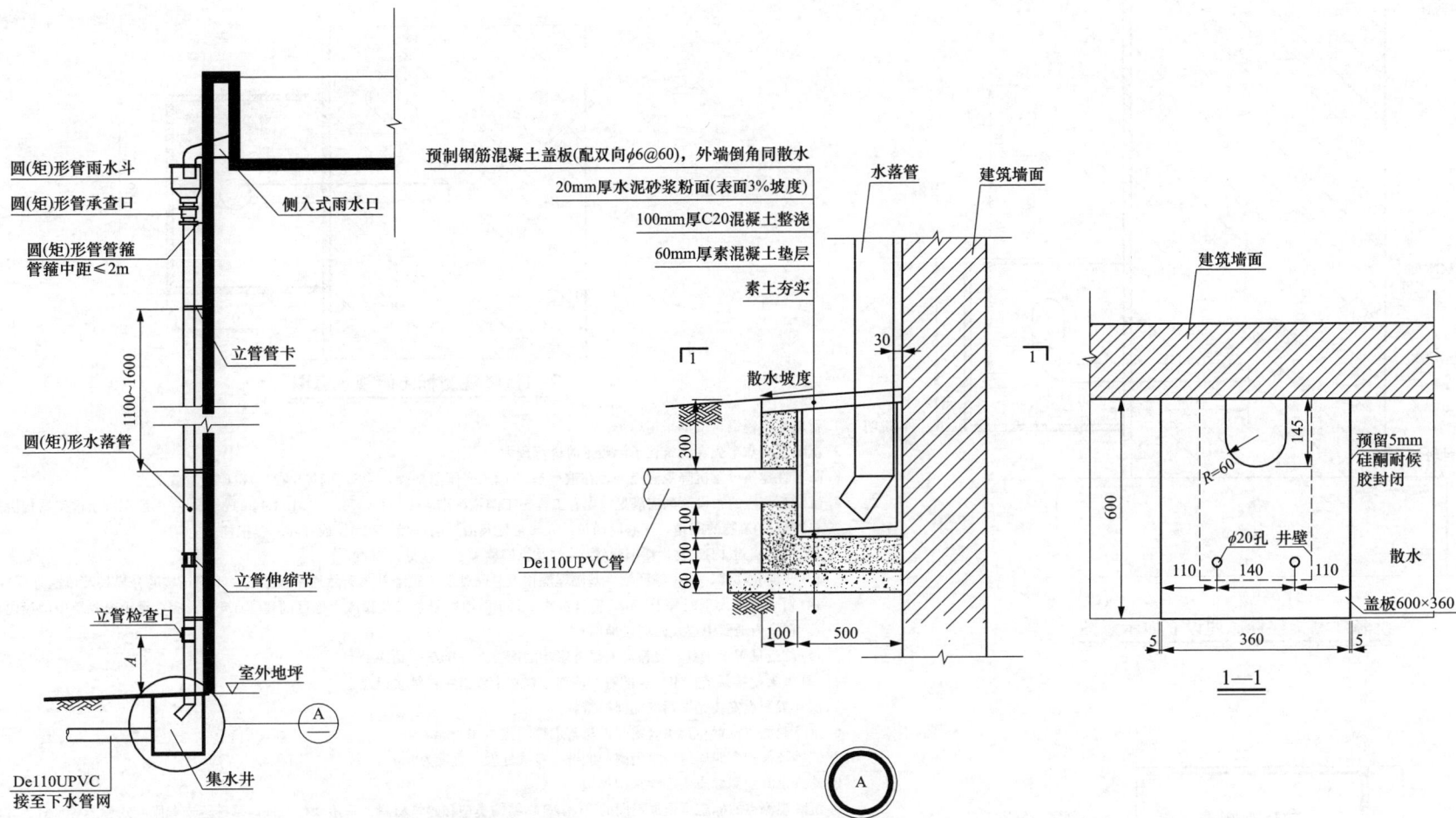

圆(矩)形管雨水斗
圆(矩)形管承查口
圆(矩)形管管箍
管箍中距≤2m
立管管卡
圆(矩)形水落管
1100~1600
立管伸缩节
立管检查口
室外地坪
De110UPVC
接至下水管网
集水井
A

侧入式雨水口

预制钢筋混凝土盖板(配双向φ6@60)，外端倒角同散水
20mm厚水泥砂浆粉面(表面3%坡度)
100mm厚C20混凝土整浇
60mm厚素混凝土垫层
素土夯实
散水坡度
De110UPVC管
300
60 100 100 100
100    500
1

水落管    建筑墙面
30
1

建筑墙面
145
R=60
600
预留5mm硅酮耐候胶封闭
φ20孔  井壁
110  140  110
散水
盖板600×360
5   360   5
1—1

A

建筑.排水
13

说明  1. 出水口、雨水箅采用铸铁制作。
2. 水落管及配套的落水斗、承插口、泄水管、管箍等均采用硬聚氯乙烯材料；水落管采用DN100的圆形管。
3. 水落口附加层采用防水涂膜铺设二层胎体增强材料共厚2~3mm。
4. 图中检查口距室外地坪的高度尺寸A一般为1~1.2m。
5. 设置伸缩节，采用圆(矩)形管管箍，伸缩节间距≤4m。
6. 雨水管道采用不锈钢抱箍固定，间距1.2m。
7. 在湿陷性黄土或膨胀土地区，基础内壁应做防水处理，需满足《湿陷性黄土地区建筑标准》(GB 50025—2018)中相关要求。

## 14.1 沉降观测梁柱标志图

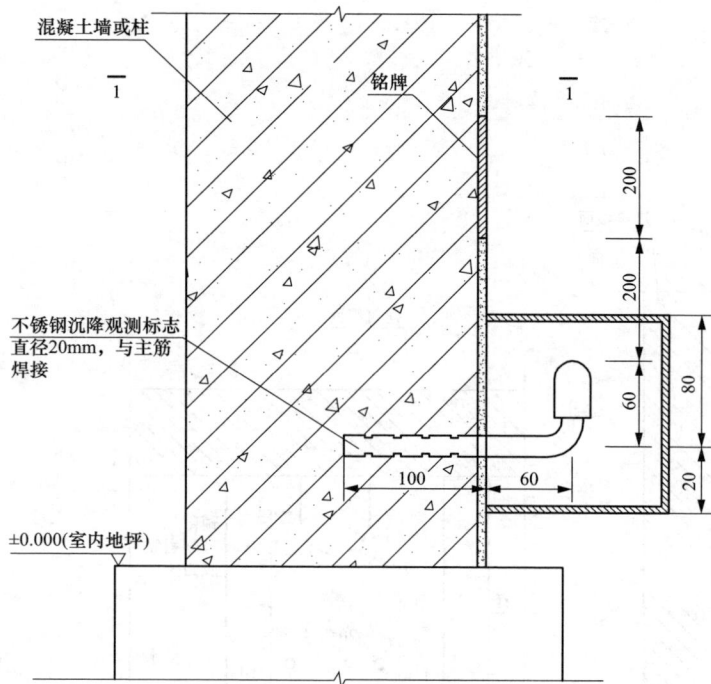

混凝土墙或柱

铭牌

不锈钢沉降观测标志
直径20mm，与主筋
焊接

200

200

60

80

20

100

60

±0.000(室内地坪)

**沉降观测梁柱标志埋设立面示意图**

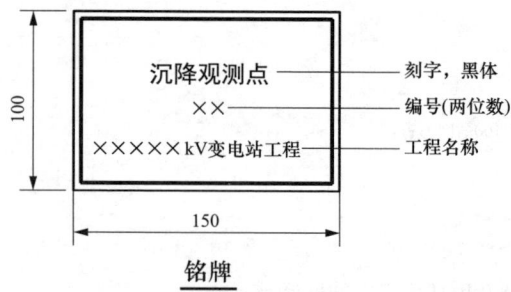

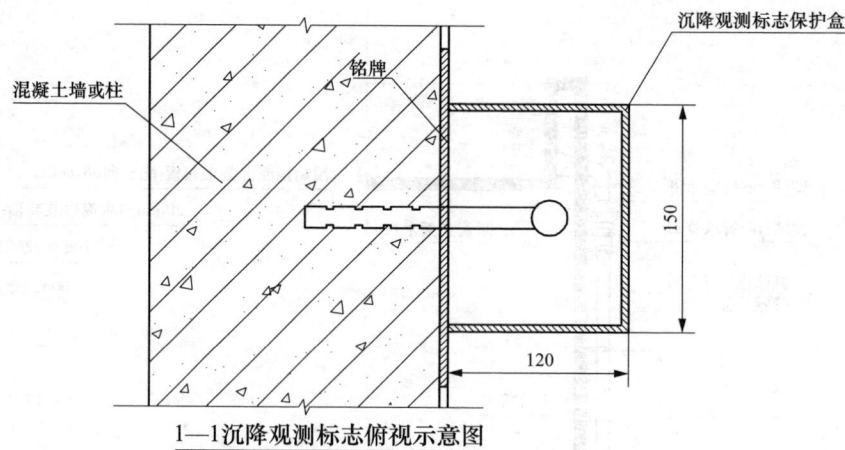

沉降观测点 —— 刻字，黑体

×× —— 编号(两位数)

×××××kV变电站工程 —— 工程名称

100

150

**铭牌**

混凝土墙或柱

铭牌

沉降观测标志保护盒

150

120

**1—1沉降观测标志俯视示意图**

说明　1. 材料为不锈钢，端部采用球形。

2. 沉降观测点事先在浇筑柱子混凝土时进行预埋。

3. 除了在建筑设置沉降观测点外，在重型基础(如主变压器基础、GIS基础等)的四角也应设置观测点。

4. 沉降观测点的布设原则应满足《电力工程施工测量标准》(DL/T 5578—2020)11.4.8的要求，在钢筋混凝土框架结构做基础标志。

　(1) 建(构)筑物的四角、核心筒四角、大转角处及沿外墙每10～20m处或每隔2～3根柱基上。

　(2) 高低层建(构)筑物，新旧建(构)筑物及纵横墙等的交接处的两侧。

　(3) 竖向位移缝、伸缩缝两侧、基础埋深相差悬殊处、人工地基与天然地基接壤处、不同结构的分界处及填挖方分界处。

　(4) 对于宽度大于或等于15m、宽度虽小于15m但地质复杂以及膨胀土地区的建(构)筑物，应在承重内隔墙中部设内墙点，并在室内地面中心及四周设地面点。

　(5) 临近堆置重物处、受振动有显著影响的部位及基础下的暗沟处。

　(6) 框架、排架结构主厂房的每个或部分柱基上或沿纵横轴线设点。

5. 沉降观测点安装完毕后应加保护措施。

6. 沉降观测点位置与落水管错开，与落水管间距≥100mm。

7. 铭牌及保护盒四周统一采用耐候胶进行打胶处理，宽度为5mm。

8. 建筑沉降观测标志头部须采用焊接。

9. 沉降观测点的标志可根据不同的建(构)筑物结构类型和建筑材料，采用墙柱标注、基础标志和隐蔽式标志等形式，并应符合下列规定。

　(1) 各类标注的立尺部位应突出、光滑、唯一，宜采用耐腐蚀、不易受压变形的金属材料。

　(2) 每个标志宜安装保护罩，保护罩的钢板厚度不宜低于2mm，罩顶应比沉降点顶部高1~2cm，罩内壁距离沉降点标志中心不宜小于6cm。

　(3) 标志的埋设位置应避开雨水管、窗台线、散热器、暖水管、电器开关等有碍设标和观测的障碍物；视立尺需要，标志上方应留有不小于2.1m的垂直净空。

　(4) 室内外的墙柱标志应安装在竣工地面或者建(构)筑物的±0m面上方+0.2~+0.5m之间，标志突出墙柱不宜超过5~8cm。

　(5) 当采用静力水准测量方法进行竖向位移观测时，观测标志的形式及其埋设应根据采用的静力水准仪的型号、结构、读数方式及现场条件确定；标志的规格尺寸设计应符合仪器安置的要求。

## 14.2 沉降观测基础标志图

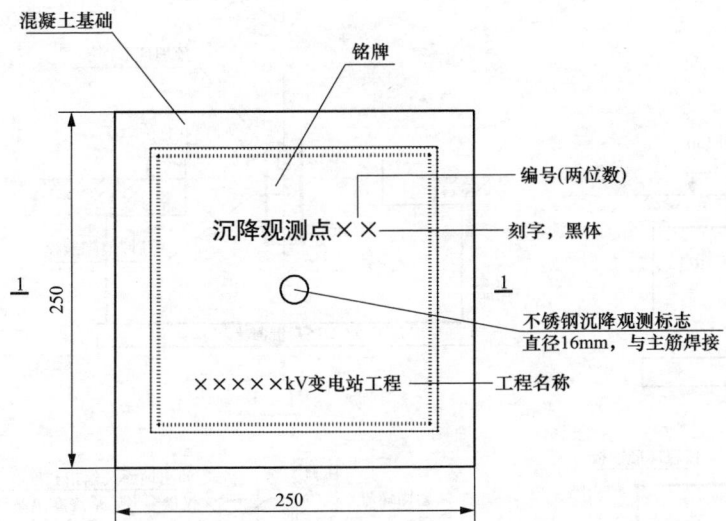

混凝土基础

铭牌

编号(两位数)

沉降观测点××

刻字，黑体

1

250

1

不锈钢沉降观测标志
直径16mm，与主筋焊接

××××kV变电站工程

工程名称

250

**沉降观测基础标志埋设立面示意图**

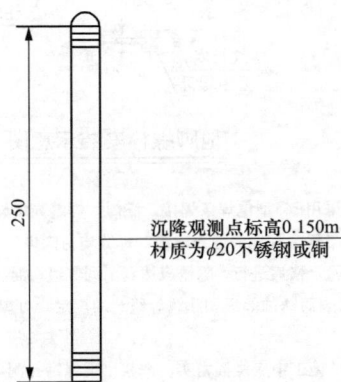

0.150

场地标高

1—1

250

沉降观测点标高0.150m
材质为φ20不锈钢或铜

**不锈钢沉降观测标志**

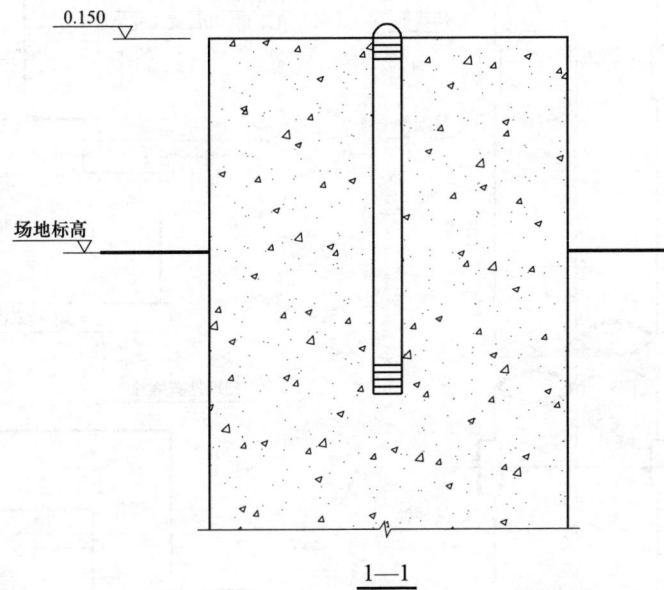

说明　1. 材料为不锈钢，端部采用球形。

2. 沉降观测点事先在浇筑基础混凝土时进行预埋。

3. 在设备基础底板钢筋绑扎时，预插入观测点墩台钢筋(配筋同其他设备墩台)。

4. 沉降观测点安装完毕后应加保护措施。

5. 铭牌及保护盒四周统一采用耐候胶进行打胶处理，宽度为5mm。

6. 沉降观测点正上方需避开电气设备，以免干扰沉降观测。如有基础底板，可从基础底板边缘引出。

7. 制作观测点模板，墩台尺寸250mm×250mm，高度同其他设备墩台，阳角倒角，做法同其他设备墩台。

8. 浇筑混凝土，标号同其他设备墩台。在混凝土初凝时植入观测点(不锈钢制作)。

9. 制作图牌，中间留有观测点孔洞。

10. 基础所有外露阳角均须倒角，倒角半径28mm。混凝土采用清水混凝土工艺。

11. 沉降观测基础标志上部宜安装保护罩，具体要求应满足《电力工程施工测量标准》(DL/T 5578—2020)的相关要求。

12. 本图适用于GIS、主变压器基础、装配式建筑物。

## 15.1 构支架、避雷针螺栓式基础

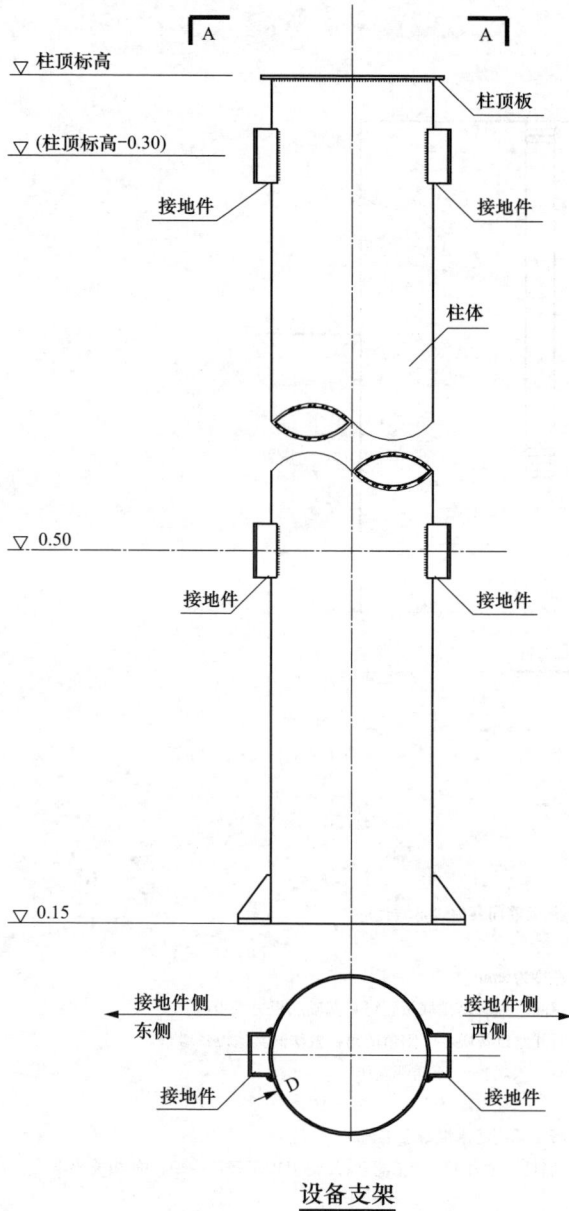

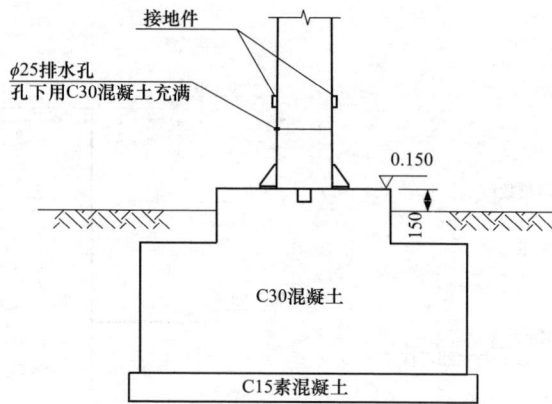

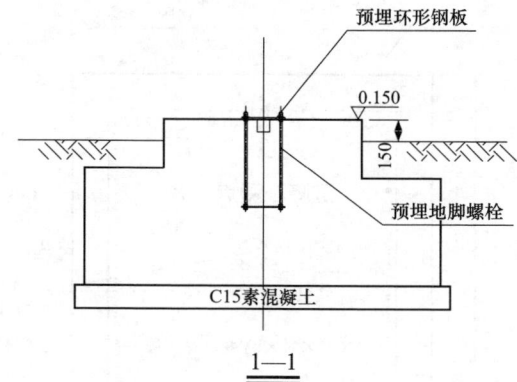

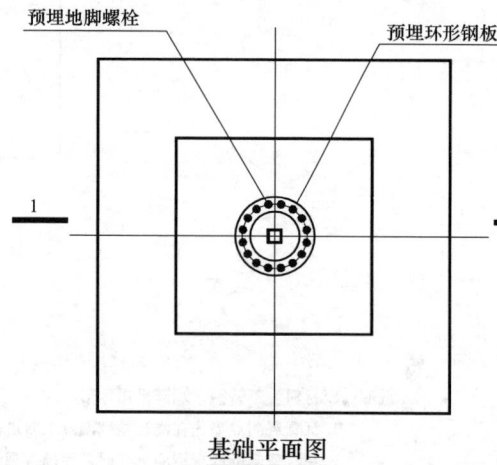

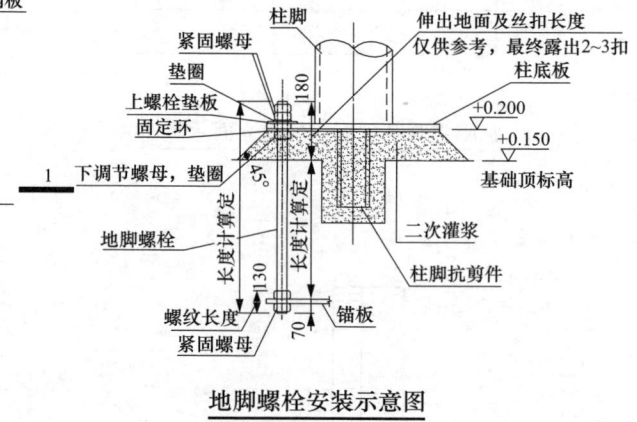

▽ 柱顶标高
柱顶板

▽ (柱顶标高-0.30)
接地件
接地件

柱体

接地件 0.50 接地件

▽ 0.50

接地件 接地件

▽ 0.15

接地件侧
东侧
接地件侧
西侧

接地件 D 接地件

**设备支架**

接地件
φ25排水孔
孔下用C30混凝土充满

0.150
150

C30混凝土

C15素混凝土

预埋地脚螺栓 预埋环形钢板

1 1

**基础平面图**

预埋环形钢板

0.150
150

预埋地脚螺栓

C15素混凝土

**1—1**

紧固螺母
垫圈
上螺栓垫板
固定环
下调节螺母、垫圈
地脚螺栓
螺纹长度
紧固螺母

柱脚
伸出地面及丝扣长度
仅供参考,最终露出2~3扣
柱底板
+0.200
+0.150
基础顶标高
二次灌浆
柱脚抗剪件
锚板

180
45°
长度计算定
长度计算定
130
70

**地脚螺栓安装示意图**

说明  1. 钢材除注明者外,均采用Q235B钢。焊缝除注明者外,均采用E43型电焊条焊接,满焊,焊缝高度$h_f \geq 6mm$。各钢管杆段均不允许环向对接焊缝,钢管纵向对接焊缝为二级,其他焊缝为三级。焊缝均为满焊。

2. 所有钢构件均须热浸镀锌防腐,除锈防腐应在制作质量检验合格后进行,除锈应达到下列等级:钢管构件Sa2、钢零件St2。其质量要求应符合现行国家标准《涂装前钢材表面锈蚀等级和除锈等级》的规定。对焊缝及热镀锌层被损部位需补环氧富锌漆两道和919罩面漆一道。

3. 钢管柱的管内根部浇灌C30细石混凝土,高出地面200mm,施工中应浇灌密实,严禁出现蜂窝孔洞。

4. 接地扁铁煨弯时宜采用冷弯法,防止破坏表面锌层。

5. 拔梢管直径$\phi$280~$\phi$508钢管,需按设计取值,采用法兰连接。

6. 预埋环形钢板根据需要设置,本图仅为示意。

构架基础及爬梯
15

## 15.2 构架爬梯

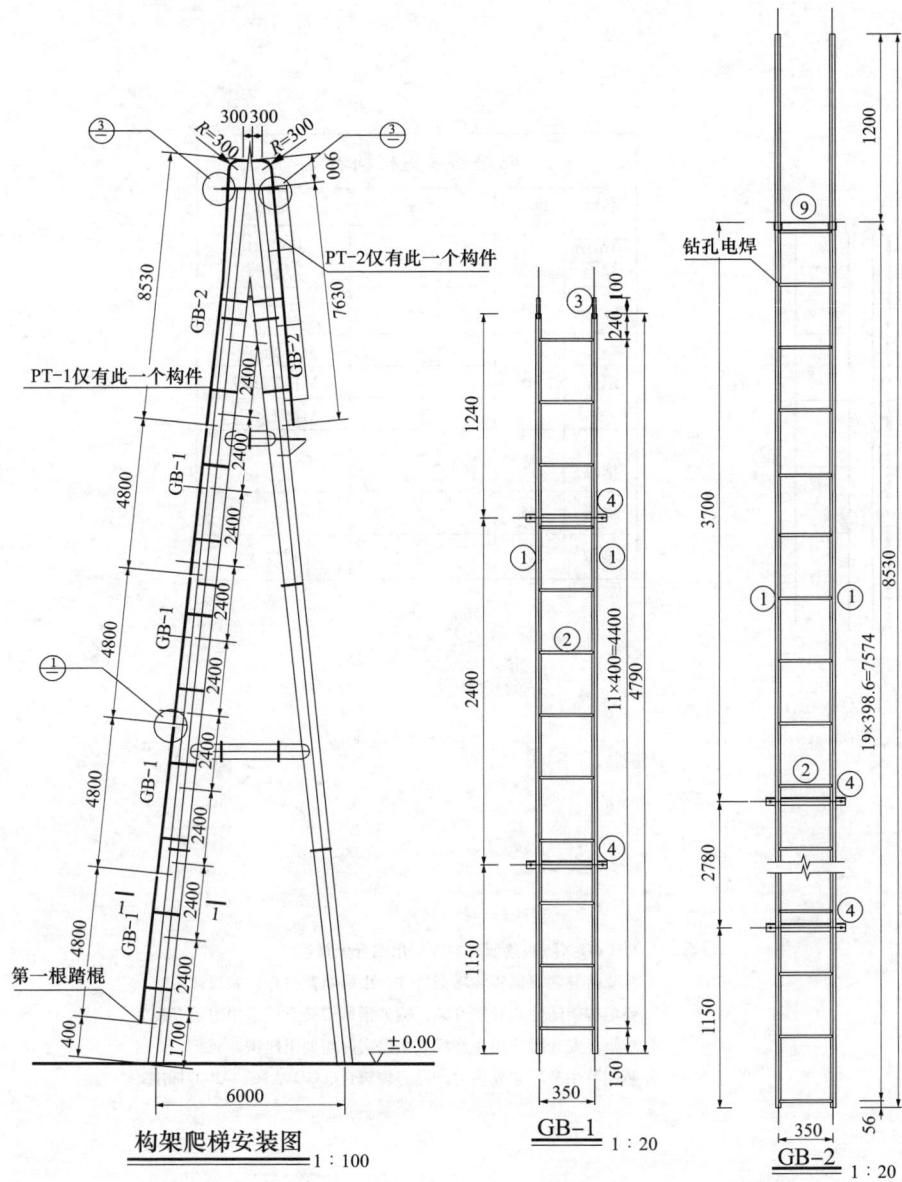

构架爬梯安装图 1:100

GB-1 1:20

GB-2 1:20

第一根踏棍

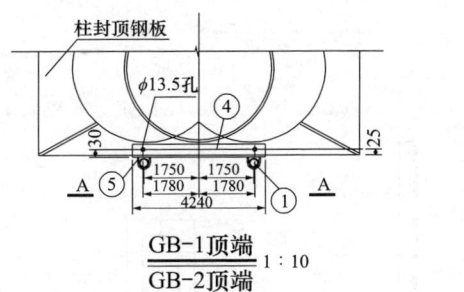

柱封顶钢板

φ13.5孔

GB-1顶端 1:10
GB-2顶端 1:10

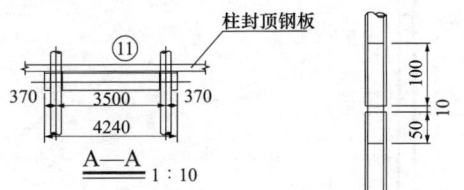

柱封顶钢板

A—A 1:10

① 1:5

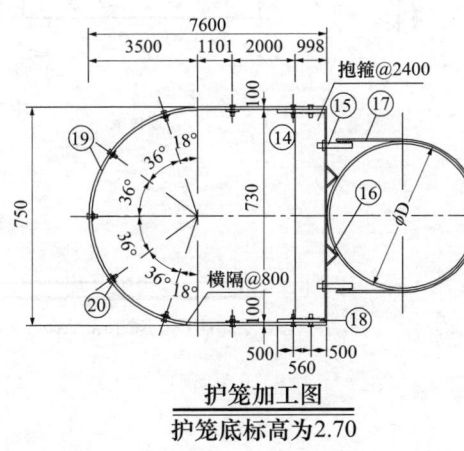

护笼加工图
护笼底标高为2.70

抱箍@2400

横隔@800

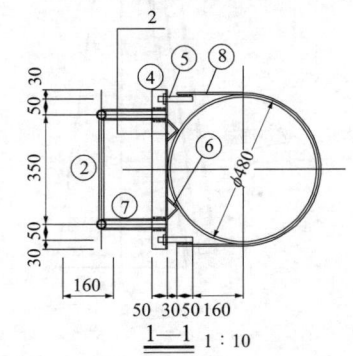

1—1 1:10

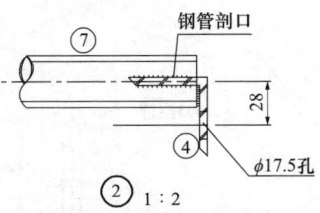

钢管剖口

② 1:2

φ17.5孔

### 构件明细表

| 构件名称 | 编号 | 规格 | 长度(mm) | 数量 | 质量(kg) 一件 | 质量(kg) 小计 |
|---|---|---|---|---|---|---|
| GB-1 | 1 | φ33.5×4 | 4790 | 2 | 13.9 | 27.8 |
| | 2 | φ16 | 350 | 12 | 0.55 | 6.64 |
| | 3 | φ22 | 150 | 2 | 0.45 | 0.9 |
| GB-2 | 1 | φ33.5×4 | 10210 | 2 | 29.72 | 59.44 |
| | 1 | φ16 | 350 | 23 | 0.55 | 12.65 |
| | 5 | -6×70 | 150 | 2 | 0.50 | 1.00 |
| | 6 | -8×80 | 130 | 2 | 0.66 | 1.32 |
| 护笼抱箍 间距2.4m | 4 | L50×5 | 510 | 1 | 3.8 | 3.8 |
| | 14 | L100×63×10 | 730 | 1 | 8.91 | 8.91 |
| | 15 | φ20 | 110 | 2 | 0.27 | 0.54 |
| | 16 | L50×5 | 100 | 2 | 0.40 | 0.80 |
| | 17 | -5×50 | 1611 | 2 | 3.16 | 3.16 |
| | 18 | -10×100×146 | | 2 | 1.15 | 2.3 |
| 爬梯护笼 间距0.8m | 19 | -6×50 | 800 | 7 | 1.9 | 13.3 |
| | 20 | -10×50 | 1998 | 1 | 7.91 | 7.91 |

说明 1. 材料为Q235B,焊条E43系列,满焊。
2. 材料表中所列材料仅供备料参考。
3. 护笼底标高2.7m。
4. 爬梯跨接接地。

## 15.3 构架爬梯防坠落装置

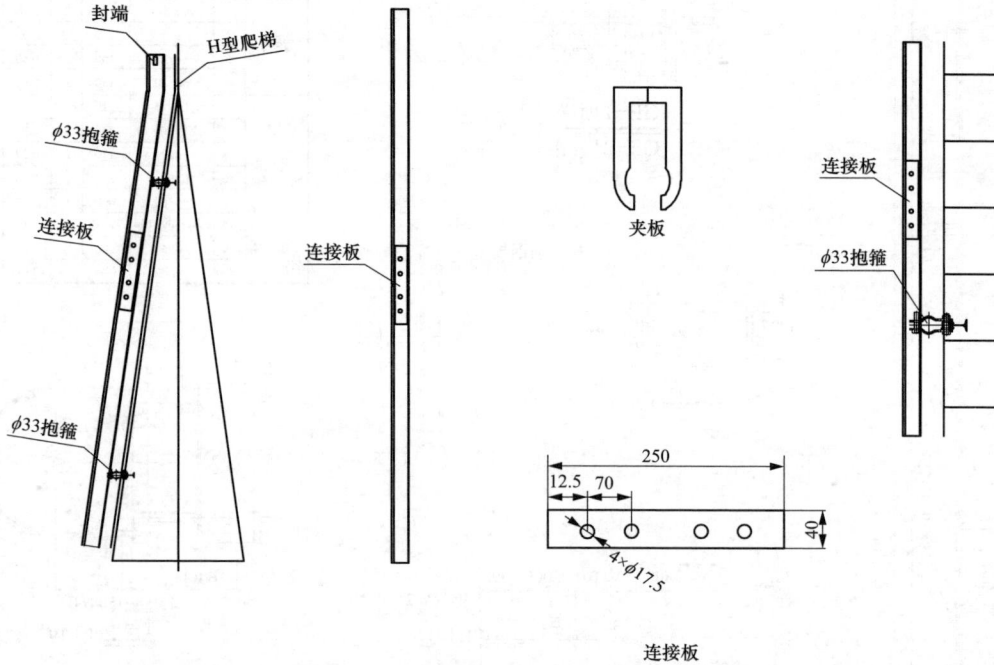

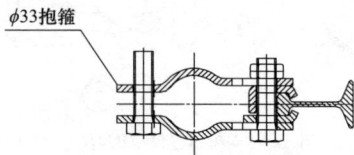

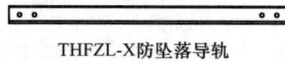

封端

H型爬梯

φ33抱箍

连接板

连接板

φ33抱箍

夹板

连接板

连接板

φ33抱箍

250

12.5　70

40

4×φ17.5

连接板

φ33抱箍

THFZL-X防坠落导轨

### 防坠落装置材料表

| 名称 | 单位 | 数量 | 备注 |
|---|---|---|---|
| 防坠落导轨 | m | 14.8 | 其中3m为立弯 |
| 连接板 | 套 | 4 | |
| 螺栓 | 个 | 16 | M16X55型 |
| | | 9 | M16X75型 |
| | | 9 | M16X85型 |
| φ33抱箍 | 套 | 9 | |
| 夹板 | 套 | 9 | |
| 平帽 | 个 | 9 | 双帽双垫片 |

说明　1. THFZG-X防坠落所有构件采用铝合金材质。

2. 防坠落导轨根据实际塔型尺寸,由防坠落生产厂家设计生产。

3. 变电构架防坠落导轨安装,构架预留安装点或采用抱箍安装。

4. 防坠落安装附件由生产厂家根据实际需要来提供。

5. 防坠落生产厂家提供的产品必须符合Q/GDW 162—2007标准。

构架基础及爬梯

15

## 15.4 混凝土保护帽

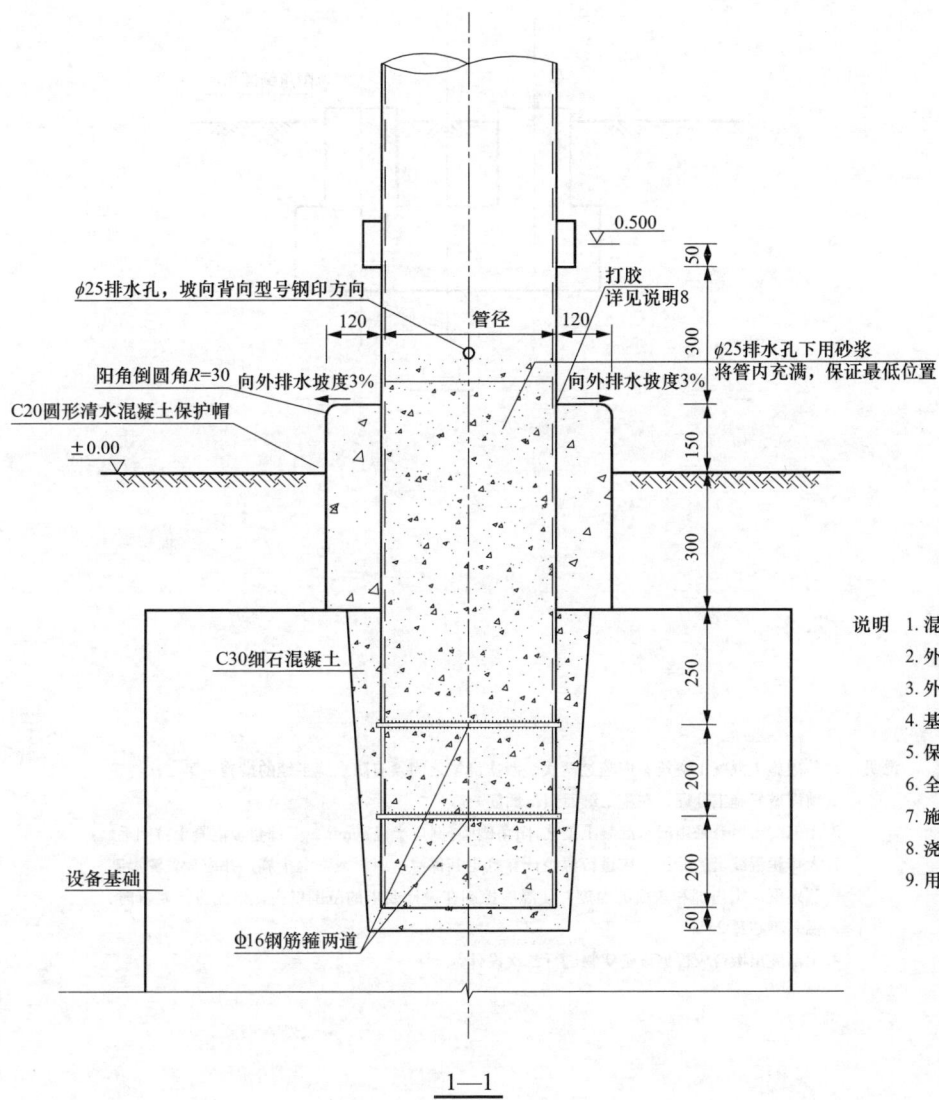

φ25排水孔，坡向背向型号钢印方向
打胶 详见说明8

0.500

φ25排水孔下用砂浆将管内充满，保证最低位置

管径

阳角倒圆角R=30
向外排水坡度3%
C20圆形清水混凝土保护帽
±0.00

向外排水坡度3%

C30细石混凝土

设备基础

Φ16钢筋箍两道

1—1

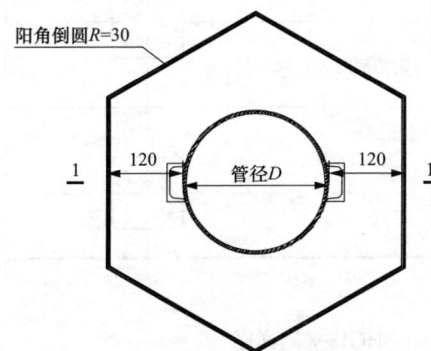

阳角倒圆R=30
管径D
120
120

**正六边形清水混凝土保护帽**

说明　1.混凝土保护帽采用清水混凝土施工工艺，混凝土表面光滑、平整、颜色一致，无蜂窝麻面、气泡等缺陷。

2.外观棱角分明，线条流畅，外形美观，使用的倒角线应坚硬、内侧光滑。

3.外部环境对混凝土影响严重时，可外刷透明混凝土保护涂料，用于封闭孔隙、延长耐久年限。

4.基础混凝土顶与保护帽下部交接处须凿毛。

5.保护帽顶部向外找坡5mm，以便排水。

6.全站保护帽的型式统一、高度一致。

7.施工时应对保护帽以上500mm进行保护，对保护帽与钢管空隙处打胶5mm，打胶面与保护帽面平。

8.浇筑前检查构支接地或电缆保护管是否做好。

9.用φ30mm振捣棒插入振捣，或用振捣棒从模板外侧振捣，确保浇筑质量。

## 16.1 现浇混凝土设备基础（大体积混凝土）

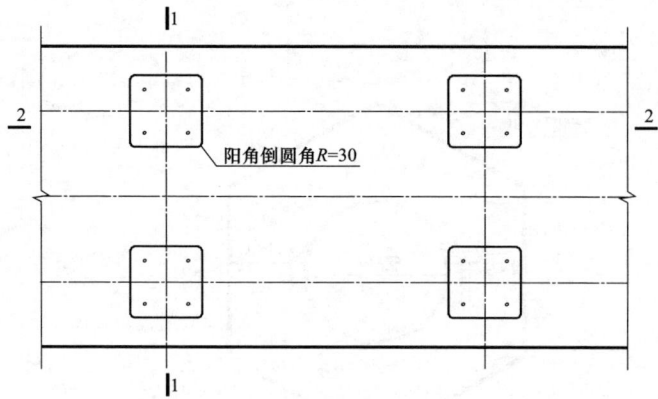

HGIS基础详图

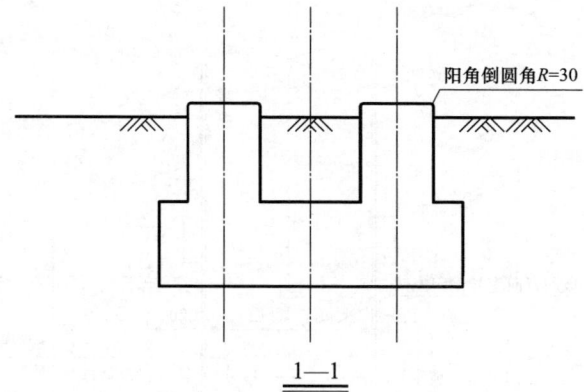

1—1

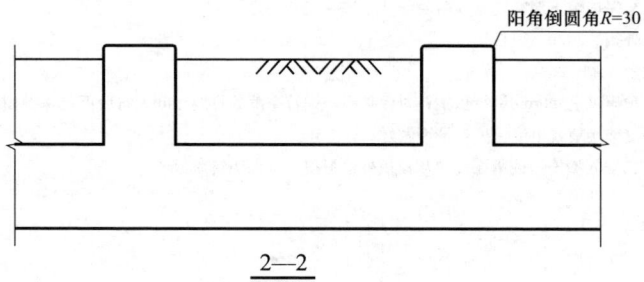

2—2

说明　1. 基础施工混凝土浇筑不应超过两次，两次浇筑之间须有防止施工缝的措施，第二次浇筑
　　　　　前需做好施工处理，在施工缝面预留插筋。
　　　2. 上部突出墩台采用清水混凝土工艺，阳角倒圆，倒角半径30mm。下部整板混凝土拉细毛。
　　　3. 大体积混凝土的养护，应进行温控计算确定其保温、保湿或降温措施，并应设置测温孔
　　　　　测定混凝土内部和表面的温度，使温度控制在设计要求的范围以内，当无设计要求时，
　　　　　温差不超过 25°。
　　　4. 上部突出墩台应根据设备实物进行二次设计。

## 16.2 中性点电抗器围栏

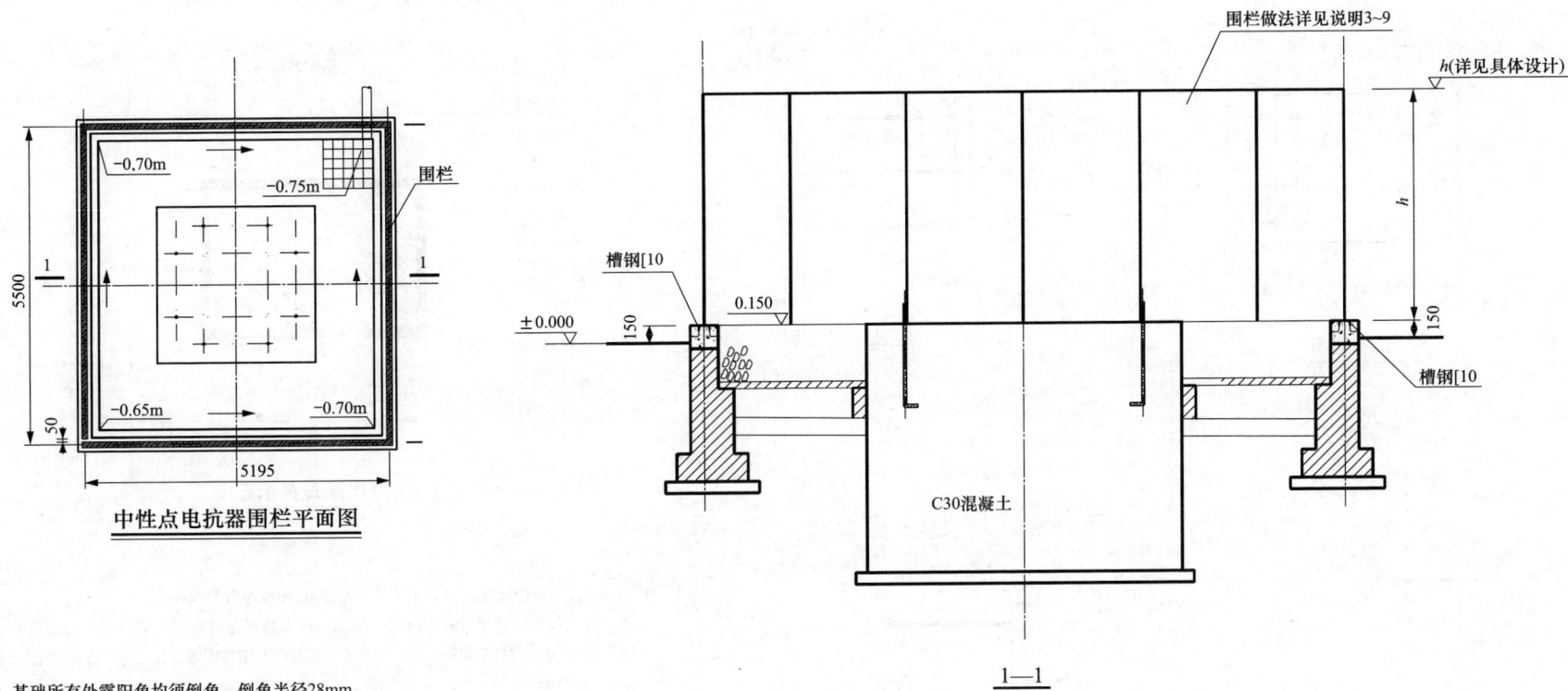

中性点电抗器围栏平面图

1—1

说明　1. 基础所有外露阳角均须倒角，倒角半径28mm。
　　　2. 基础采用Mu15非粘土砖，DW M10干混砌筑砂浆砌筑。
　　　3. 围栏材料为Q235B，焊条E43系列，满焊。
　　　4. 围栏立柱采用L45×5角钢制作，采用热镀锌防腐。
　　　5. 围栏采用成品φ4钢丝网制作，钢丝网的网孔不大于3cm×3cm。
　　　6. 围栏和立柱之间采用M8不锈钢螺栓连接，为使围栏不形成环形通路，连接螺栓除配一平垫，另配一环氧树脂垫片。
　　　7. 各杆件下料长度允许偏差≤1mm、平整度偏差≤2mm。
　　　8. 立杆角钢焊缝应该在工厂打磨光滑，然后再热镀锌处理。
　　　9. 围栏与主地网采用单点可靠接地，围栏整体或围栏与地网之间不得形成闭合回路。

设备支架及基础

16

## 17.1 普通预埋件

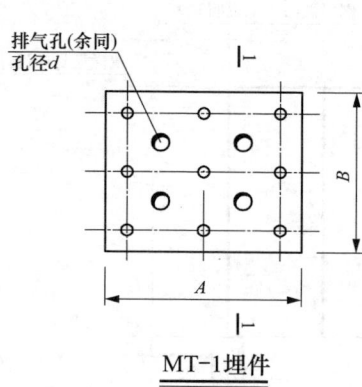

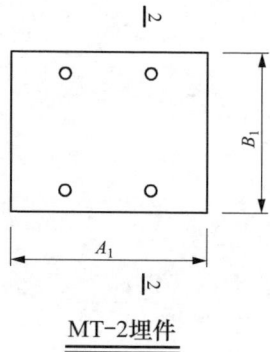

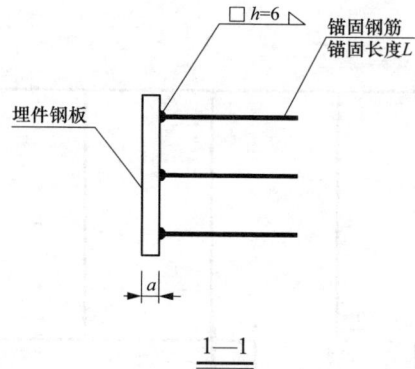

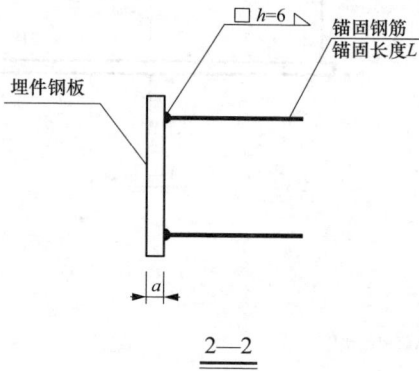

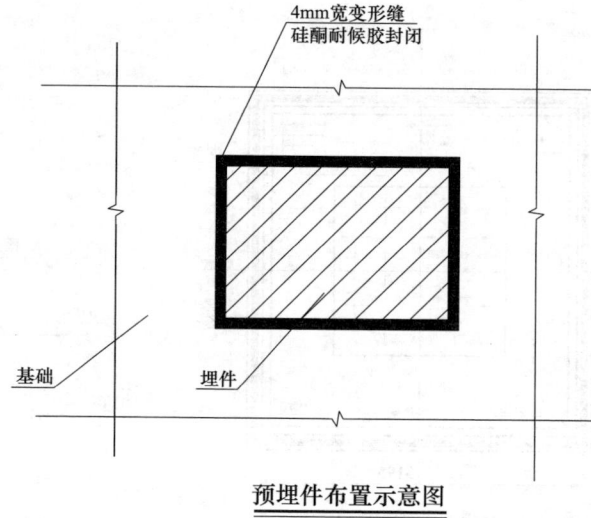

MT-1埋件

1—1

MT-2埋件

2—2

预埋件布置示意图

说明 1. 图中埋件钢板的尺寸$A$、$B$、$A_1$、$B_1$及厚度$a$应根据电气要求确定。

2. 当埋件钢板短边尺寸≥300mm时，应采用带有排气孔的MT-1。排气孔中心距埋件边缘距离≤200mm，纵横间距≤200mm，排气孔应设于相邻锚筋之间。排气孔采用电钻打孔，直径$d$≥30mm。

3. 锚固钢筋的直径和锚固长度应满足《混凝土结构通用规范》(GB 55008—2021)与《建筑与市政工程抗震通用规范》(GB 55002—2021)的要求。

4. 在埋件周围留置4mm宽的凹缝，深度与埋件厚度一致，采用硅酮耐候胶封闭。

5. 对于大型埋件(如主变压器基础埋件)，基础外边与埋件外边之间的距离应该大于100mm。

6. 埋件钢板严禁采用手工切割，需用剪板机切割，切割整齐，尺寸正确，下料完毕，用角磨机将钢板四周打磨光滑平整，预埋前进行校正，保证平整度满足要求。

7. 预埋件与锚固钢筋焊接牢固，严禁有空鼓现象。

8. 外露埋件采用热浸镀锌防腐处理，表面洁净无锈蚀。安装完成后对焊缝及热镀锌层被损部位需补环氧富锌漆二道，919罩面漆一道。

## 17.2 预埋地脚螺栓工艺

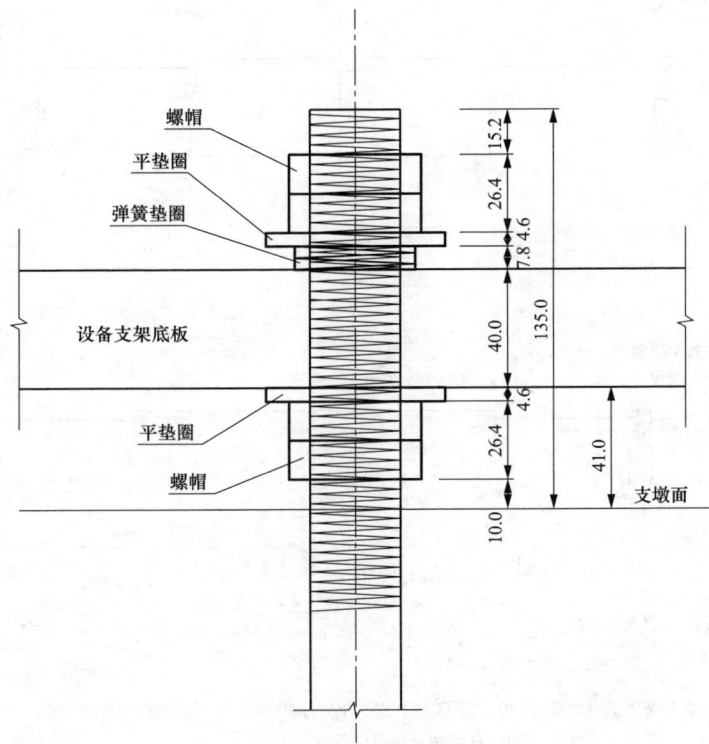

地脚螺栓连接示意图

说明
1. 此图适用于断路器、隔离开关等采用预埋工艺的设备基础。

2. 基础钢筋混凝土保护层厚度为40mm；基础施工必须一次浇灌完成，不得留有施工缝。

3. 露出地面混凝土采用清水混凝土工艺，基础阳角采用圆弧倒角30mm。

4. 预埋地脚螺杆时必须在设备到货并经验收合格，经电气专业人员确认后方可施工，地脚螺栓由设备厂家配套提供。预埋地脚螺栓在基础混凝土浇筑前应按照设计施工图、厂家安装图要求定位精准，固定牢固。

5. 二次电缆埋管的型号及位置按电气二次有关施工图要求，断路器基础施工时须有电气专业人员确认与配合，切勿遗漏。

6. 按照工程验收要求，设备支架安装紧固完毕后，地脚螺栓顶面应齐平，误差±3mm，露出长度应控制在2~3扣为宜。地脚螺栓与隔离开关支架紧固连接的一般顺序（从下至上）依次为：下螺母、平垫圈、设备支架底板、平垫圈、弹簧垫圈、上螺母、螺栓露出长度（考虑M30的螺距为3.5mm，2~3扣考虑10mm）。对应的螺栓露出基础的长度宜按此计算，则螺栓露出长度为26.4+4.6+40（支架底板厚度）+7.8+4.6+26.4+10=119.8mm，考虑下螺母至平台顶面10mm的空隙及安装误差等，可统一为135mm。

7. 在基础施工前，要求厂家将地脚螺栓运至现场，参建各方应按照实际螺栓规格和底板厚度进行核算，确定地脚螺栓的伸出长度，从而结合基础施工将螺栓一次准确浇注固定。

设备基础预埋件

17

## 18.1 主变压器基础及油池

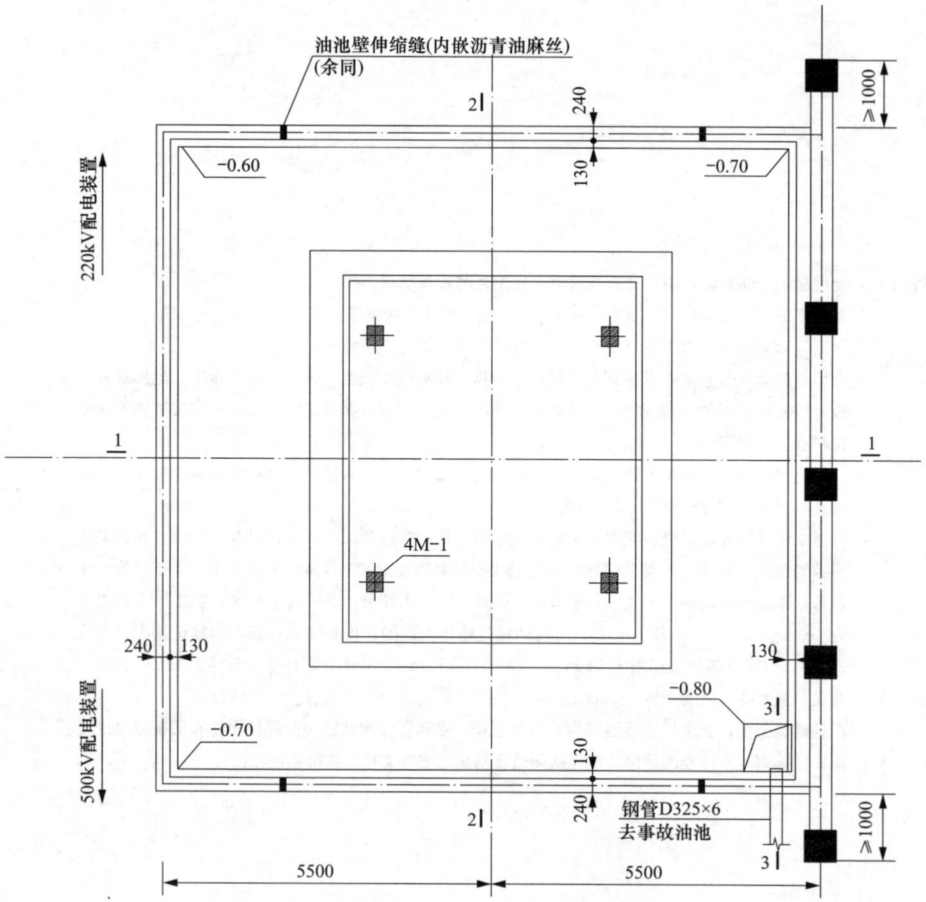

主变压器单相基础平面布置图

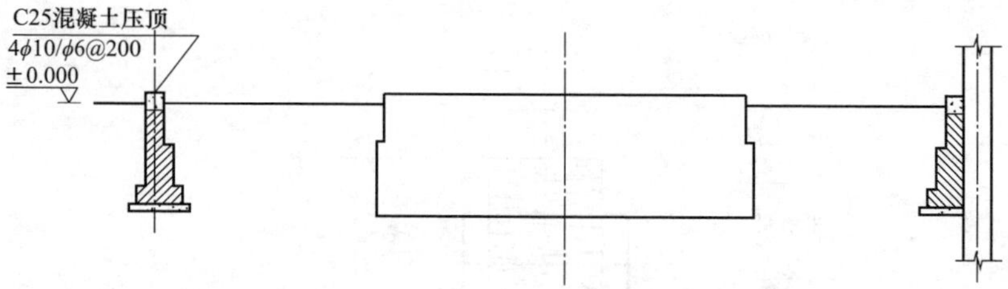

C25混凝土压顶
4φ10/φ6@200
±0.000

1—1  1:50

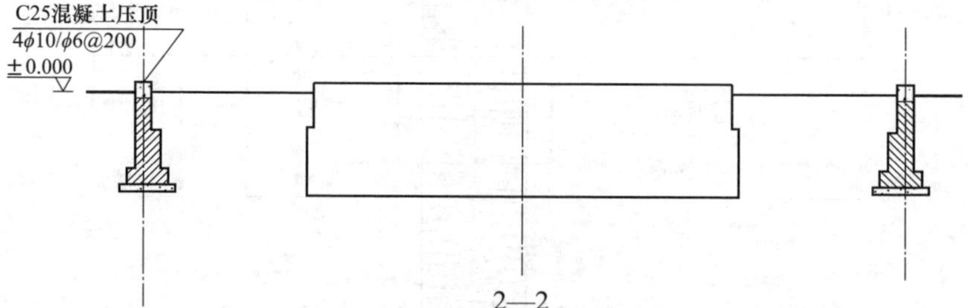

C25混凝土压顶
4φ10/φ6@200
±0.000

2—2  1:50

说明  1. 基础混凝土采用C30，垫层C15，保护层皆厚40mm。主变基础必须保持平整，表面不平整度≤3mm(任意两点高差)。

2. 坑内卵石粒径50~80mm，空隙率20%以上，铺至0.000m。

3. 所有埋件皆采用Q235-B钢材，电焊条E43型，满焊。

4. 在油坑±0.000m处铺设一层成品格栅，具体做法根据厂家资料现场确定。

5. 所有外露预埋铁件及格栅板均须涂环氧富锌漆二道，919罩面漆一道。

6. 外露基础阳角宜倒圆，倒角半径30mm。

7. 基础外边与埋件外边之间的距离应该大于100mm。

## 18.2 主变压器油池壁预制压顶

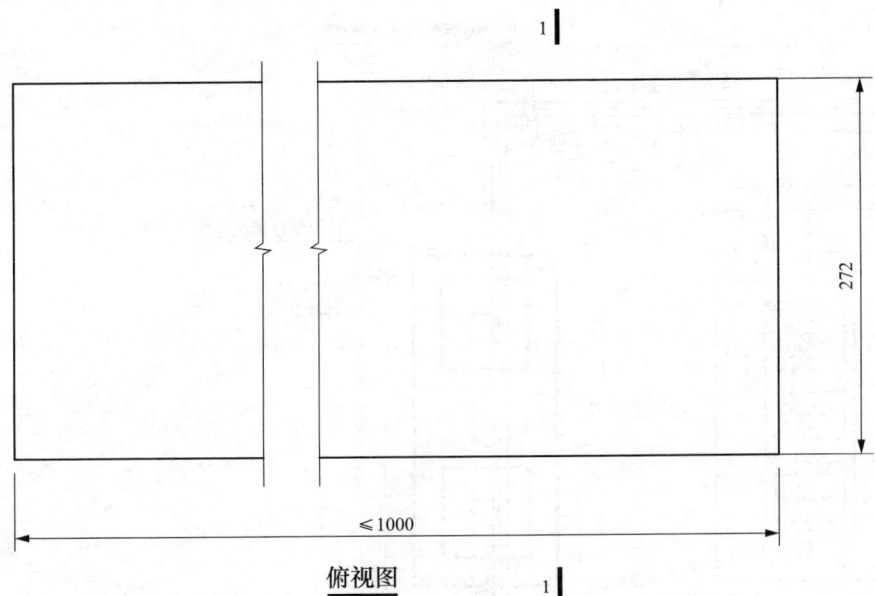

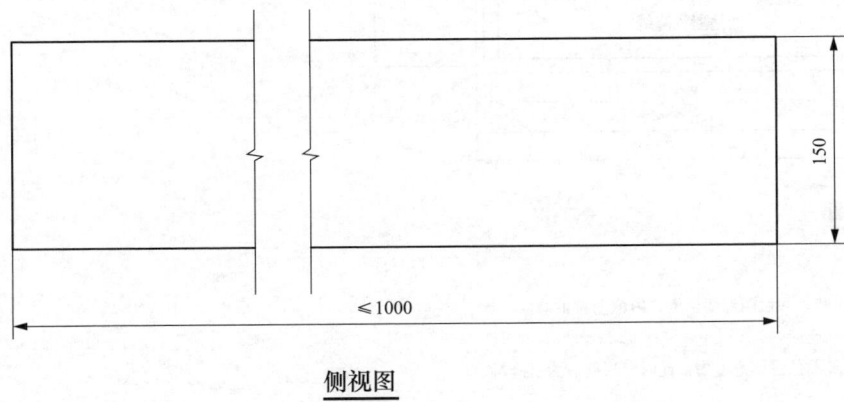

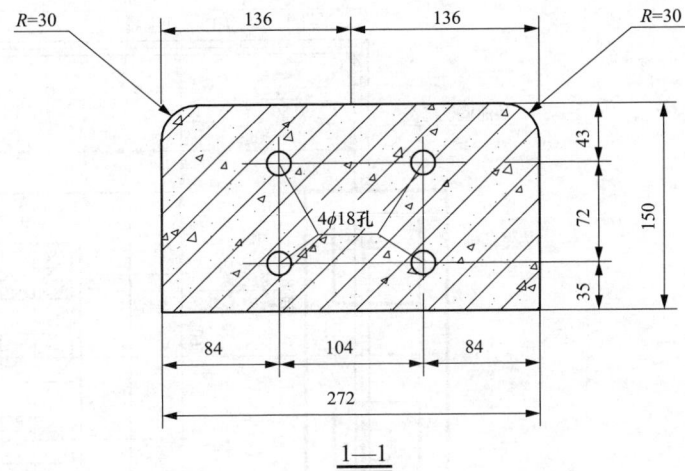

1

272

≤1000

俯视图

1

150

≤1000

侧视图

主变压器

18

主变压器

R=30    136    136    R=30

4φ18孔

43

72

35

150

84    104    84

272

1—1

说明　1. 预制压顶宽横截面尺寸为272mm×150mm（宽×高），长度应不大于1m，且长度应
　　　　满足油池壁长度以及变形缝间距对模数的要求。
　　　2. 钢筋采用HRB335，混凝土为C25，混凝土浇筑要求一次浇筑成型，成型后应保证
　　　　压顶底面平整、光滑，在混凝土压光后表面无抹痕，严禁有凹坑、砂眼等现象。
　　　3. 压顶的上部两侧阳角倒圆角，圆角半径为30mm。
　　　4. 500kV主变压器砖砌油池壁压顶必须采用预制。
　　　5. 运输时应对压顶梁进行成品保护。对事故油池上口进行平直度复合。设基准点进
　　　　行排尺，在四角开始安装挂线全面安装，压顶板对缝宽度控制在8~10mm。
　　　6. 压顶对缝采用硅酮耐候胶封闭，转角接缝与变形缝一致。
　　　7. 压顶与油坑壁留缝6~8mm，打胶处理。

## 18.3 主变压器油池壁变形缝设置

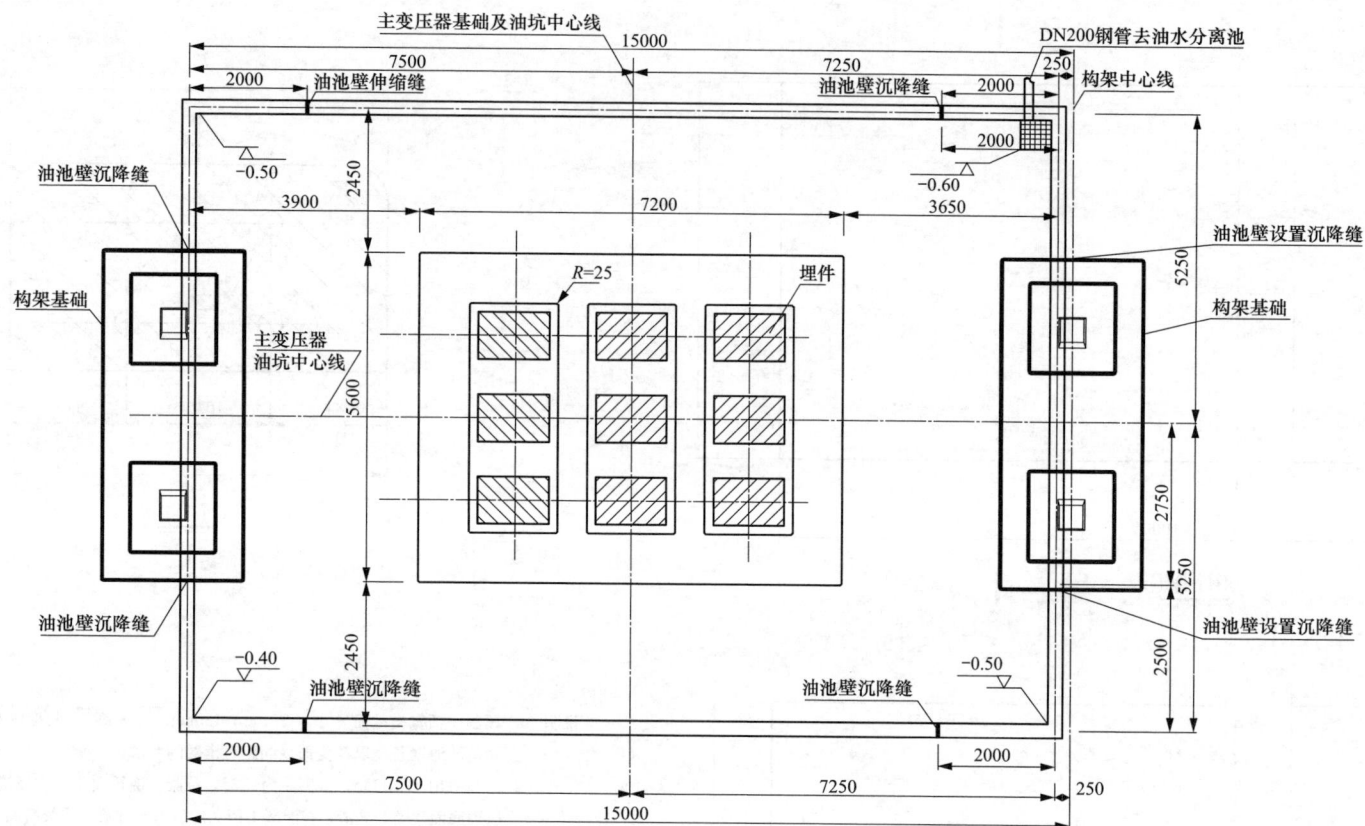

主变压器基础及油坑中心线
15000
7500
2000
油池壁伸缩缝
DN200钢管去油水分离池
250
7250
油池壁沉降缝
2000
构架中心线
2000
油池壁沉降缝
−0.50
2450
3900
7200
3650
−0.60
油池壁设置沉降缝
5250
构架基础
构架基础
主变压器油坑中心线
R=25
埋件
5600
油池壁沉降缝
2750
5250
油池壁设置沉降缝
油池壁沉降缝
2450
2500
−0.40
油池壁沉降缝
油池壁沉降缝
−0.50
2000
2000
250
7500
7250
15000

**变形缝平面布置图**

说明　1. 与主变压器构架方向平行的油池壁分别距离两端2000mm处，共设四道变形缝，内嵌沥青油麻丝。

　　　2. 油池壁与主变压器、充氮灭火器设备基础及电缆沟应柔性连接。

　　　3. 当油池壁落于构架基础上时，变形缝的设置应结合构架基础位置统筹考虑，此时变形缝应为沉降缝。

　　　4. 外露基础阳角宜倒圆，倒角半径28mm。

## 19.1 饰面防火墙

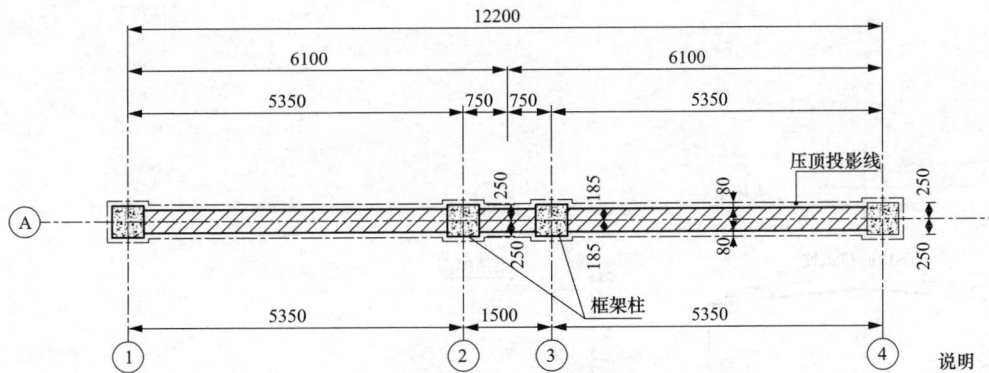

防火墙平面布置图

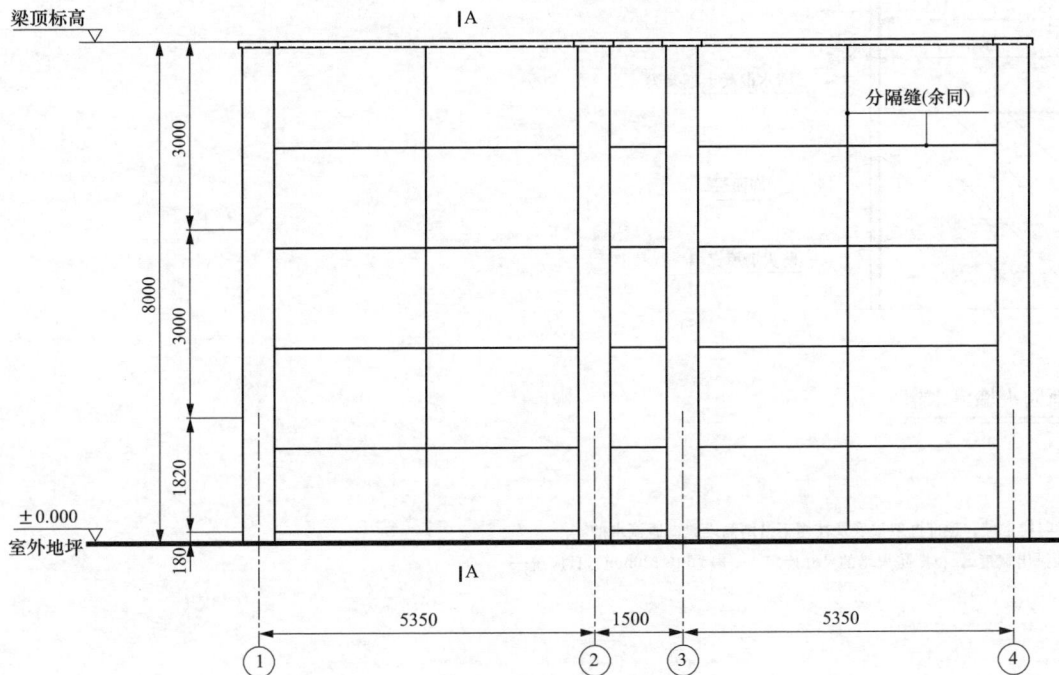

12200

6100　　　6100

5350　　750　750　　5350

压顶投影线

框架柱

250　185　80　250

250　185　80　250

5350　　1500　　5350

① ② ③ ④

梁顶标高

分隔缝(余同)

3000
3000
8000
3000
1820

±0.000
室外地坪
180

5350　　1500　　5350

① ② ③ ④

防火墙立面图

说明　1. 防火墙基础必须一次浇捣完毕，不允许留有施工缝，梁柱采用清水混凝土施工工艺。上部钢筋混凝土梁、柱表面密实光洁，棱角分明，颜色一致，不得抹灰修饰。

2. 分格缝间距以防火墙高度确定，宜为2m，具体间距及墙体拉结筋见个体工程。墙体根部180mm(3皮砖)高度采用DW M15干混普通防水砂浆粉刷。

3. 防火墙柱两侧与砖墙连接处设置$2\phi8@500$插筋，伸出长度各1m，柱纵筋锚入基础梁内长度$40d$($d$为钢筋直径)，梁纵筋锚入柱内长度、箍筋加密范围等构造要求按照二级抗震等级框架设置。

4. 防火墙顶部设置横向排水坡，顶部框架梁底及框架柱帽底部设置贯通滴水槽，做法详见压顶大样图。

5. 护笼采用预埋件安装，预埋件应与装饰面齐平，位置需进行二次策划确认。接地扁铁需从框架柱内引上。

6. 防火墙框架梁梁宽同墙宽。

7. 墙面分隔缝需留在柱、梁或墙体的中间，不可留在两种材料的分隔处。

8. 防火墙压顶两边宜宽出墙体结构层80~120mm，详见压顶大样图。

9. 防火墙砌筑砂浆采用DM M15干混砌筑砂浆；当采用大砌块时，宜采用专用砂浆。

10. 防火墙饰面可采用砂浆、干粘石、弹性涂料，见具体设计。

11. 填充墙砌至接近梁顶时，应留有一定的空隙，填充墙砌筑完并间隔15d以后，方可用微膨胀水泥砂浆将其补砌挤紧。

12. 当防火墙与建筑物相连时，宜采用柔性连接。

## 19.2 饰面防火墙滴水槽

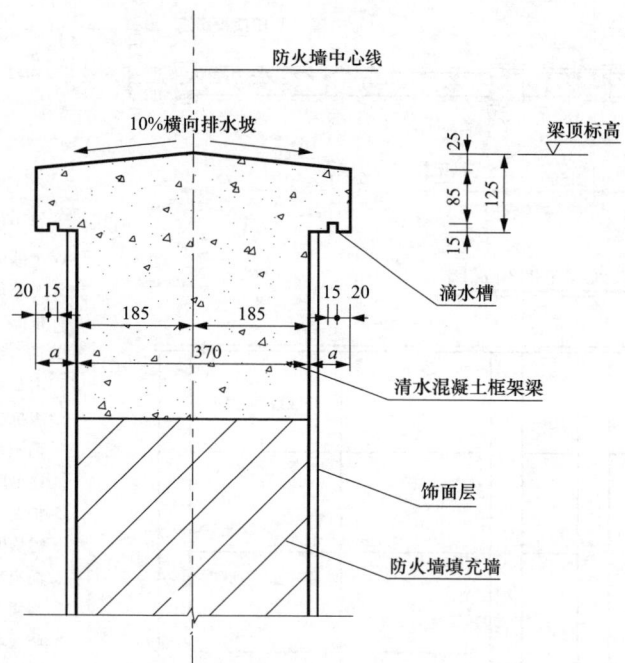

**饰面防火墙滴水槽**

说明　1. 防火墙顶部设置10%双向横向排水坡，顶部框架梁底及柱帽下沿两侧设置贯通滴水槽。

　　　2. 图中压顶两边相对于墙体的挑出宽度$a$，根据防火墙的尺寸确定，一般为80~120mm，且应统一。

# 20.1 干粘石围墙

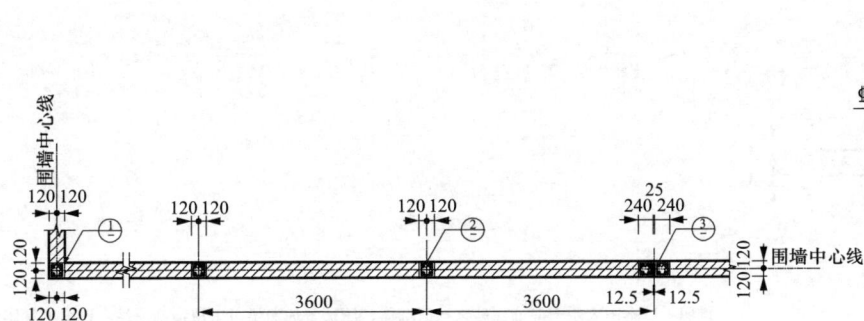

围墙中心线

120 120

120 120
120 120

120 120   120 120   120 120   25 240 240
3600   3600   12.5 12.5
围墙中心线
120 120

**围墙平面图** 1:50

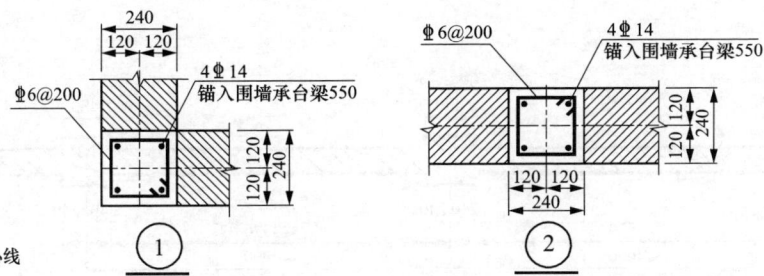

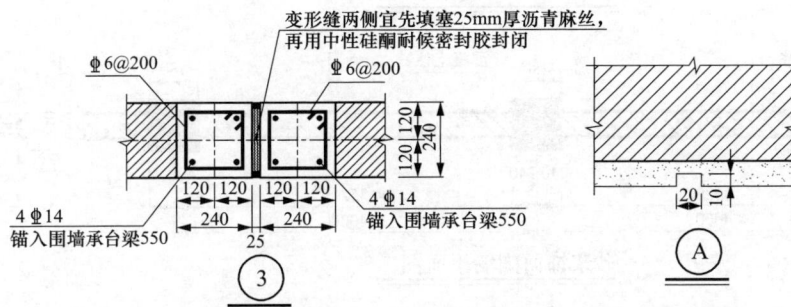

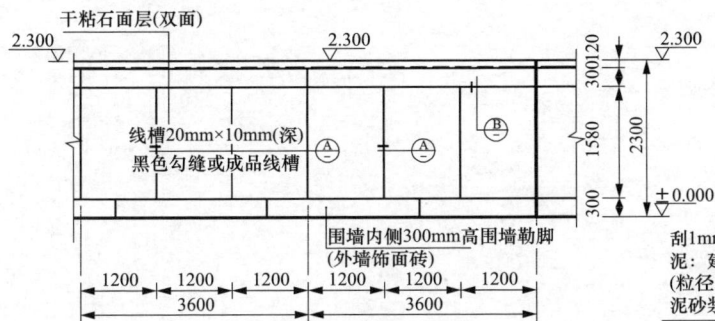

① 240 / 120 120 / $\Phi 6@200$ / 4$\Phi$14 锚入围墙承台梁550 / 120 120 240

② $\Phi 6@200$ / 4$\Phi$14 锚入围墙承台梁550 / 120 120 240 / 120 120 240

变形缝两侧宜先填塞25mm厚沥青麻丝,
再用中性硅酮耐候密封胶封闭

③ $\Phi 6@200$ / 120 120 120 120 / 240 240 / 25 / 4$\Phi$14 锚入围墙承台梁550 / 4$\Phi$14 锚入围墙承台梁550 / 120 120 240

Ⓐ 20 / 10

说明 1. 变形缝间距不宜超过20m,且不能在两种材料接缝的地方设置。
　　 2. 变形缝位置宜留在围墙构造柱和围墙转角处、缝宽宜为20~30mm。
　　 3. 墙体变形缝与基础变形缝位置和宽度应一致、上下贯通,不得出现错位现象。
　　 4. 变形缝两侧宜先填塞25mm厚沥青麻丝,再用中性硅酮耐候密封胶封闭,缝宽应一致、顺直。

干粘石面层(双面)

2.300   2.300   2.300
300 120
300
2300
1580
2300
300
±0.000

线槽20mm×10mm(深)
黑色勾缝或成品线槽

围墙内侧300mm高围墙勒脚
(外墙饰面砖)

1200 1200 1200 1200 1200 1200
3600   3600

**围墙内立面图** 1:50

说明 当巡视小道紧靠围墙内侧设置时,围墙高度宜加高至2.5m。

刮1mm厚建筑胶素水泥浆粘结层(重量比=水
泥:建筑胶=1:0.3),干粘石面层拍平压实
(粒径以小八厘略掺石屑为宜,与6mm厚水
泥砂浆层连续操作)

6mm厚1:3水泥砂浆
6mm厚1:3水泥砂浆,刮平划出纹道
刷聚合物水泥浆一道
基层砖墙清理

**围墙装饰抹灰面层做法**

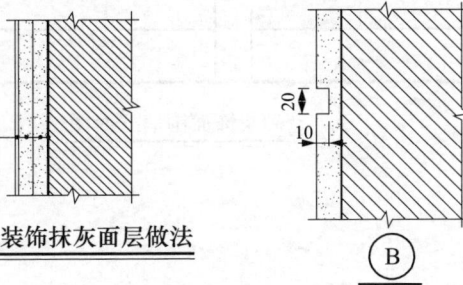

Ⓑ 20 / 10

## 20.2 砂浆饰面围墙

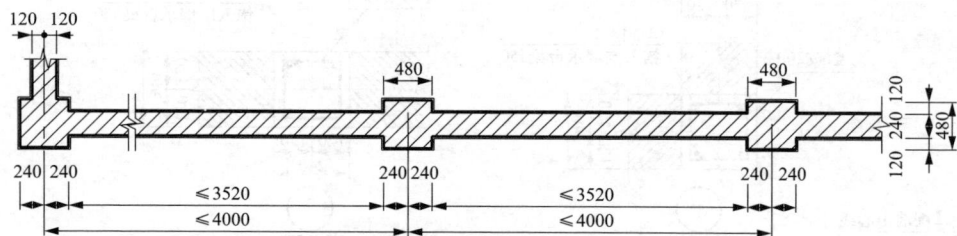

砂浆饰面围墙平面图一

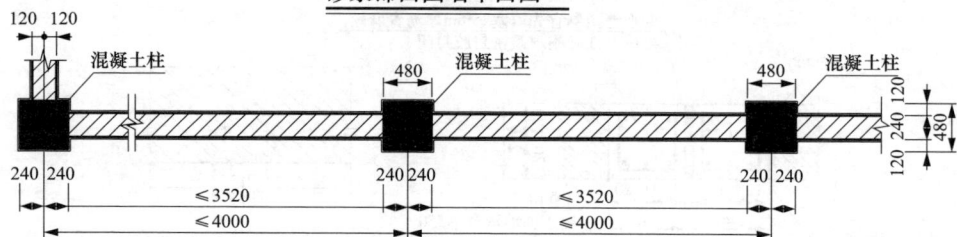

砂浆饰面围墙平面图二

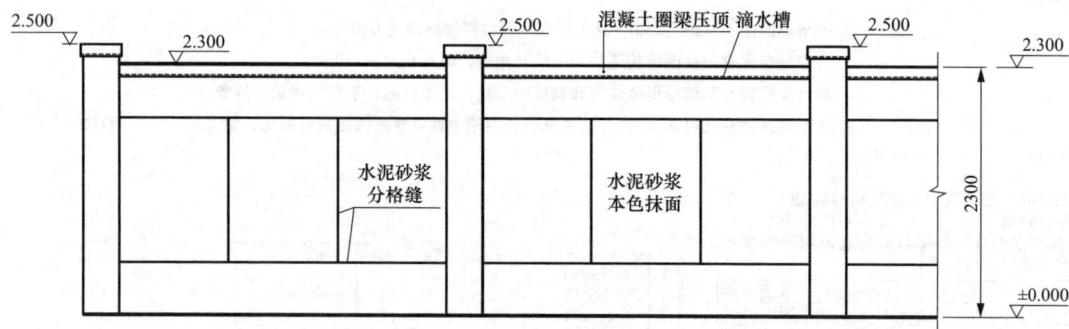

砂浆饰面围墙立面图

说明
1. 本图表示干混饰面砂浆抹面墙体，压顶及地圈梁可采用预制成品，详图见具体设计。
2. 变形缝设置要求：每跨不超过4m，变形缝间隔3~4跨设置；在地质条件变化处及转角处第二跨必须设置；变形缝处设置双柱墙垛，缝设置于双柱之间。变形缝内填沥青麻丝，外侧打硅酮耐候胶封闭。
3. 围墙转角处的墙垛顶各预埋1φ50钢管至二次电缆沟，视频监控或红外线对射装置的埋件位置需要电气二次专业确认。
4. 砖砌围墙构造应该满足国家相关规范的要求。
5. 墙压顶与柱间留5mm间隙。
6. 当巡视小道紧靠围墙内侧设置时，围墙高度宜加高至2.5m。

## 20.3 围墙压顶圈梁详图

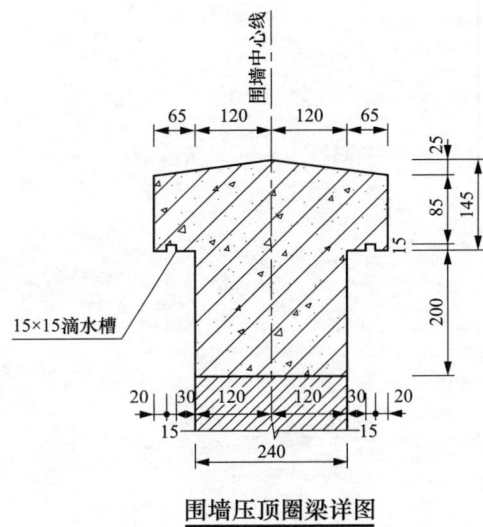

围墙压顶圈梁详图

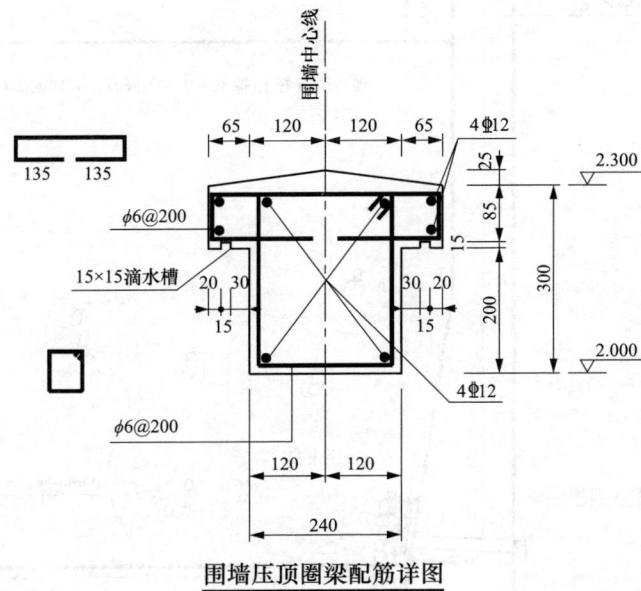

围墙压顶圈梁配筋详图

说明 1. 本图压顶为钢筋混凝土现浇压顶，适用于砖砌墙垛围墙。
2. 滴水采用滴水槽工艺，采用木模制作，滴水槽宽度、深度为15mm×15mm。

## 21.1 钢筋混凝土挡土墙

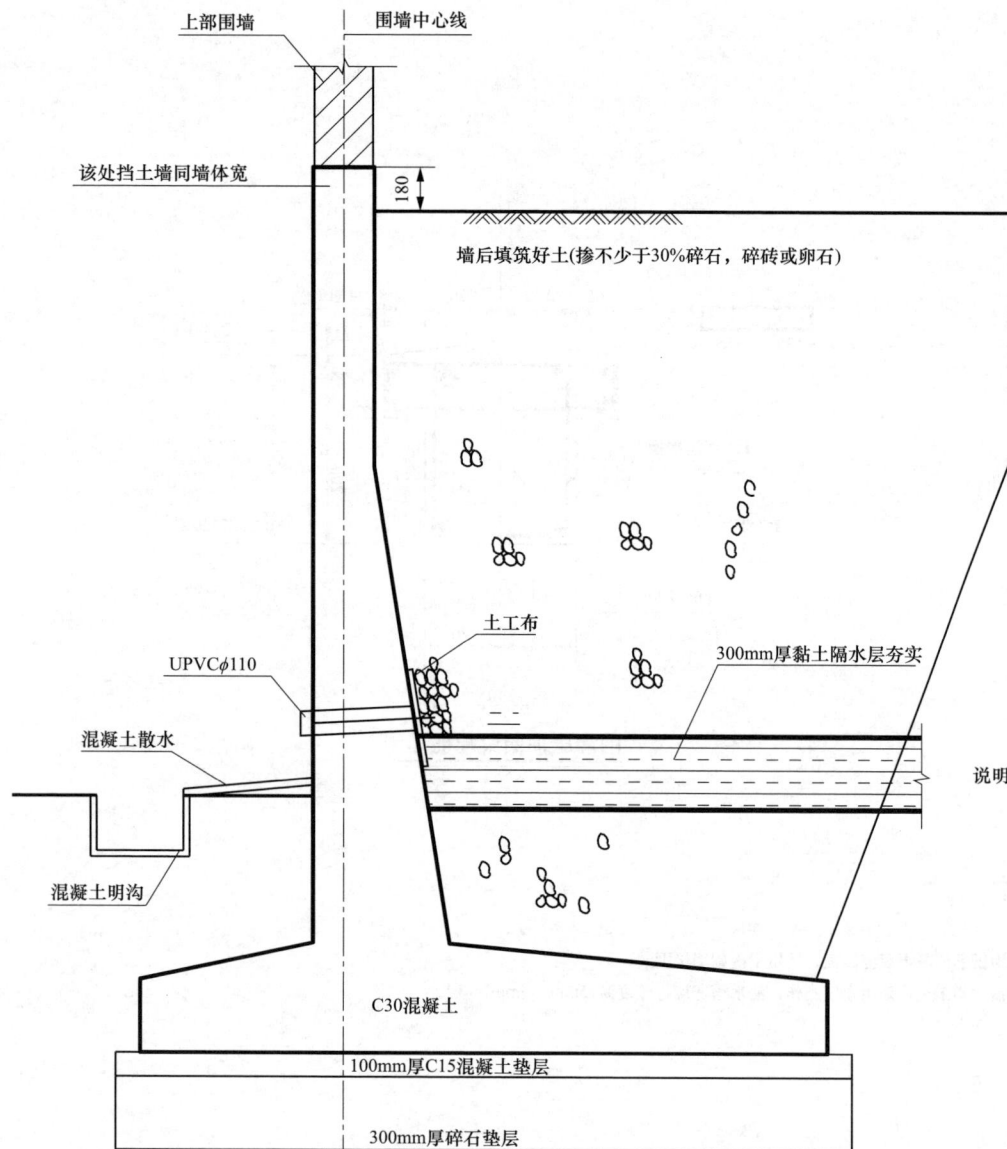

上部围墙

围墙中心线

该处挡土墙同墙体宽

180

墙后填筑好土(掺不少于30%碎石，碎砖或卵石)

土工布

UPVCφ110

300mm厚黏土隔水层夯实

混凝土散水

混凝土明沟

C30混凝土

100mm厚C15混凝土垫层

300mm厚碎石垫层

**站区围墙下钢筋混凝土挡土墙详图**

说明 1. 钢筋混凝土挡土墙应沿墙身水平方向每隔2.0m设置UPVC泄水管，最下排泄水管距站外地面不小于0.3m，直径φ110，外斜5%，墙背泄水口周围采用土工格栅及级配良好的粗砂碎石(石料粒径30~50mm)覆盖作为滤水层，下部做黏土隔水层300mm厚。

2. 钢支撑的水平支撑与膜染斜交时，腰梁上应设置牛腿或采用其他能够承受剪力的连接措施；支撑长度方向的连接应采用高强度螺栓连接或焊接。当采用高强度对拉螺栓时，对拉螺栓的选型应采用三节带止水片式。

3. 挡土墙的钢筋保护层厚度50mm。

## 21.2 块石挡土墙

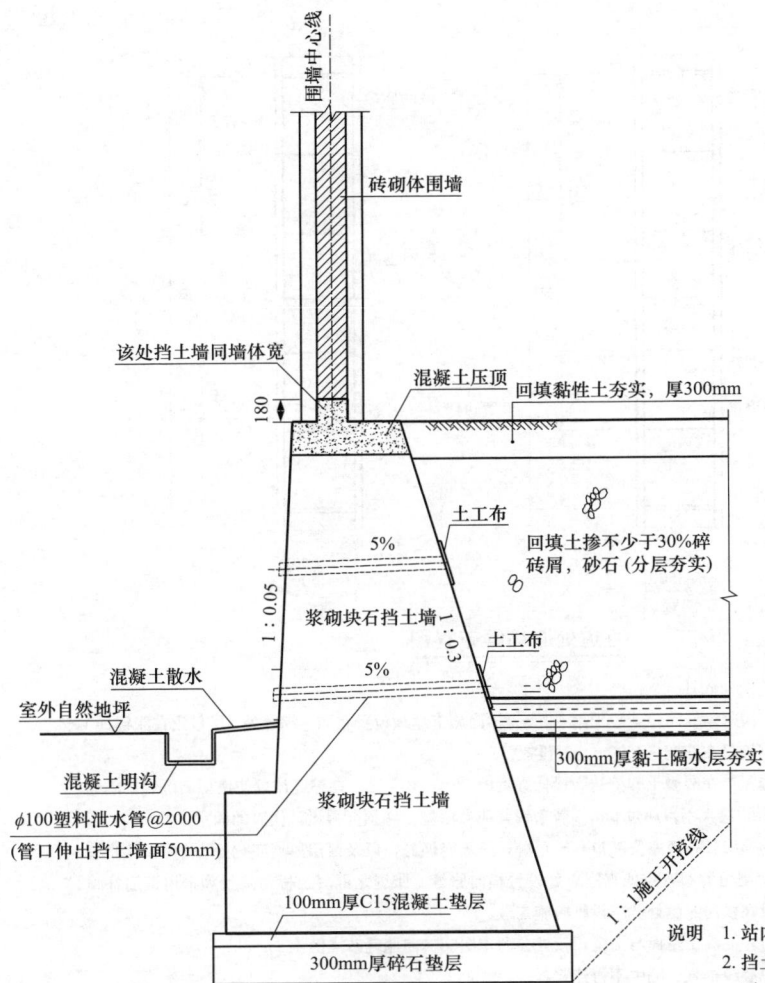

挡土墙详图1

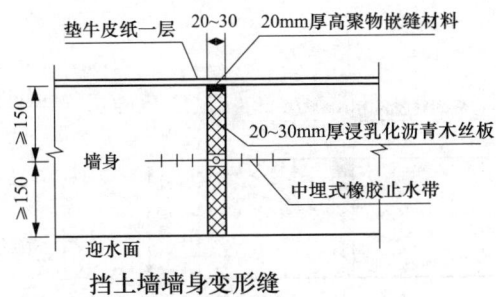

挡土墙墙身变形缝

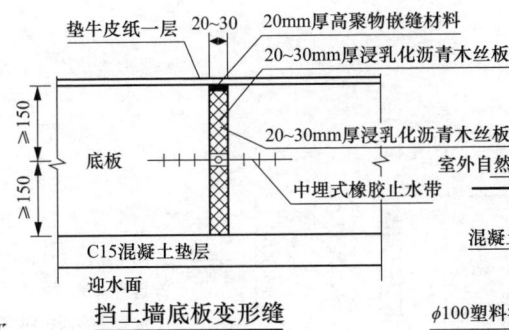

挡土墙底板变形缝

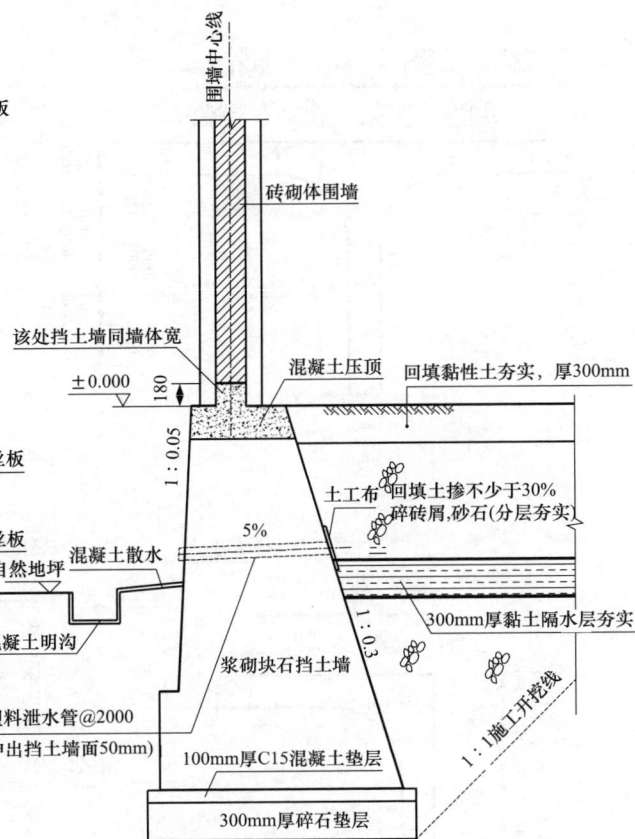

挡土墙详图2

**说明** 1. 站内场地设计平均标高±0.000m相当于1985国家高程基准××m。
2. 挡土墙材料采用MU30毛料石；M10水泥砂浆砌筑，原浆勾缝，
   要求挡土墙施工应墙胸平齐，墙背粗糙，采用400mm厚垫层，宽出挡土墙边100mm。
3. 挡土墙应沿墙身水平及垂直方向每隔2m设置泄水孔，最下排泄水孔距地面0.3m，孔眼
   尺寸φ100(预埋φ100PVC管)，外斜5%，墙背孔周围采用级配良好的粗砂碎石(碎石粒径
   30~50mm)覆盖作为滤水层，孔下部做黏土隔水层300mm厚，挡土墙底部碎石垫层应进
   行干铺夯实。
4. 浆砌块石挡土墙在沟渠交界处须设置沉降缝，沉降缝缝宽30mm，缝间距不大于15.0m，
   缝中设嵌缝式与中埋式复合止水带，要求嵌缝材料沿内，外，顶三方填塞密实。
5. 外露基础阳角宜倒圆，倒角半径30mm。

## 22.1 道路涨缩缝工艺（一）

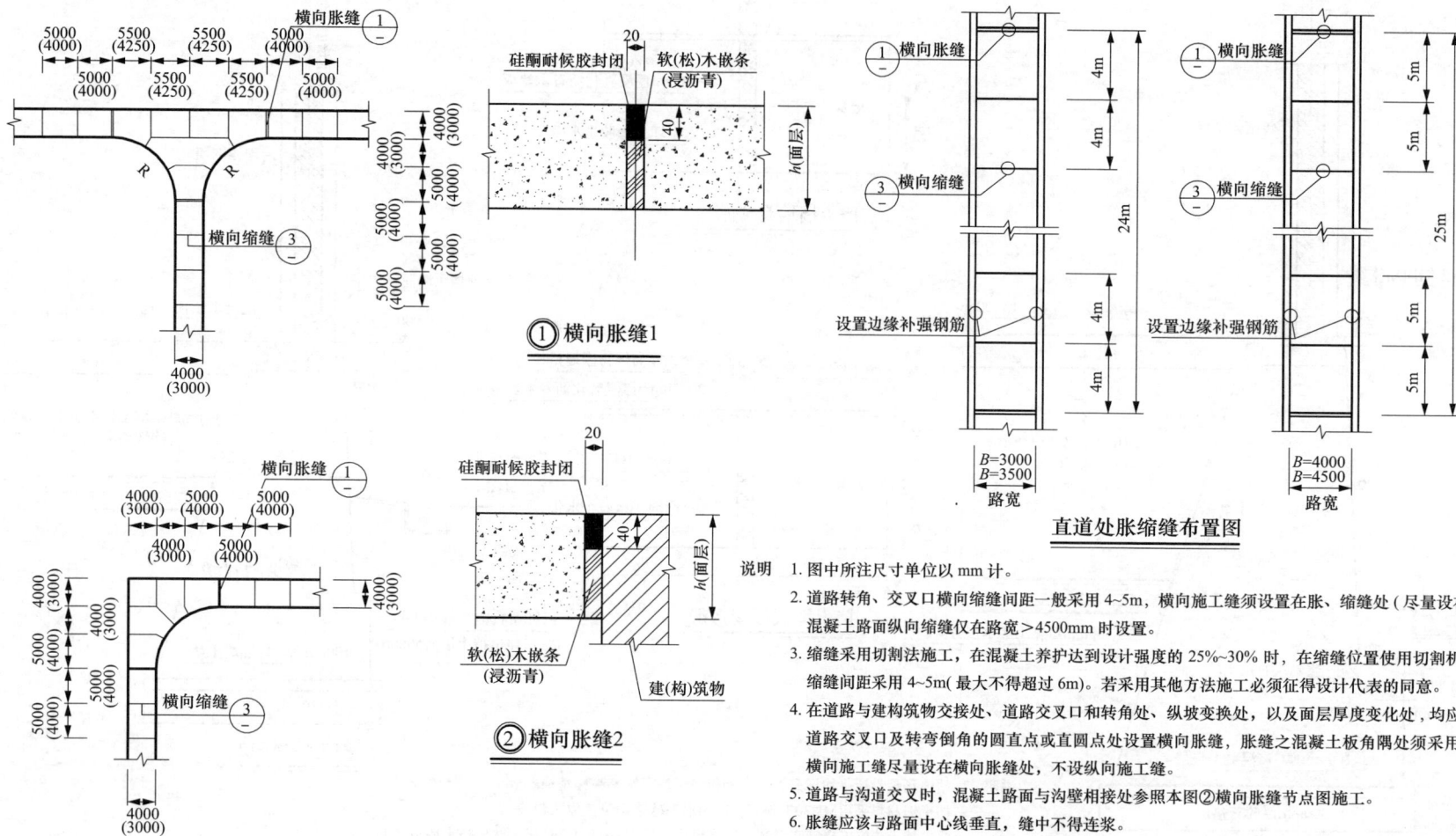

① 横向胀缝1

② 横向胀缝2

直道处胀缩缝布置图

说明 
1. 图中所注尺寸单位以 mm 计。
2. 道路转角、交叉口横向缩缝间距一般采用 4~5m，横向施工缝须设置在胀、缩缝处（尽量设在胀缝处）。混凝土路面纵向缩缝仅在路宽＞4500mm 时设置。
3. 缩缝采用切割法施工，在混凝土养护达到设计强度的 25%~30% 时，在缩缝位置使用切割机切割成缝，缩缝间距采用 4~5m（最大不得超过 6m）。若采用其他方法施工必须征得设计代表的同意。
4. 在道路与建构筑物交接处、道路交叉口和转角处、纵坡变换处，以及面层厚度变化处，均应设置胀缝。道路交叉口及转弯倒角的圆直点或直圆点处设置横向胀缝，胀缝之混凝土板角隅处须采用钢筋补强。横向施工缝尽量设在横向胀缝处，不设纵向施工缝。
5. 道路与沟道交叉时，混凝土路面与沟壁相接处参照本图②横向胀缝节点图施工。
6. 胀缝应该与路面中心线垂直，缝中不得连浆。
7. 道路路面板胀缝及各种连接缝所用的嵌缝板可采用泡沫橡胶板、树脂板或沥青纤维板等材料。水泥混凝土路面接缝施工方法等未及事宜应按现行的国标《水泥混凝土路面施工及验收规范》进行实施。
8. 填缝工作需在胀缝拆模。缩缝切割成型后进行，在用填缝料填缝以前，必须将缝槽清理干净，缝内必须清洁干燥，缝既要填满又不能溢出。
9. 道路转弯半径 R 应根据各具体工程设计项目确定。
10. 道路外边缘需圆弧倒角，倒角半径 30mm；道路面层需掺入耐磨剂；道路施工时模板需采用定型钢模板。

## 22.2 道路涨缩缝工艺（二）

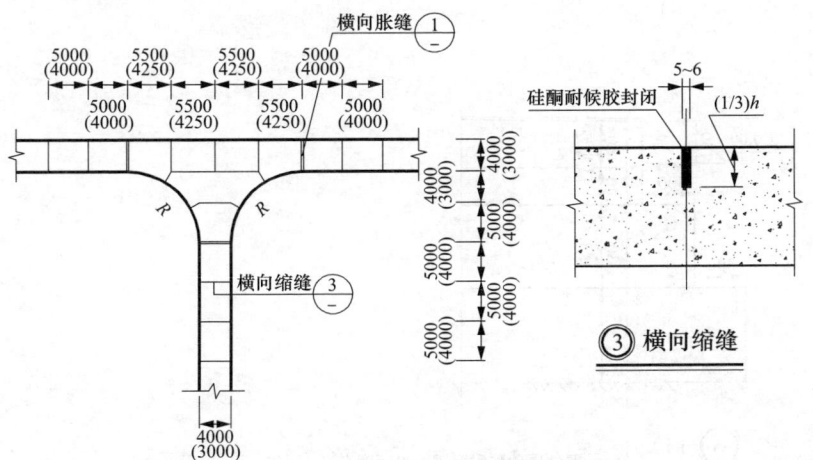

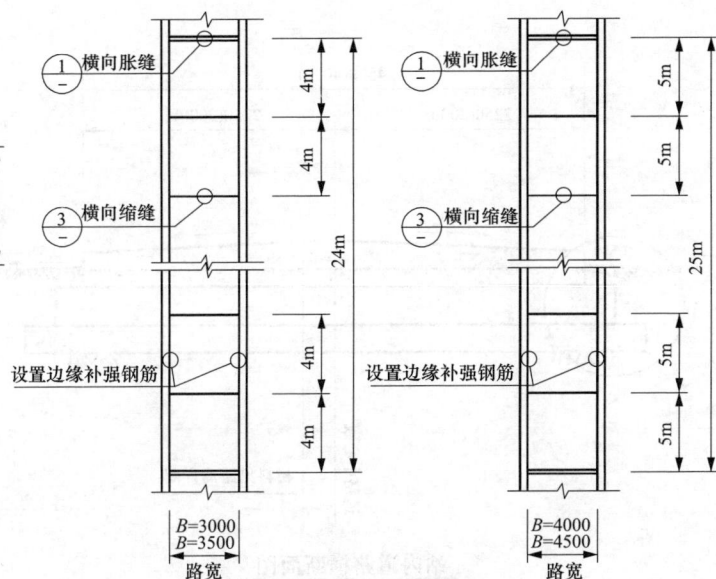

横向胀缝 ①

5000 5500 5500 5000
(4000) (4250) (4250) (4000)

5000 5500 5500 5000
(4000) (4250) (4250) (4000)

R    R

横向缩缝 ③

4000 (3000)
5000 (4000)
5000 (4000)
5000 (4000)

4000 (3000)

硅酮耐候胶封闭

5~6

(1/3)h

h(面层)

**③ 横向缩缝**

横向胀缝 ①

4000 5000
(3000) (4000)

4000 5000 5000
(3000) (4000) (4000)

4000 (3000)
4000 (3000)
5000 (4000)

4000 (3000)

横向缩缝 ③

4000 (3000)

硅酮耐候胶封闭

5~6

(1/3)h

h(面层)

**④ 横向施工缝**

**（仅用于横向施工缝设在缩缝处）**

① 横向胀缝
③ 横向缩缝
设置边缘补强钢筋

4m
4m
4m
4m
4m
24m

B=3000
B=3500
路宽

① 横向胀缝
③ 横向缩缝
设置边缘补强钢筋

5m
5m
5m
5m
5m
25m

B=4000
B=4500
路宽

**直道处胀缩缝布置图**

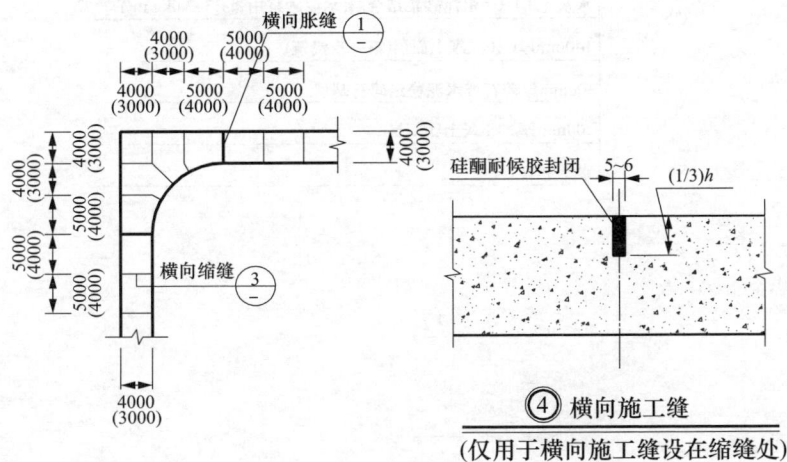

说明　1. 图中所注尺寸单位以 mm 计。

2. 道路转角交叉口横向缩缝间距一般采用 4~5m，横向施工缝须设置在胀缩缝处（尽量设在胀缝处）。混凝土路面纵向缩缝仅在路宽＞4500mm 时设置。

3. 缩缝采用切割法施工，在混凝土养护达到设计强度的 25%~30% 时，在缩缝位置使用切割机切割成缝，缩缝间距采用 4~5m（最大不得超过 6m）。若采用其他方法施工必须征得设计代表的同意。

4. 在道路与建构筑物交接处、道路交叉口和转角处、纵坡变换处以及面层厚度变化处，均应设置胀缝。道路交叉口及转弯倒角的圆直点或直圆点处设置横向胀缝，胀缝之混凝土板角隅处须采用钢筋补强。横向施工缝尽量设在横向胀缝处，不设纵向施工缝。

5. 道路与沟道交叉时，混凝土路面与沟壁相接处参照本图②横向胀缝节点图施工。

6. 胀缝应该与路面中心线垂直，缝中不得连浆。

7. 道路路面板胀缝及各种连接缝所用的嵌缝板可采用泡沫橡胶板树脂板或沥青纤维板等材料。水泥混凝土路面接缝施工方法等未及事宜应按现行的国标《水泥混凝土路面施工及验收规范》进行实施。

8. 填缝工作需在胀缝拆模。缩缝切割成型后进行，在用填缝料填缝以前，必须将缝槽清理干净，缝内必须清洁干燥，缝既要填满又不能溢出。

9. 道路转弯半径 R 应根据各具体工程设计项目确定。

10. 道路外边缘需圆弧倒角，倒角半径 30mm；道路面层需掺入耐磨剂；道路施工时模板需采用定型钢模板。

11. 二次道路面标高高于最终场地标高 150mm。

道路及广场

22

95

## 22.3 站内道路断面图

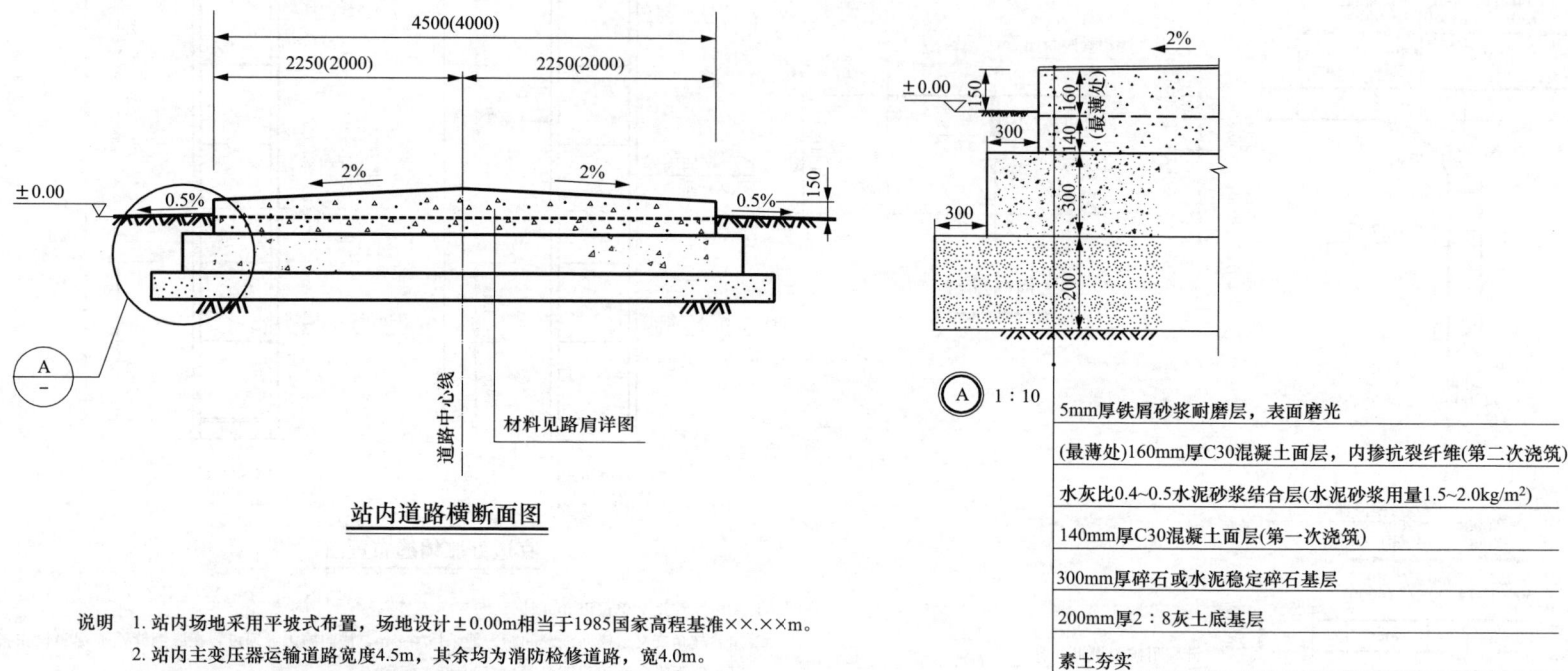

**站内道路横断面图**

A 1:10

5mm厚铁屑砂浆耐磨层，表面磨光

(最薄处)160mm厚C30混凝土面层，内掺抗裂纤维(第二次浇筑)

水灰比0.4~0.5水泥砂浆结合层(水泥砂浆用量1.5~2.0kg/m²)

140mm厚C30混凝土面层(第一次浇筑)

300mm厚碎石或水泥稳定碎石基层

200mm厚2：8灰土底基层

素土夯实

说明 1. 站内场地采用平坡式布置，场地设计±0.00m相当于1985国家高程基准××.××m。

2. 站内主变压器运输道路宽度4.5m，其余均为消防检修道路，宽4.0m。

3. 站内道路转弯半径按总平面图中标注数字。

4. 本图路宽尺寸单位以mm计。

5. 混凝土路面就地浇捣，其施工方法、材料及检查和验收均应按国家有关现行标准认真执行，以保证道路质量。灰土底基层土料宜为粉质黏土(不得采用粉土)。路基下原土如为软弱地基情况，应视具体工程项目地质条件及道路使用要求，采取相应的软土地基有效处理措施。可将路基下部耕作土、软弱土挖除尽，并设体积比为2：8的灰土垫层换填，填至路基底部，且分层夯实，做法按JGJ 79—2002第4节有关要求。

6. 道路混凝土面层分为二次浇筑，新、旧混凝土面板之间采用结合法加铺施工，做法应按《公路水泥混凝土路面养护技术规程》(JTJ 073.1—2001)第8.2.7条及《公路路面基层施工技术细则》(JTG/T F20—2015)执行。

7. 一、二次道路边角应倒圆角处理，倒角半径20~30mm。

## 22.4 巡视小道

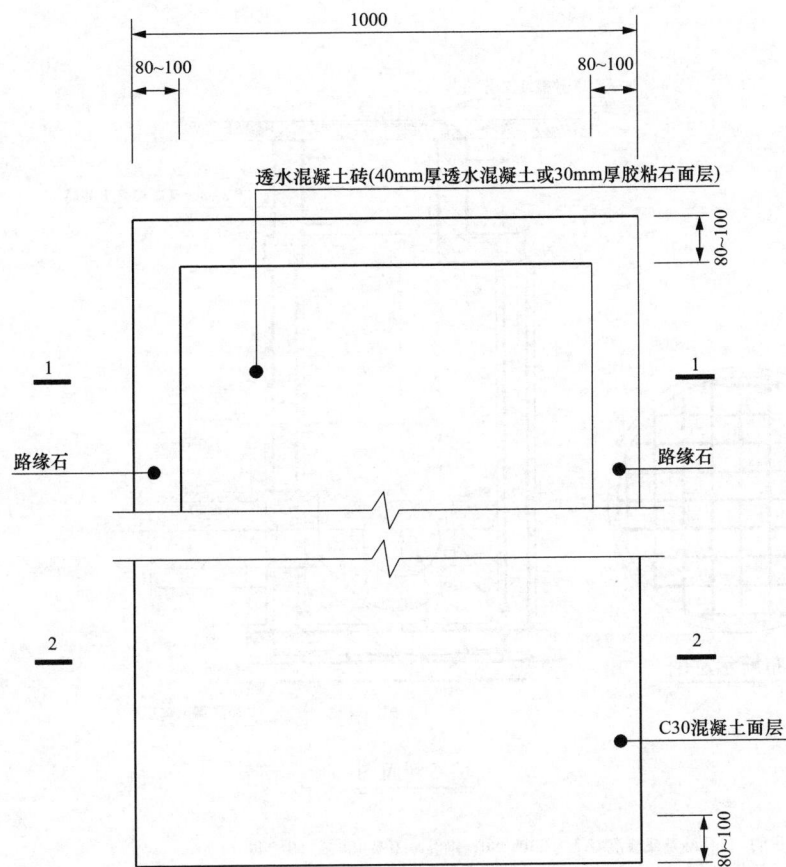

巡视小道平面图

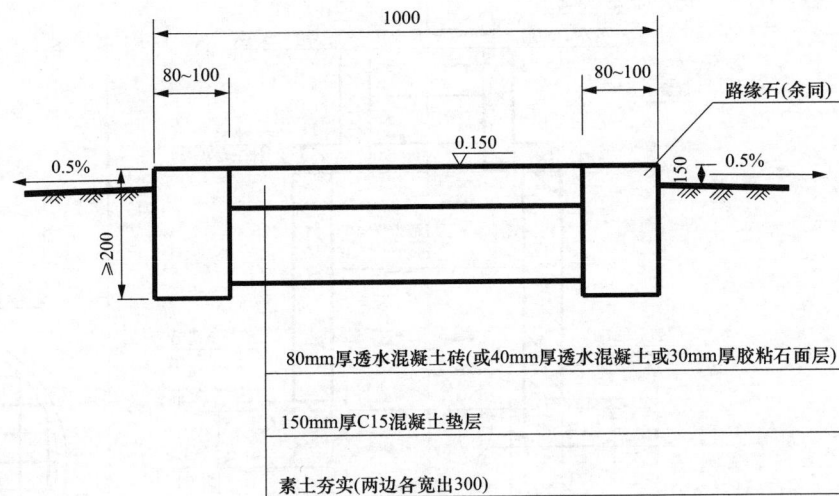

1—1断面图

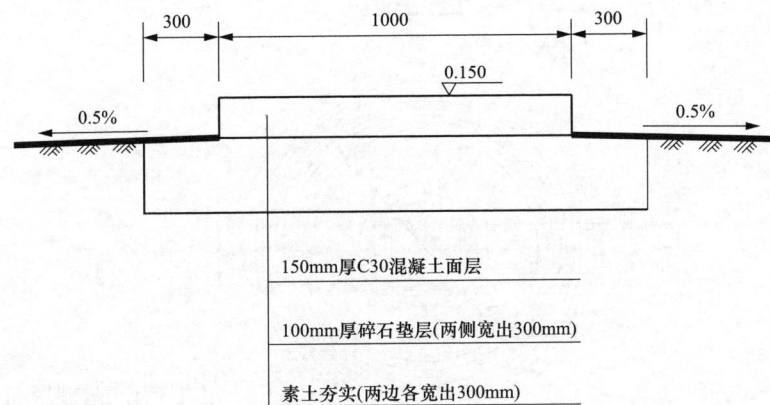

2—2断面图

说明 1.巡视小道路径布置方案需经业主、运行部门、检修部门会商同意后,方可实施。
    2.面层排水畅通,无积水现象;面层表面洁净,无裂纹、脱皮、麻面和起砂等现象。
    3.面层与基层的结合必须牢固,无空鼓。
    4.路缘石应成闭合状。

道路及广场

22

## 23.1 圆形钢筋混凝土雨水检查井

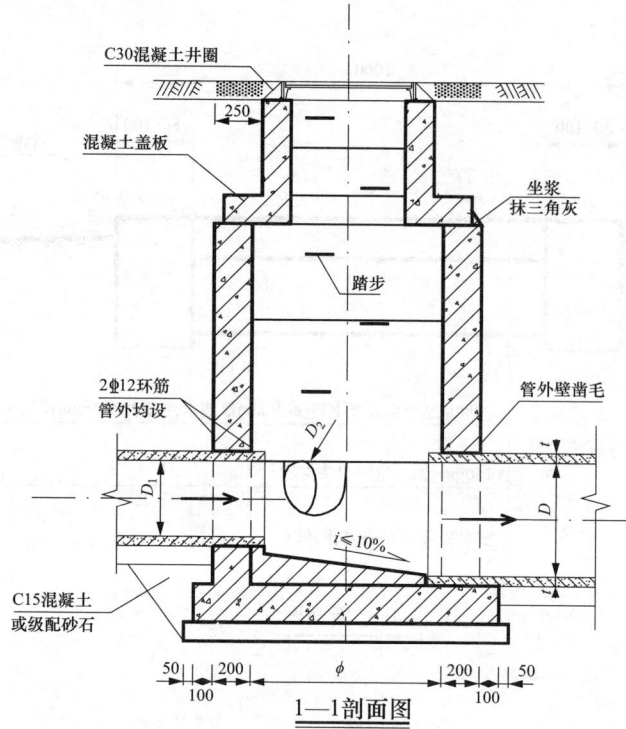

C30混凝土井圈
混凝土盖板
坐浆
抹三角灰
踏步
管外壁凿毛
2Φ12环筋
管外均设
$i \leqslant 10\%$
C15混凝土
或级配砂石

**1—1剖面图**

Φ12环筋

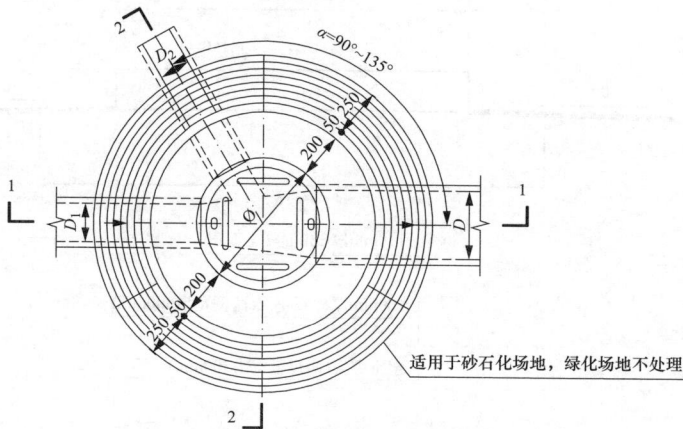

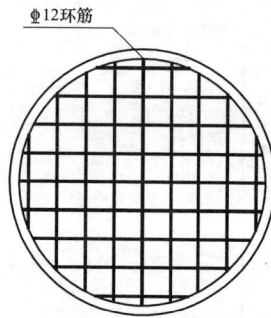

**底板布筋示意图**

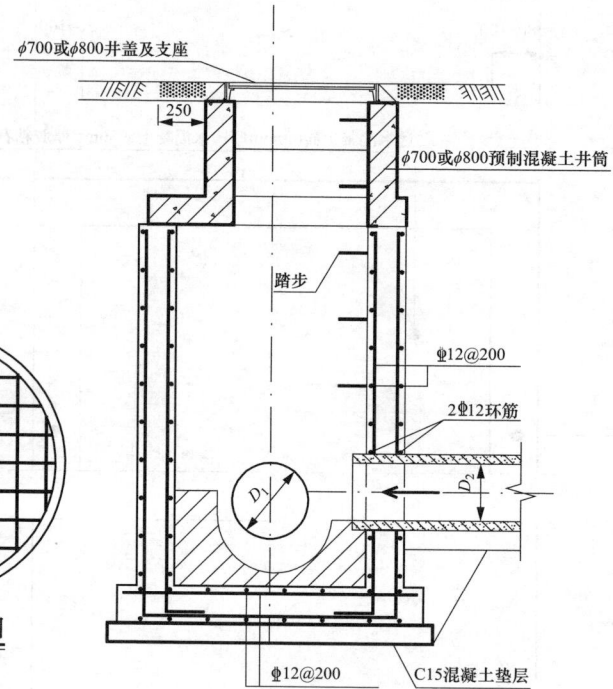

$\alpha=90°\sim135°$

适用于砂石化场地，绿化场地不处理

φ700或φ800井盖及支座
φ700或φ800预制混凝土井筒
踏步
Φ12@200
2Φ12环筋
Φ12@200
C15混凝土垫层

**2—2剖面图**

说明 1. 井墙及底板混凝土为C30、S6；钢筋φ-HPB300、Φ-HRB400。
     2. 混凝土净保护层厚度40mm。
     3. 坐浆、抹三角灰均用M10干混普通防水砂浆。
     4. 流槽用C15混凝土浇筑或用DM M10干混砌筑砂浆砌筑、MU10流槽专用砖，
        DW M10干混普通防水砂浆抹面，厚20mm。
     5. 接入管道超挖部分用混凝土或级配砂石填实。
     6. 管道与墙体、底板间隙应混凝土浇筑或砂浆填实，挤压严密。
     7. 图中井室尺寸、使用条件、盖板型号应根据φ、D值确定。

## 23.2 方形钢筋混凝土水封井

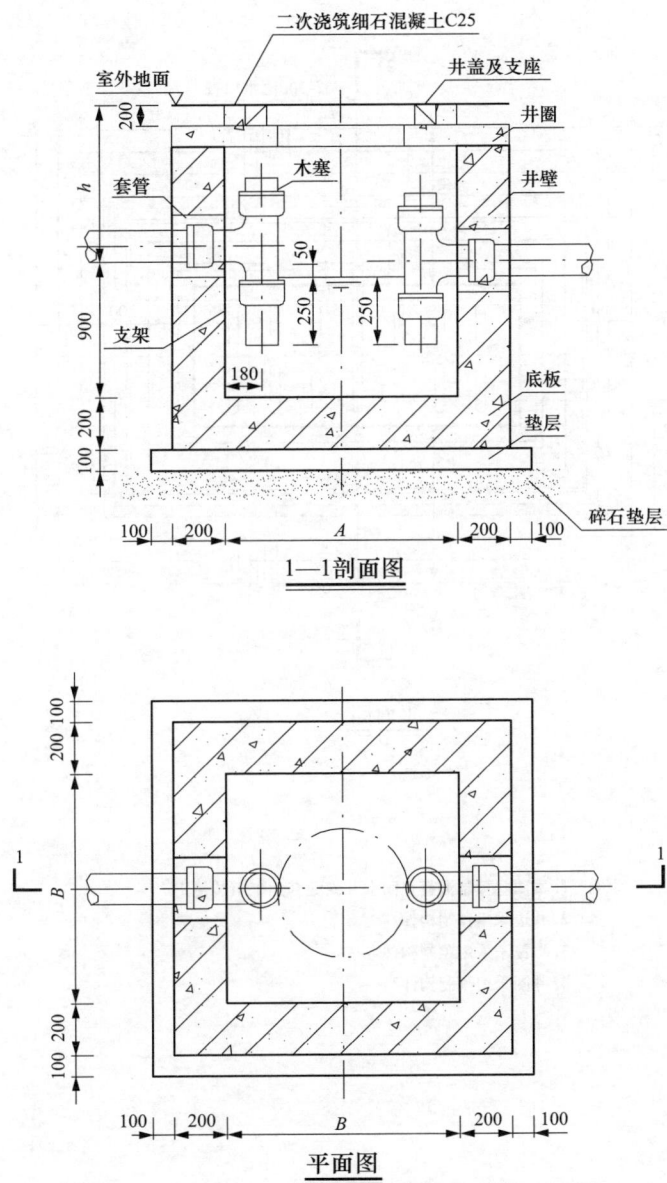

1—1剖面图

平面图

**主要材料表**

| 名称 | | 型号 | GS-1 | GS-2 |
|------|------|------|------|------|
| φ90三通 | | (个) | 2 | 2 |
| 排水管 | | (m) | 1.50 | 1.50 |
| 井盖及支座 | 700重型，铸铁 | (套) | 1 | 1 |
| 井圈 | C25混凝土 | (m³) | 0.24 | 0.29 |
| 井壁及底板 | C25混凝土 | (m³) | 1.88 | 3.16 |
| 垫层 | C15混凝土 | (m³) | 0.26 | 0.30 |

**主要材料表**

| 型号 | 管径 | A | B | h | 井圈 |
|------|------|------|------|------|------|
| GS-1 | DN75~DN200 | 1000 | 1000 | ≤1000 | (九) |
| GS-2 | DN75~DN200 | 1250 | 1000 | ≤2000 | (十一) |

说明　1. 型号代号如下：G——钢筋混凝土；S——水封井；1——1型。
　　　2. 顶面活荷载为汽车超-20级重车。
　　　3. 水封高度括号内数据用于人防工程。
　　　4. 主要材料表中的材料用量是按h最大值计算的。
　　　5. 本图水封按进出水管同径绘制。若不同径时，设计人员应作相应调整。

## 23.3 平箅式单箅雨水口

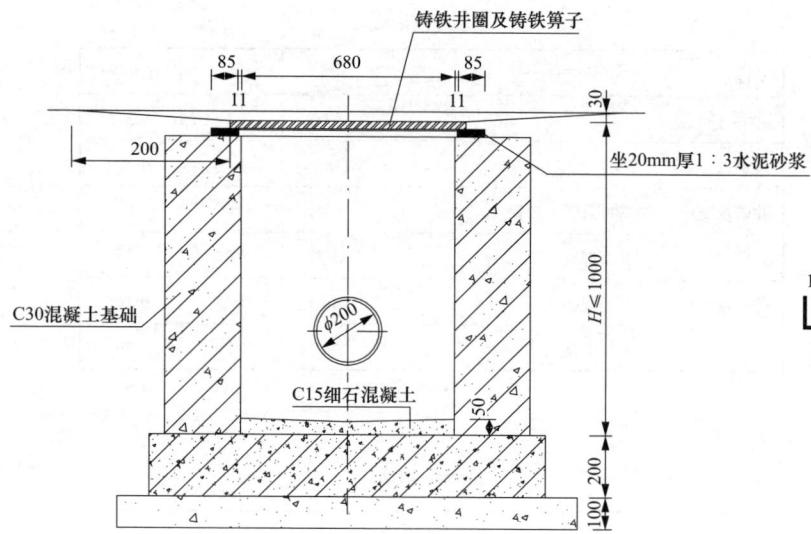

铸铁井圈及铸铁箅子

坐20mm厚1：3水泥砂浆

C30混凝土基础

C15细石混凝土

1—1

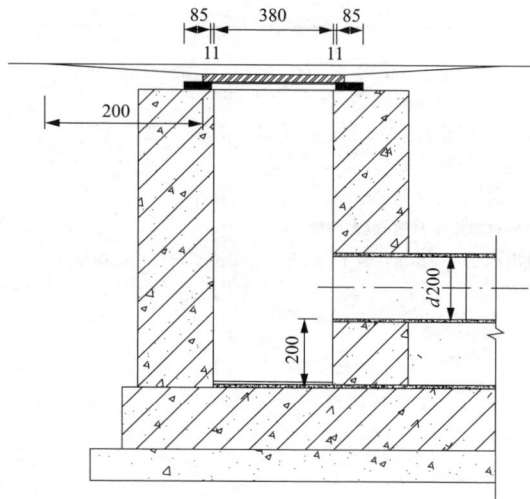

2—2

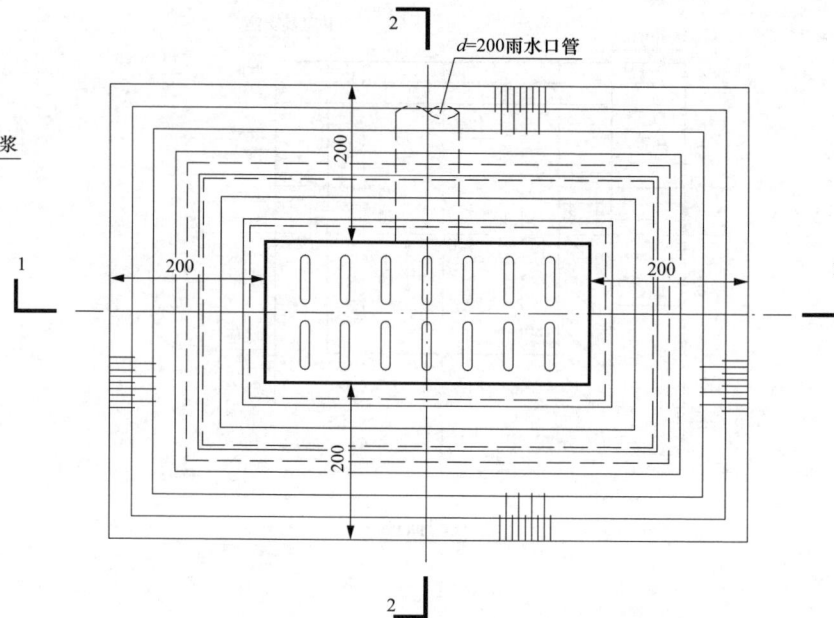

d=200雨水口管

平面图

说明　1. 本图与预制混凝土雨水井圈配套加工组装使用。
　　　2. 井边采用预制构件。
　　　3. 水箅子采用预制构件。
　　　4. 井圈采用预制构件。

水工构筑物

23

## 23.4 防水构造——地下室防水构造

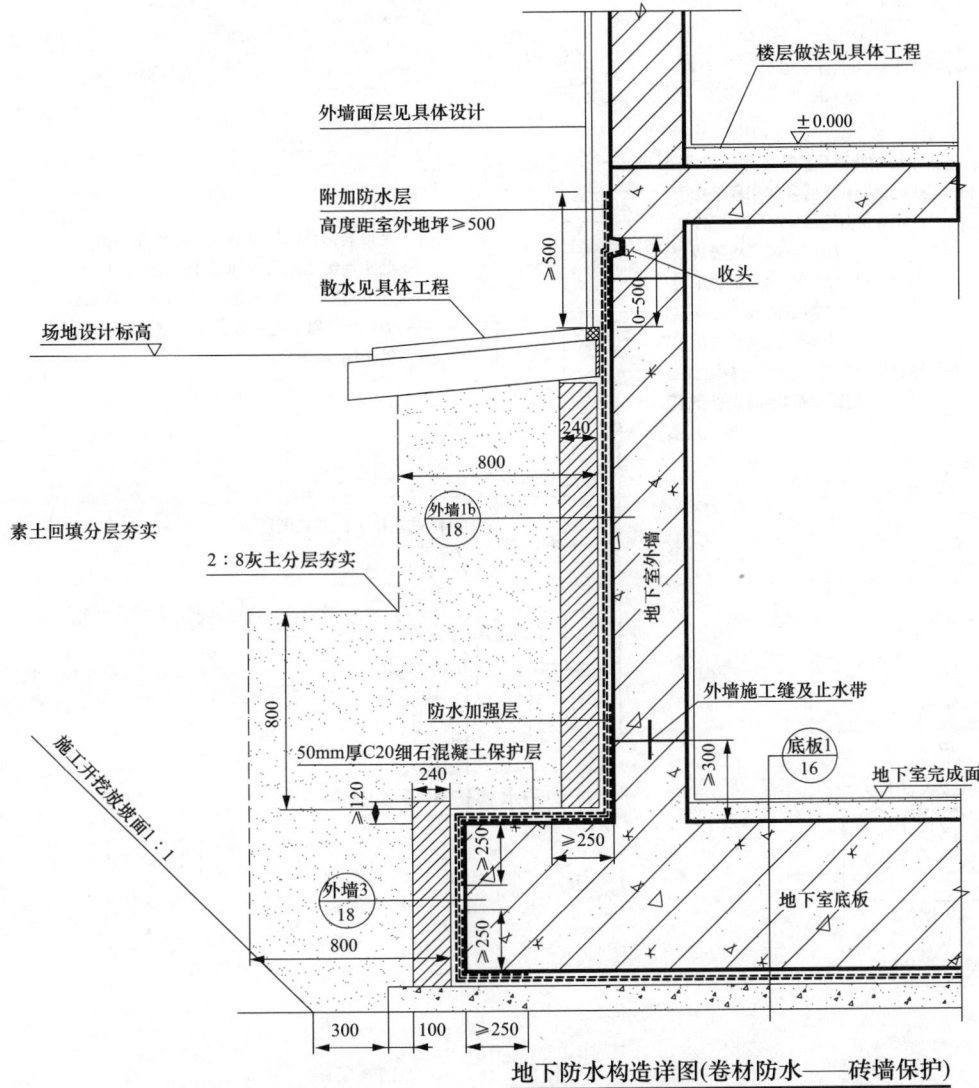

楼层做法见具体工程

外墙面层见具体设计

附加防水层
高度距室外地坪≥500

散水见具体工程

场地设计标高

素土回填分层夯实

2：8灰土分层夯实

施工开挖放坡面1：1

收头

240

800

外墙1b
18

防水加强层

50mm厚C20细石混凝土保护层

240

外墙3
18

800

地下室外墙

外墙施工缝及止水带

底板1
16

地下室完成面

地下室底板

300

100

≥250

≥250

≥250

≥250

≥250

120

800

300

**地下防水构造详图(卷材防水——砖墙保护)**

DWS M15 干混聚合物水泥防水砂浆保护层
附加2mm厚聚氨酯防水涂料
密封膏密封
水泥钉@600镀锌垫片
附加卷材防水层
卷材防水层
饰面层见具体设计

距室外地坪≥500
≥100
≥100
30
50

迎水面

**外墙防水材料收头构造详图**

保护层
外墙主防水层
附加反水层

$B \geq 250$
$B/2$　$B/2$

钢板止水带和腻子型遇水膨胀止水条
施工缝，涂刷混凝土界面剂

300
300
≥300

迎水面

**外墙施工缝及止水带构造**

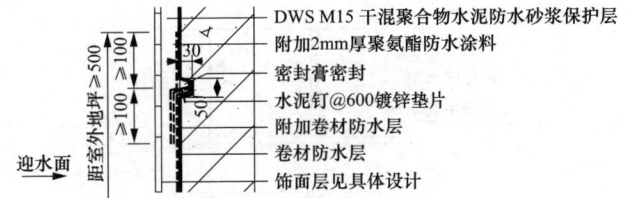

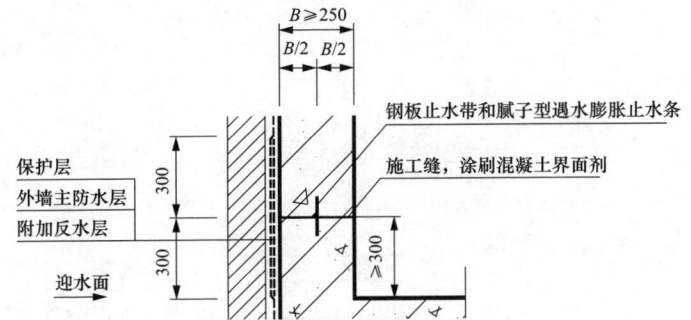

说明　止水带选用中埋式钢板止水带和腻子型遇水膨胀止水条复合止水，
如工程需要，亦可按《地下建筑防水构造图集》(10J301)42、43页
选用其他止水带和止水条。

说明　1. 地下防水构造详图参照图集《地下建筑防水构造图集》10J301第27页，采用卷材防水构造——砖墙保护。

　　　2. 外墙防水构造参见图集《地下建筑防水构造图集》10J301第16页外墙1b，底板侧面防水构造参见第18页外墙3，底板底面防水构造参见第16页底板1。

　　　3. 底板、外墙处卷材外防外贴；承台处外立面处卷材外防内贴。

## 23.5 防水构造——管道穿墙及桩头防水构造

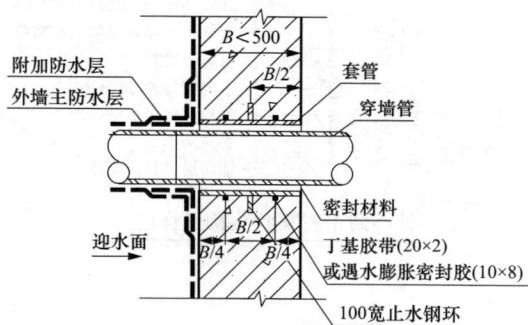

附加防水层
外墙主防水层
套管
穿墙管
密封材料
迎水面
丁基胶带(20×2)
或遇水膨胀密封胶(10×8)
100宽止水钢环
$B < 500$
$B/2$
$B/2$
$B/4$
$B/4$

**单管穿墙示意图**

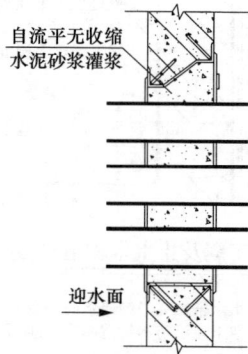

地面装饰做法详见具体工程地面详图
防水混凝土承台(详见具体工程结构图)
≥50mm厚C20细石混凝土保护层
隔离层(同底板隔离层)
附加防水层(同底板防水层)
防水层(同底板防水层)
附加防水层(同底板防水层)
≥1.0mm厚水泥基渗透结晶型涂料防水层
混凝土垫层(同底板垫层)
原土压实

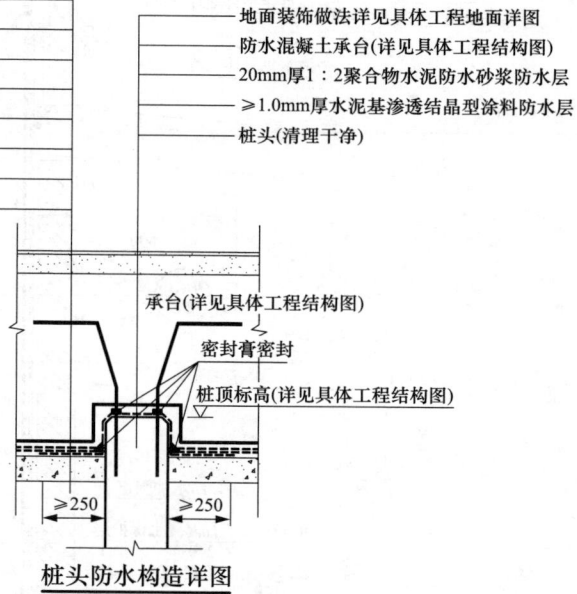

地面装饰做法详见具体工程地面详图
防水混凝土承台(详见具体工程结构图)
20mm厚1:2聚合物水泥防水砂浆防水层
≥1.0mm厚水泥基渗透结晶型涂料防水层
桩头(清理干净)

承台(详见具体工程结构图)
密封膏密封
桩顶标高(详见具体工程结构图)
≥250
≥250

**桩头防水构造详图**

自流平无收缩
水泥砂浆灌浆
迎水面

**群管穿墙防水构造**

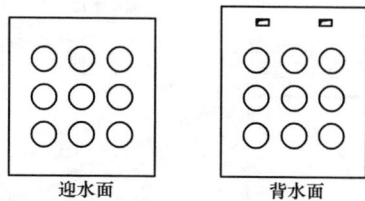

迎水面
背水面

**迎背水面封口钢板示意图**

## 23.6  防水构造——变形缝防水构造

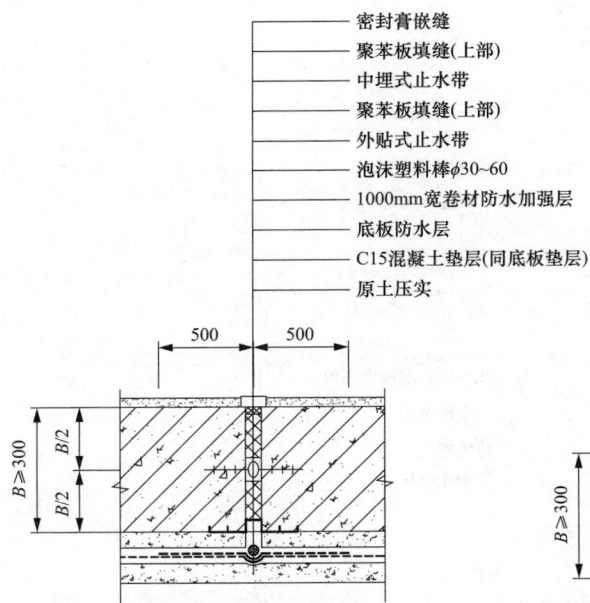

密封膏嵌缝
聚苯板填缝(上部)
中埋式止水带
聚苯板填缝(上部)
外贴式止水带
泡沫塑料棒$\phi$30~60
1000mm宽卷材防水加强层
底板防水层
C15混凝土垫层(同底板垫层)
原土压实

500  500

$B \geqslant 300$  $B/2$  $B/2$

**底板变形缝防水构造详图**

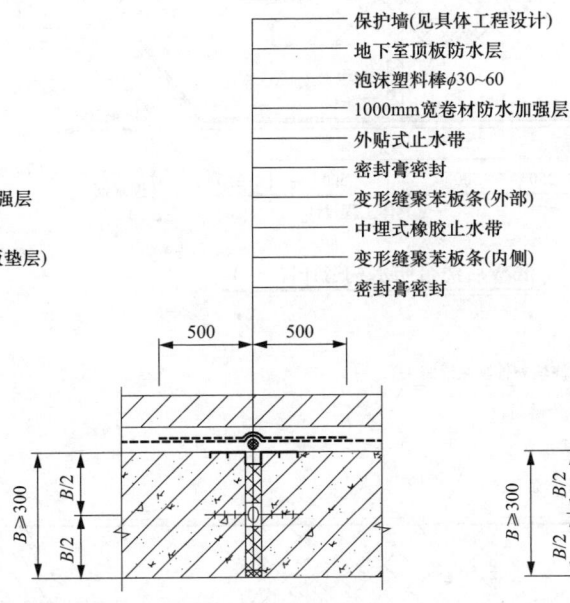

保护墙(见具体工程设计)
地下室顶板防水层
泡沫塑料棒$\phi$30~60
1000mm宽卷材防水加强层
外贴式止水带
密封膏密封
变形缝聚苯板条(外部)
中埋式橡胶止水带
变形缝聚苯板条(内侧)
密封膏密封

500  500

$B \geqslant 300$  $B/2$  $B/2$

**外墙变形缝防水构造详图**

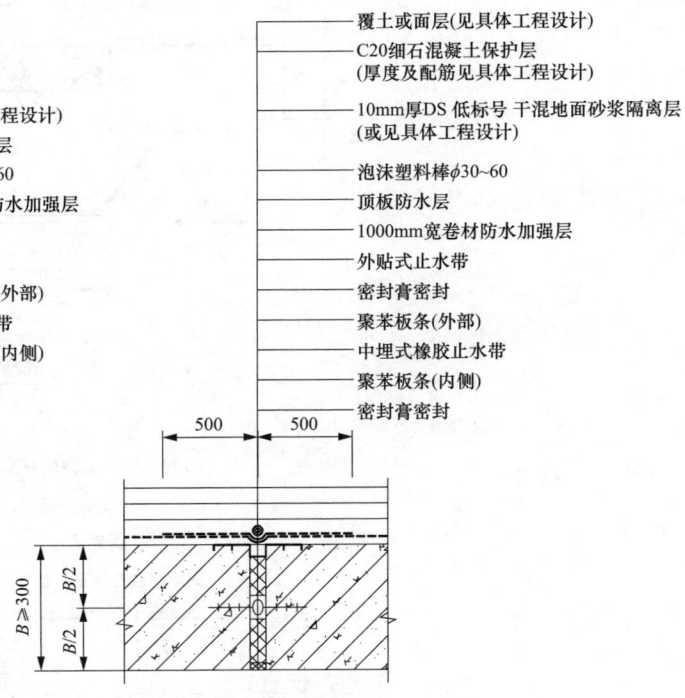

覆土或面层(见具体工程设计)
C20细石混凝土保护层
(厚度及配筋见具体工程设计)
10mm厚DS 低标号 干混地面砂浆隔离层
(或见具体工程设计)
泡沫塑料棒$\phi$30~60
顶板防水层
1000mm宽卷材防水加强层
外贴式止水带
密封膏密封
聚苯板条(外部)
中埋式橡胶止水带
聚苯板条(内侧)
密封膏密封

500  500

$B \geqslant 300$  $B/2$  $B/2$

**顶板变形缝防水构造详图**

水工构筑物

23

## 23.7  防水构造——底板后浇带防水构造

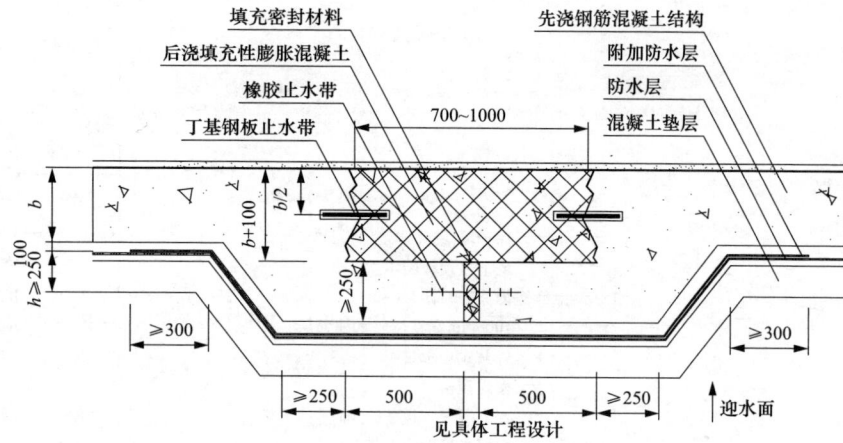

填充密封材料
后浇填充性膨胀混凝土
橡胶止水带
丁基钢板止水带

700~1000

先浇钢筋混凝土结构
附加防水层
防水层
混凝土垫层

b
b+100
b/2
100
250
h≥250
≥250

≥300
≥250
500
500
≥250
≥300
见具体工程设计
迎水面

**底板后浇带防水构造详图(一)**

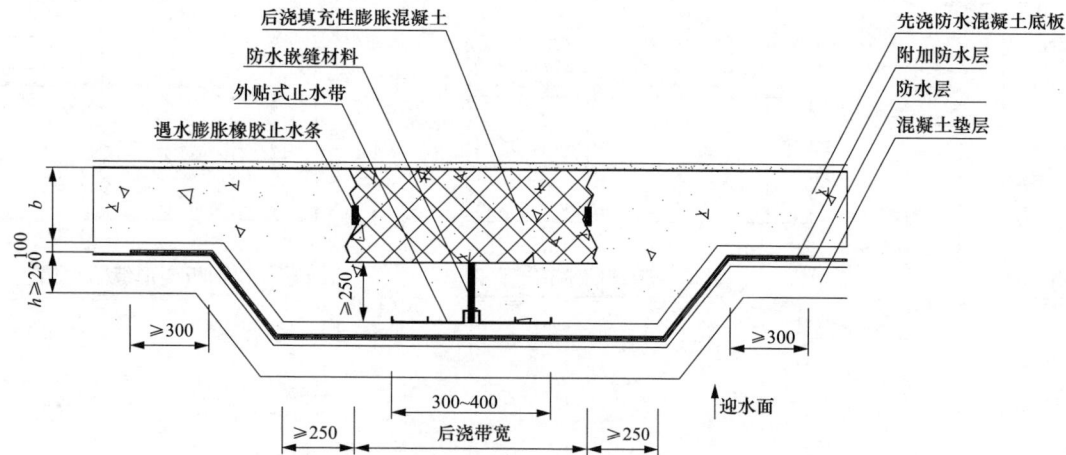

后浇填充性膨胀混凝土
防水嵌缝材料
外贴式止水带
遇水膨胀橡胶止水条

先浇防水混凝土底板
附加防水层
防水层
混凝土垫层

b
100
250
h≥250
≥250

≥300
≥250
300~400
后浇带宽
≥250
≥300
迎水面

**底板后浇带防水构造详图(二)**

水工构筑物

23

## 24.1 电缆沟内排水工艺

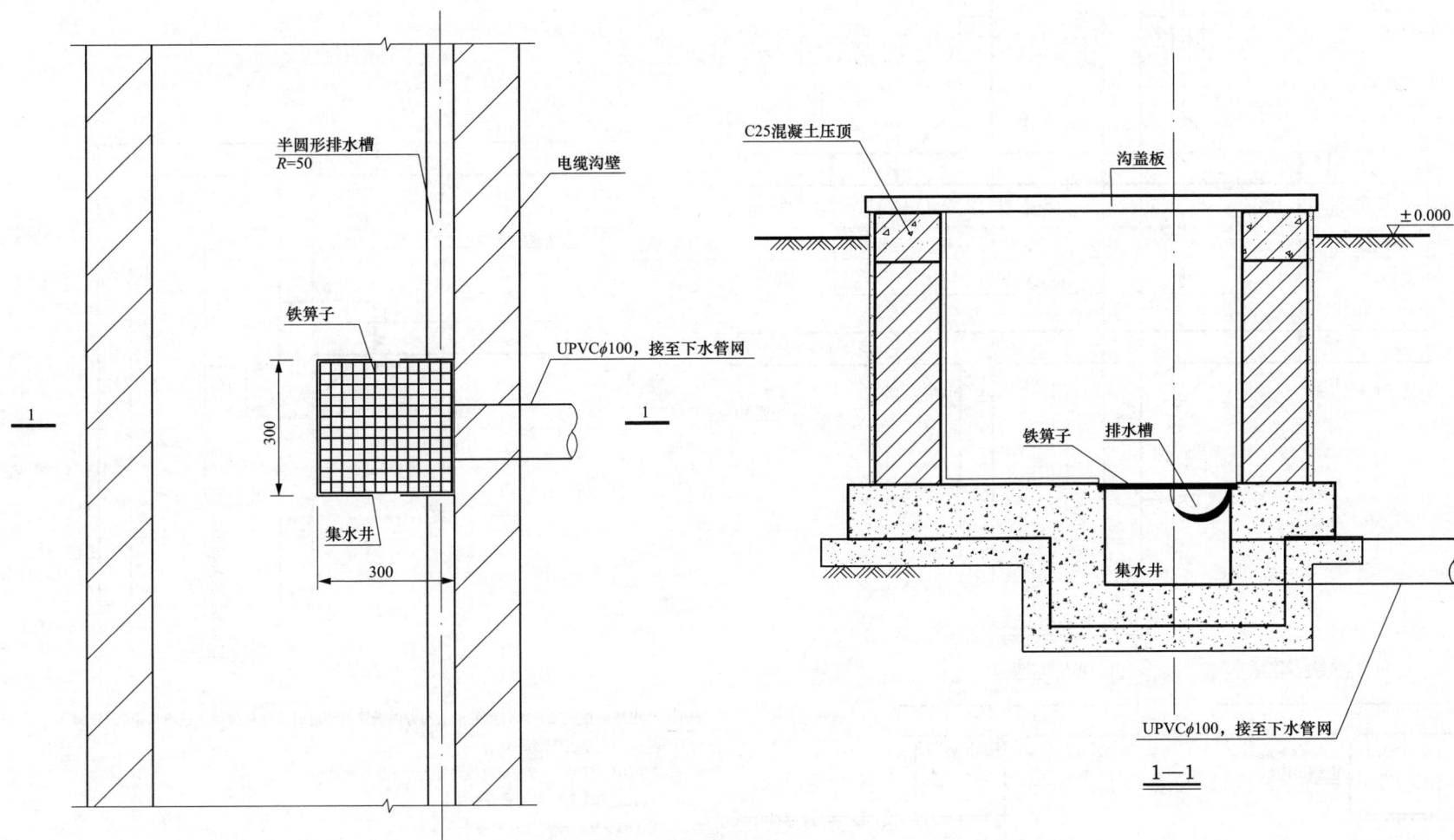

半圆形排水槽
R=50

电缆沟壁

铁箅子

UPVCφ100，接至下水管网

集水井

1

300

300

1

C25混凝土压顶

沟盖板

±0.000

铁箅子

排水槽

集水井

UPVCφ100，接至下水管网

1—1

说明　1. 集水井位置根据具体情况确定。

2. 电缆沟排水、伸缩缝(变形缝)结合竖向布置图进行二次设计。

3. 排水管深度40~50mm。

4. 沟道排水横坡1%~2%

电缆沟

24

105

## 24.2 电缆沟转角工艺

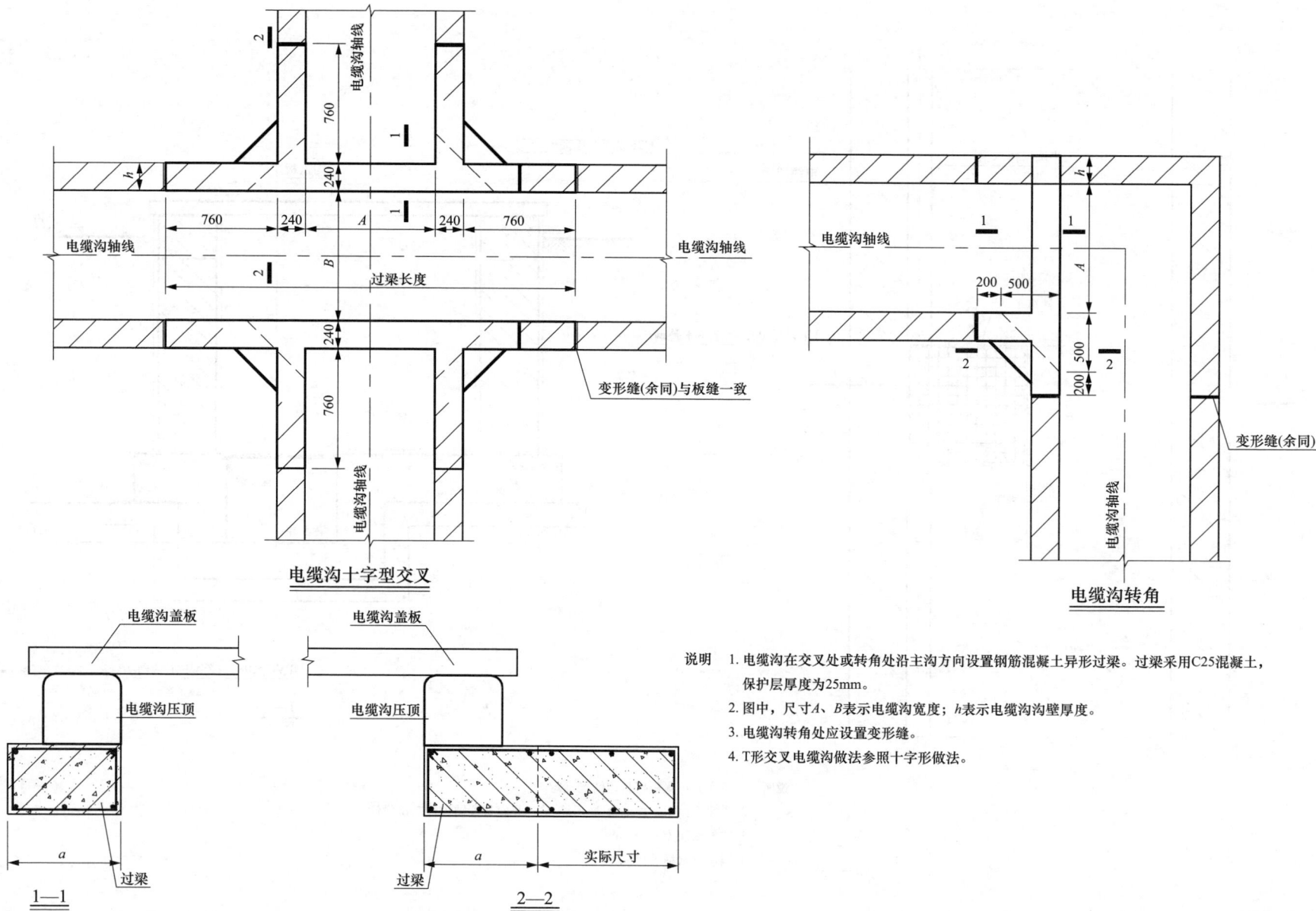

**电缆沟十字型交叉**

**电缆沟转角**

1—1

2—2

说明　1. 电缆沟在交叉处或转角处沿主沟方向设置钢筋混凝土异形过梁。过梁采用C25混凝土，
　　　　保护层厚度为25mm。

　　　2. 图中，尺寸A、B表示电缆沟宽度；h表示电缆沟壁厚度。

　　　3. 电缆沟转角处应设置变形缝。

　　　4. T形交叉电缆沟做法参照十字形做法。

## 24.3 电缆沟支架预埋螺栓工艺

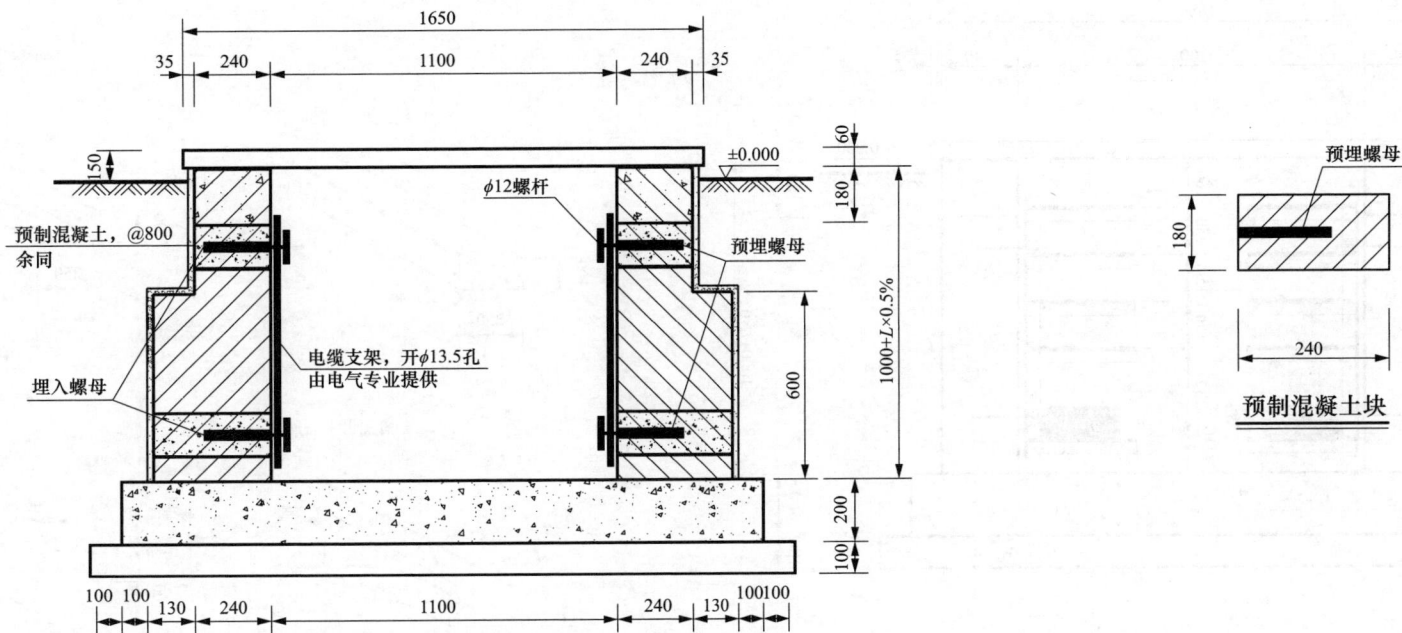

**电缆沟断面图**

**预制混凝土块**

说明　1. 预制混凝土块采用C25混凝土浇筑。
　　　2. 螺杆采用Q235B制作，紧固螺母采用C级普通螺母。
　　　3. 预埋螺栓采用热浸镀锌防腐。

## 24.4 电缆沟支架安装

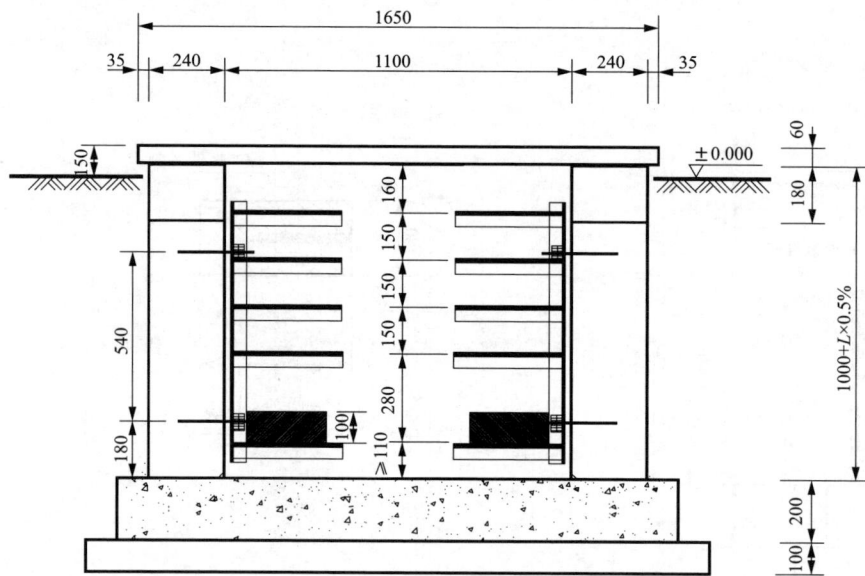

1100×1000电缆沟

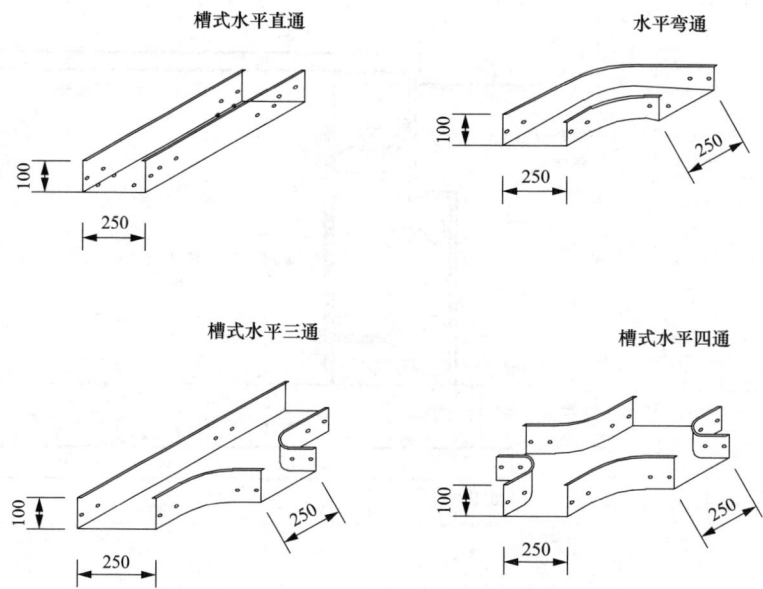

槽式水平直通

水平弯通

槽式水平三通

槽式水平四通

**光缆槽盒制作图**

说明　1. 室内外电缆沟、室内静电地板底板板标高应参照本图中电缆沟道深度。
　　　2. 电缆槽盒采用防火型槽盒，其燃烧性能及耐火极限应满足相关规范的规定。

电缆沟

24

## 24.5 电缆沟端头槽形压顶

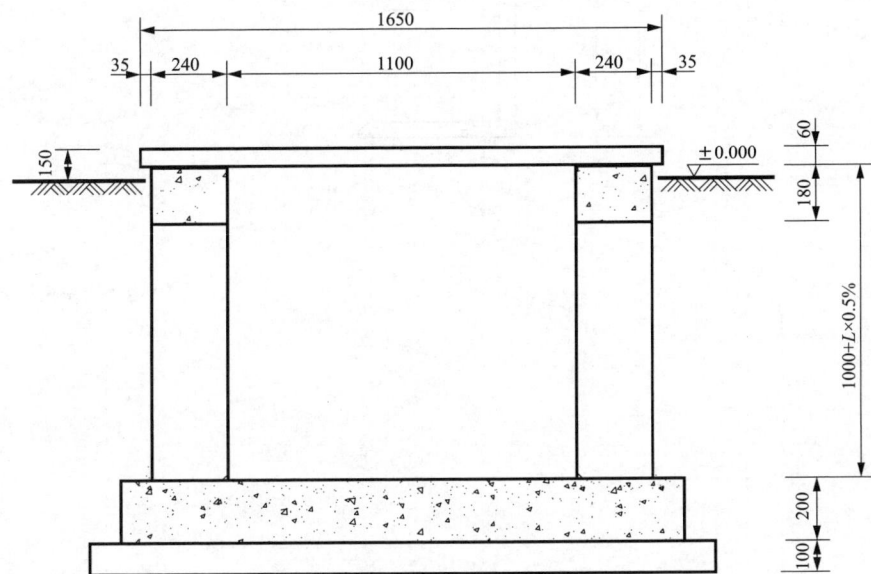

**1100×1000电缆沟**

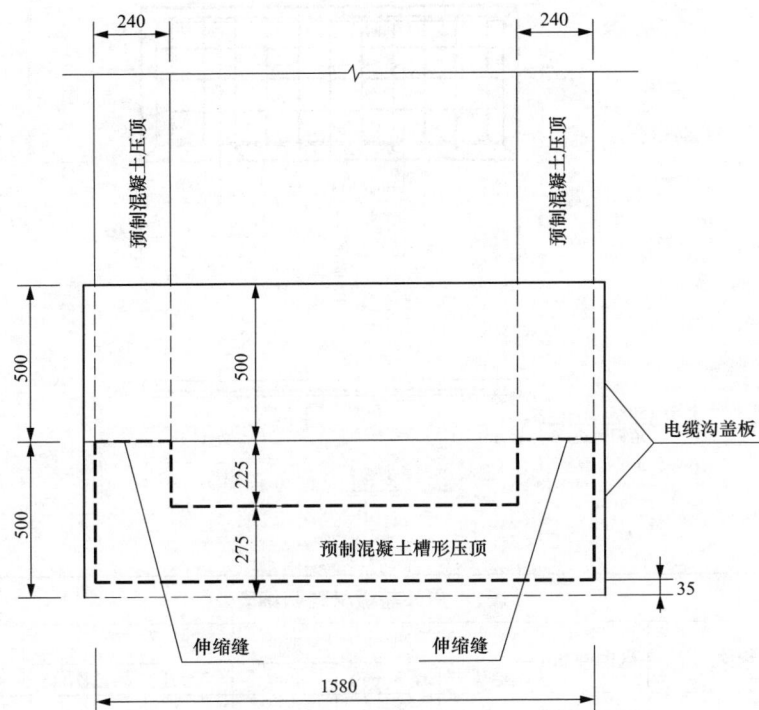

**端头处预制混凝土压顶**

**电缆沟端头平面**

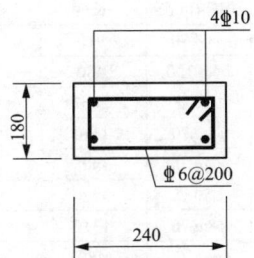

说明　1. 预制混凝土压顶采用C25混凝土浇筑。

2. 电缆沟断头处伸缩缝宽10mm，内用沥青油麻丝塞严。

3. 压顶宜采用清水混凝土倒圆角工艺，上部阳角采用圆弧形倒角。压顶上部按盖板位置预留柔性垫块孔洞，盖板安装前架设柔性垫块。

4. 电缆沟长度应满足盖板模数的要求(一般为500mm)。

## 24.6 电缆沟盖板

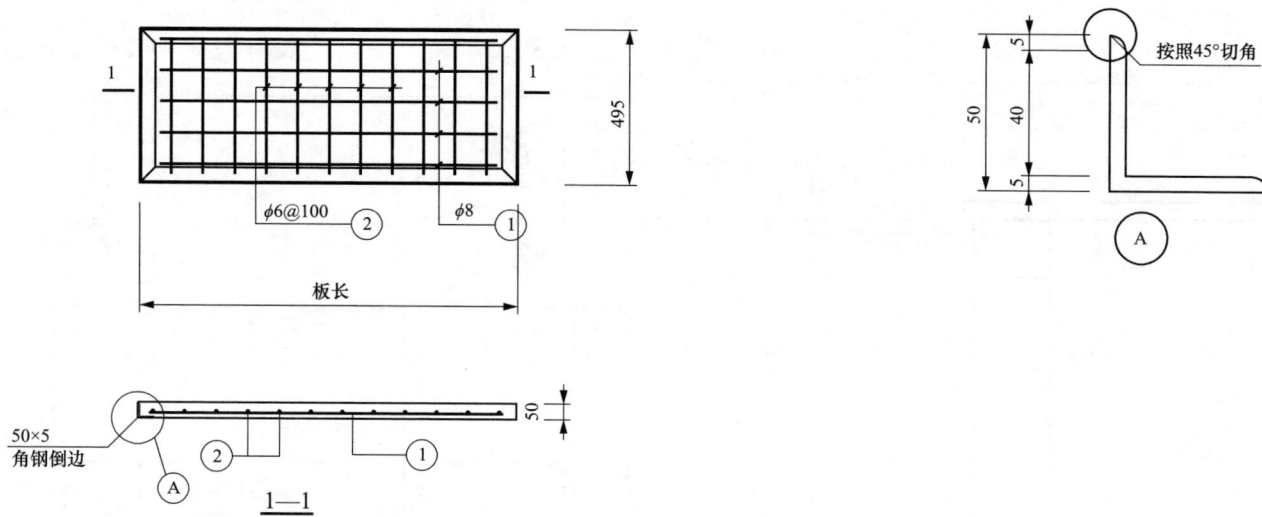

按照45°切角

50×5
角钢倒边

1—1

| 表1 户外盖板材料明细表 | | | | | | | |
|---|---|---|---|---|---|---|---|
| 编号 | 板长(mm) | 钢材 | | | | | 混凝土 |
| | | 编号 | 规格(mm) | 长度 | 根数 | 重量(kg) | 体积(m³) |
| WGB08D-50 | 1350 | ① | φ8@60 | 1410 | 7 | 3.9 | 0.034 |
| | | ② | φ6@100 | 480 | 13 | 1.7 | |
| | | ③ | L50×5 | 3781 | | 14.26 | |
| WGB10S-50 | 1450 | ① | φ8@60 | 1510 | 7 | 4.18 | 0.036 |
| | | ② | φ6@100 | 480 | 14 | 1.49 | |
| | | ③ | L50×5 | 3986 | | 15.03 | |
| WGB10D-50 | 1550 | ① | φ8@60 | 1610 | 7 | 4.45 | 0.039 |
| | | ② | φ6@100 | 480 | 15 | 1.6 | |
| | | ③ | L50×5 | 4190 | | 15.8 | |
| WGB12S-50 | 1650 | ① | φ8@60 | 1710 | 7 | 4.73 | 0.041 |
| | | ② | φ6@100 | 480 | 16 | 1.7 | |
| | | ③ | L50×5 | 4395 | | 16.57 | |
| WGB12D-50 | 1750 | ① | φ8@60 | 1810 | 7 | 5.0 | 0.044 |
| | | ② | φ6@100 | 480 | 17 | 1.81 | |
| | | ③ | L50×5 | 4599 | | 17.34 | |

| 表2 户内盖板材料明细表 | | | | | | | |
|---|---|---|---|---|---|---|---|
| 编号 | 板长(mm) | 钢材 | | | | | 混凝土 |
| | | 编号 | 规格(mm) | 长度 | 根数 | 重量(kg) | 体积(m³) |
| NGB08D-50 | 900 | ① | φ8@70 | 910 | 6 | 2.16 | 0.023 |
| | | ② | φ6@100 | 480 | 9 | 0.96 | |
| | | ③ | L50×5 | 2862 | | 10.79 | |
| NGB10D-50 | 1100 | ① | φ8@70 | 1110 | 6 | 2.63 | 0.028 |
| | | ② | φ6@100 | 480 | 11 | 1.17 | |
| | | ③ | L50×5 | 3270 | | 12.33 | |
| NGB12D-50 | 1300 | ① | φ8@70 | 1310 | 6 | 3.10 | 0.033 |
| | | ② | φ6@100 | 480 | 13 | 1.39 | |
| | | ③ | L50×5 | 3679 | | 13.87 | |

## 25.1 端子箱基础详图

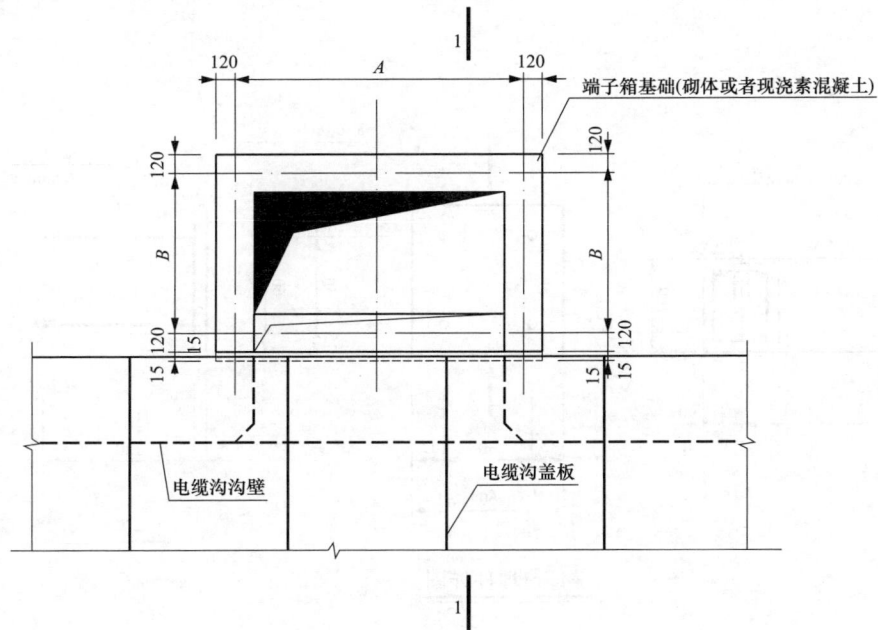

**端子箱基础平面图**
**砌体或现浇素混凝土**

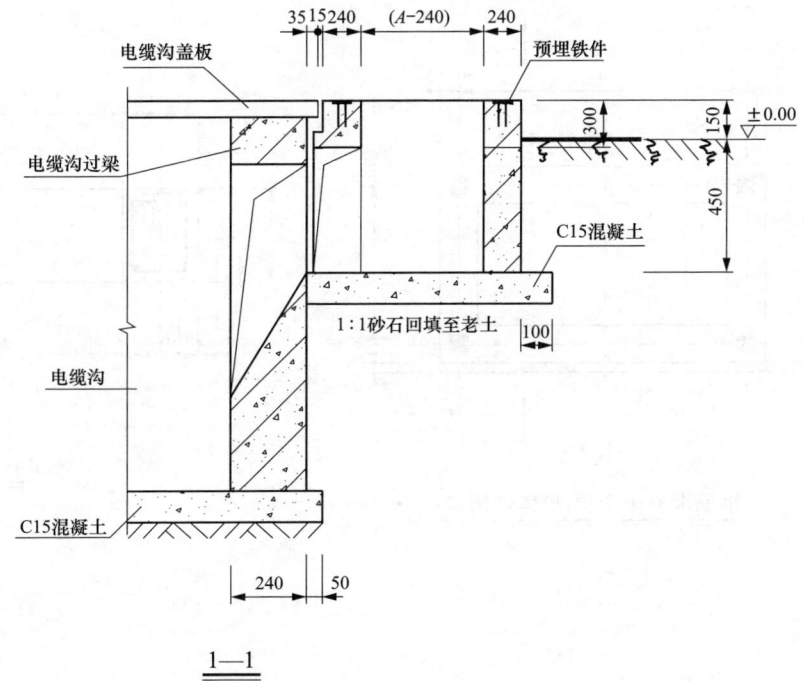

**1—1**

说明　1. 基础采用MU15非黏土实心砖，DM M10干混砌筑砂浆或C30素混凝土现浇。
压顶采用钢筋混凝土预制压顶。
2. 基础内壁粉DW M10干混普通防水砂浆。
3. 基础及底板垫层采用C15混凝土，压顶采用C30混凝土。
4. 所有端子箱基础边缘统一距离电缆沟15mm，基础顶面与电缆沟盖板平齐，
端子箱基础的尺寸A、B由最终到货设备确定。
5. 端子箱基础与电缆沟基础同时开挖。

## 25.2　端子箱基础压顶

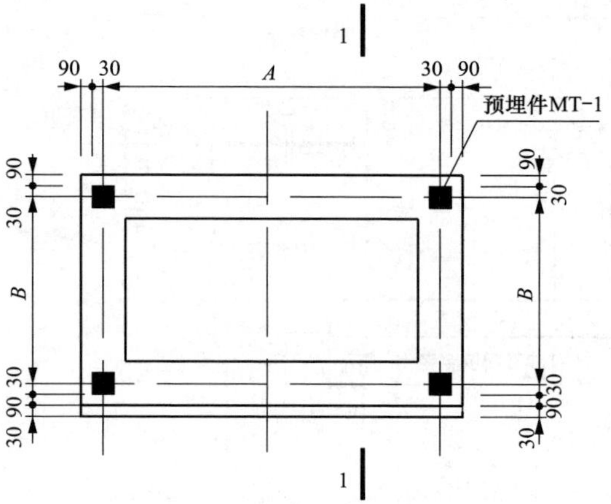

钢筋混凝土压顶(箱体带槽钢)

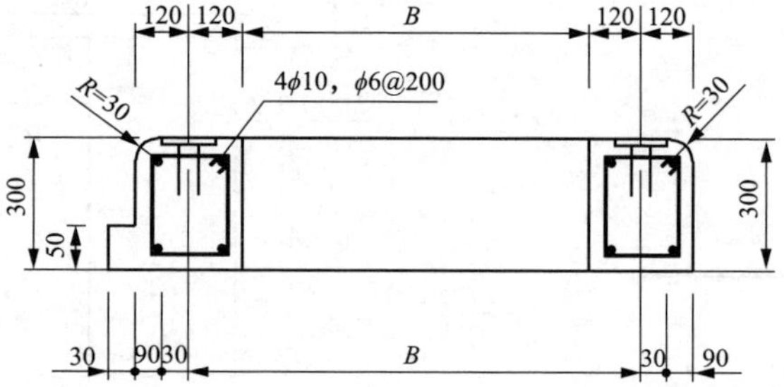

1—1

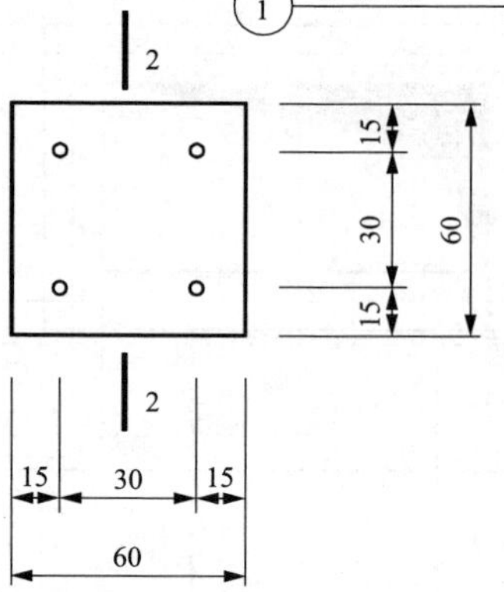

MT-1埋件详图

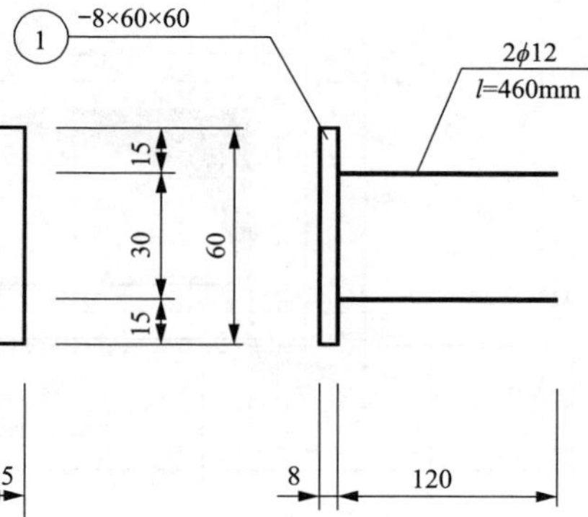

2—2

说明　1. 所有外露预埋铁件均须热镀锌防腐处理。
2. 箱体带槽钢，槽钢口朝内，预埋件外边缘需要与槽钢外边平齐，基础外边每边宽出预埋件外边30mm。
3. 压顶统一采用钢筋混凝土预制。
4. 所有埋件皆采用Q235-B钢材，电焊条E43型，满焊。
5. 所有外露预埋铁件均须涂环氧富锌漆二道，919罩面漆一道。

## 26.1　电子围栏配电箱基础

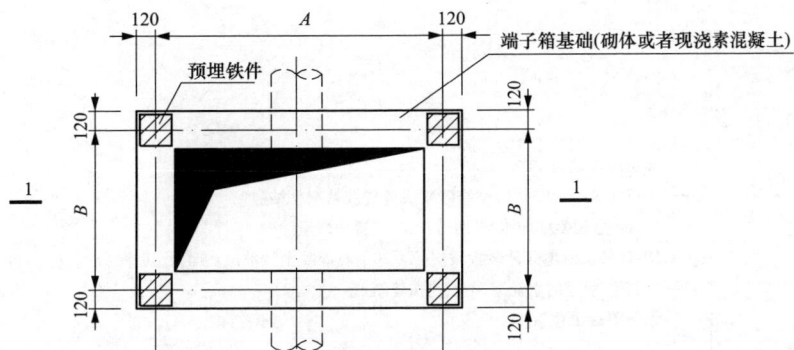

预埋铁件
端子箱基础(砌体或者现浇素混凝土)

**电子围栏配电箱基础平面图**
**砌体或现浇素混凝土**

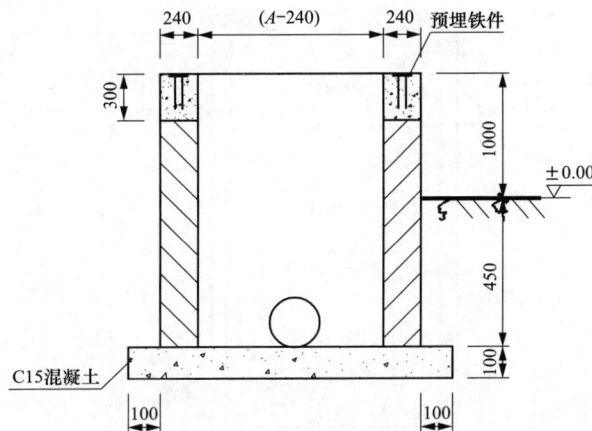

预埋铁件
C15混凝土

**1—1**

说明　1. 基础采用MU15非黏土实心砖，DM M10 干混砌筑砂浆或C30素混凝土现浇。基础内壁粉DW M10 干混普通防水砂浆。
　　　 2. 基础及底板垫层采用C15混凝土，压顶采用C30混凝土。采用清水混凝土工艺。
　　　 3. 电子围栏配电箱基础的尺寸A、B由最终到货设备确定。
　　　 4. 电子围栏采用落地布置，禁止悬挂在围栏上。
　　　 5. 电子围栏应顺电缆走向设置。
　　　 6. 基础所有外露阳角均须倒角，倒角半径28mm。
　　　 7. 基础坐落在老土上。须分层压实，压实系数＞0.94。
　　　 8. 基础高度根据配电箱的尺寸进行二次策划调整。

## 27.1 高位水箱间详图

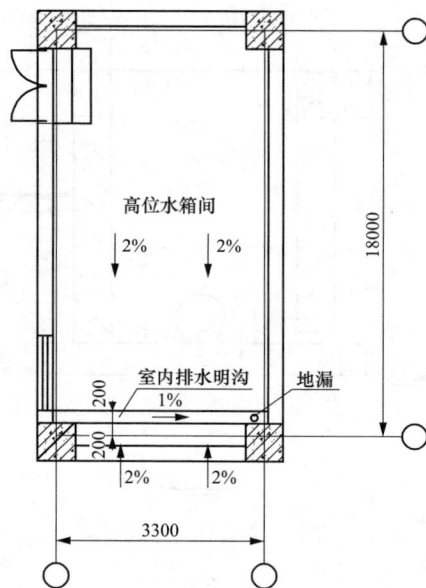

高位水箱间

2%    2%

室内排水明沟
1%

地漏

2%    2%

200

200

3300

18000

**消防泵房平面**

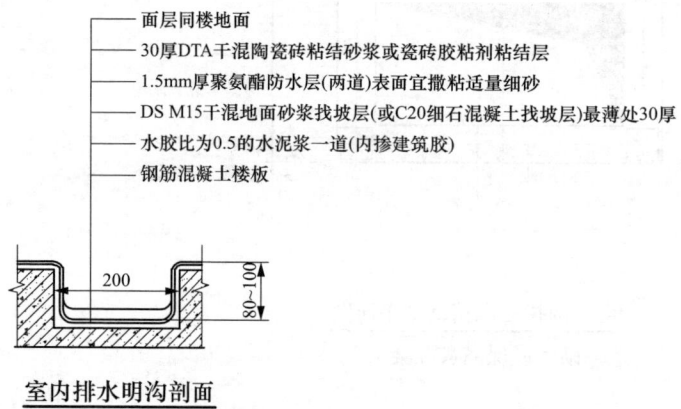

面层同楼地面
30厚DTA干混陶瓷砖粘结砂浆或瓷砖胶粘剂粘结层
1.5mm厚聚氨酯防水层(两道)表面宜撒粘适量细砂
DS M15干混地面砂浆找坡层(或C20细石混凝土找坡层)最薄处30厚
水胶比为0.5的水泥浆一道(内掺建筑胶)
钢筋混凝土楼板

200

80~100

**室内排水明沟剖面**

说明　1. 找坡层≥30mm厚时用C20细石混凝土找坡。

　　　2. 高位水箱间地面须设防水层，防水层在与墙柱交接处翻起的高度不小于250mm。

　　　3. 房间中规格相同的地砖应对缝铺贴。

　　　4. 高位水箱间墙面及入口与室外屋面交接处设不小于250高混凝土止水。

高位水箱间

27

## 28.1 吸音墙简图

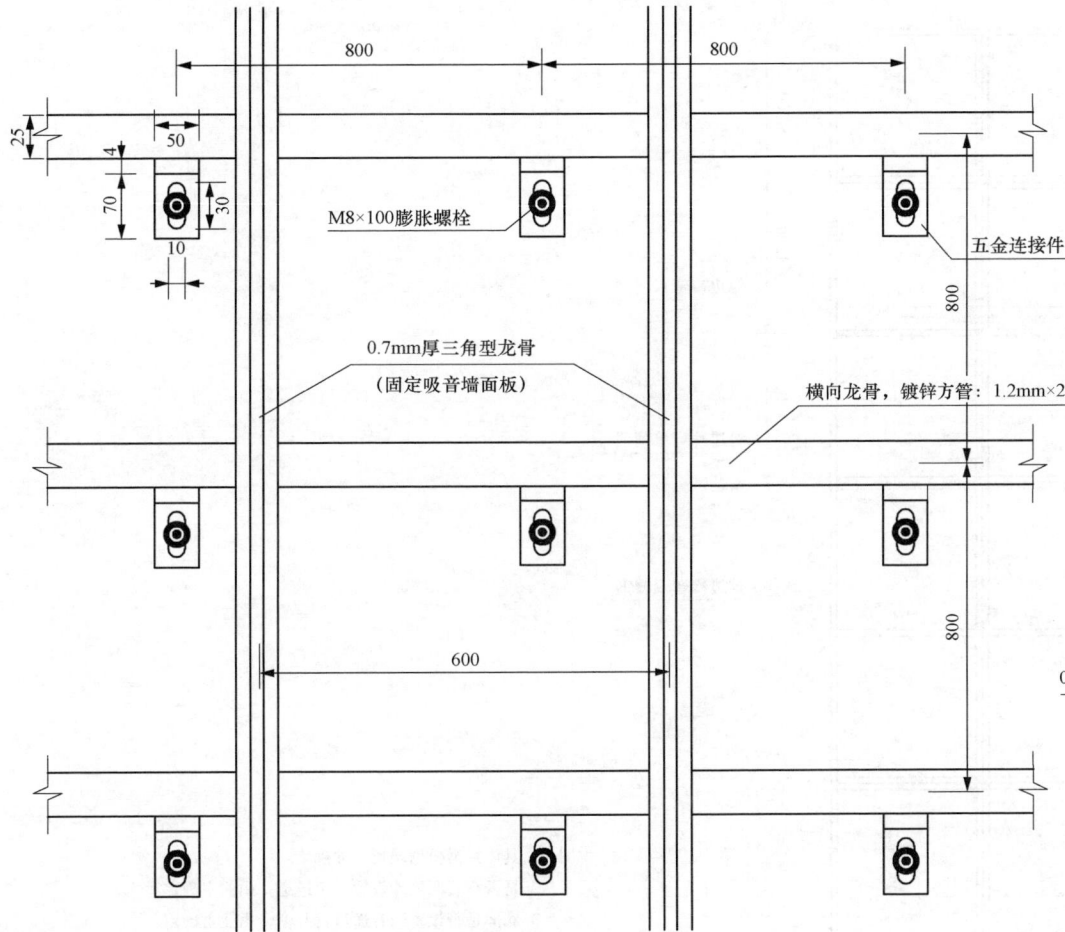

800　　　800

25　50

70　30

10

M8×100膨胀螺栓

五金连接件

0.7mm厚三角型龙骨
（固定吸音墙面板）

横向龙骨，镀锌方管：1.2mm×25mm×25mm

800

800

600

GBH-50型吸音墙横向龙骨布置图

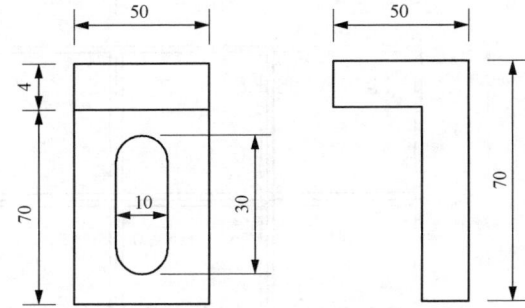

50　50

4

70　30

10

70

GBH-50型吸音墙五金连接件详图

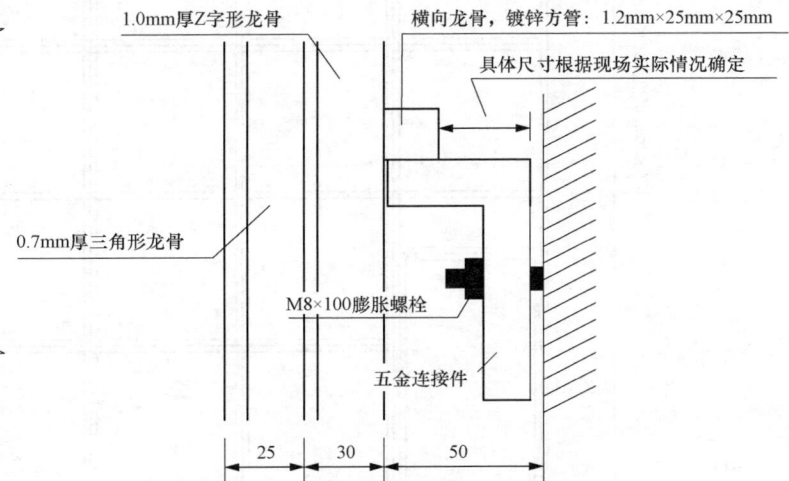

1.0mm厚Z字形龙骨

横向龙骨，镀锌方管：1.2mm×25mm×25mm

具体尺寸根据现场实际情况确定

0.7mm厚三角形龙骨

M8×100膨胀螺栓

五金连接件

25　30　50

GBH-50型吸音墙龙骨连接示意图

## 29.1 泄压墙立面效果图

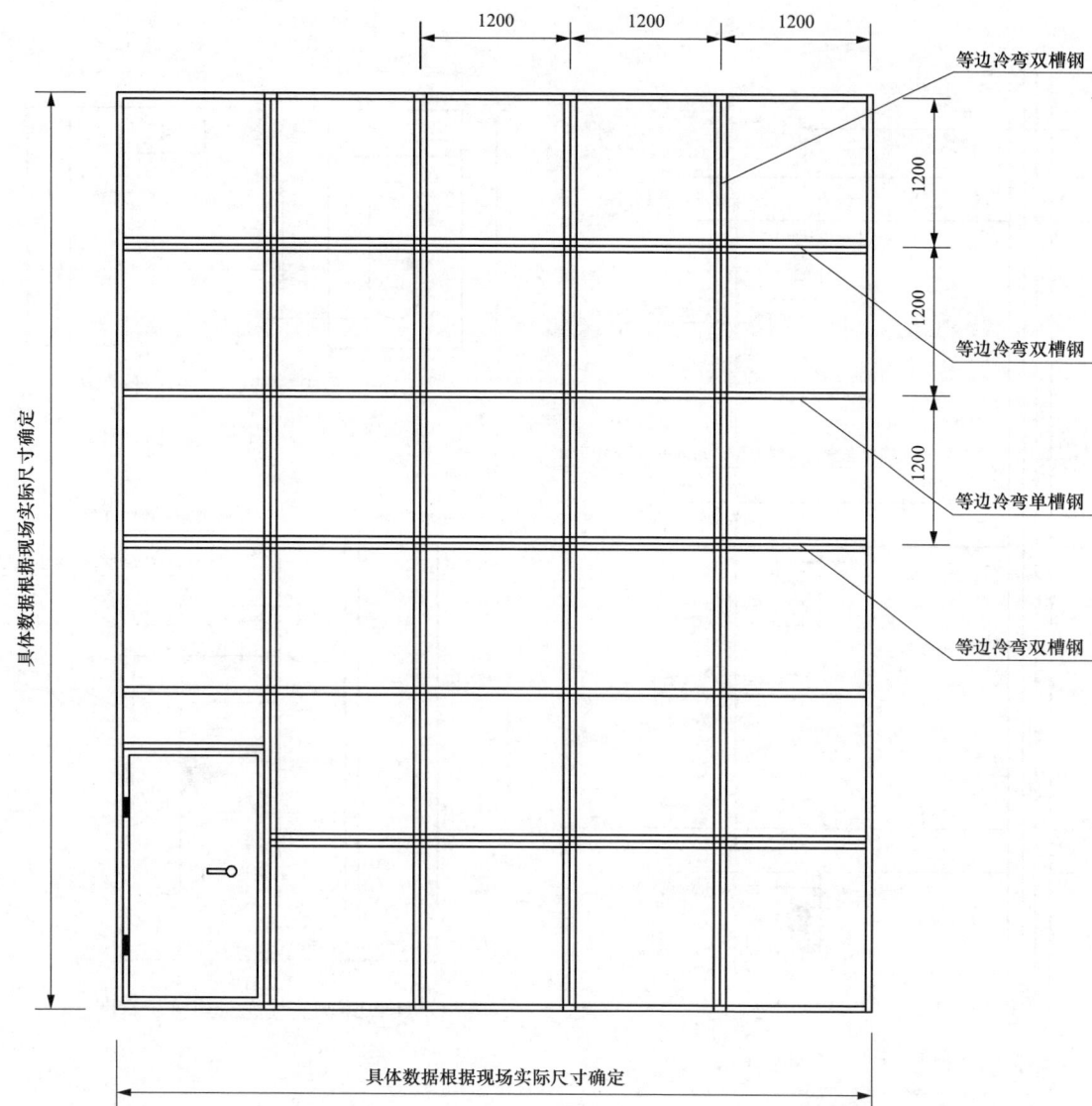

等边冷弯双槽钢

等边冷弯双槽钢

等边冷弯单槽钢

等边冷弯双槽钢

1200 1200 1200

1200

1200

1200

具体数据根据现场实际尺寸确定

具体数据根据现场实际尺寸确定

说明　1. 具体数据根据现场尺寸确定。
　　　2. 是否需要两侧均设置安全通道，由业主确定。
　　　3. 底部是否设置消音通风百叶窗，由业主确定。

## 29.2 泄压墙节点图

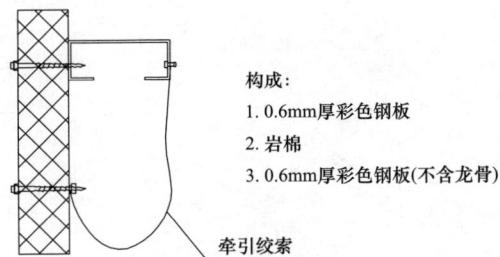

**岩棉夹芯彩钢板墙**
**(代码XQ1)**

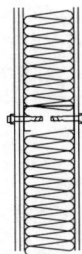

构成：
1. 0.6mm厚彩色钢板
2. 岩棉
3. 0.6mm厚彩色钢板(不含龙骨)

牵引绞索

**单层压型钢板复合保温墙**
**(代码XQ2)**

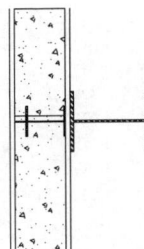

构成：
1. ≥0.6mm厚压型钢板
2. 防水透气膜
3. 玻璃棉卷毡
4. 隔汽层
5. 热镀锌或不锈钢钢丝网

牵引绞索

**纤维增强水泥板墙(a)**
**(代码XQ3a)**

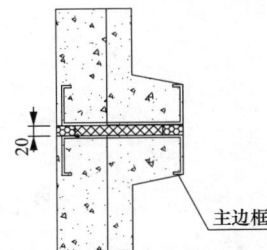

构成：
1. 外饰面
2. 9mm厚双层错缝排列纤维增强水泥板
3. 100×50×3方钢管，墙内填岩棉
4. 9mm厚纤维增强水泥板
5. 内饰面

**纤维增强水泥板墙(b)**
**(代码XQ3b)**

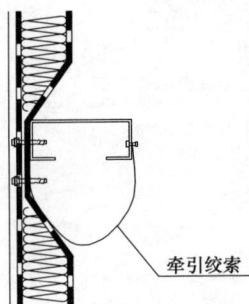

构成：
1. 外饰面
2. 9mm厚双层错缝排列纤维增强水泥板
3. 100×45(40)×0.6轻钢龙骨，墙内填岩棉
4. 9mm厚纤维增强水泥板
5. 内饰面

**膨石轻型板墙**
**(代码XQ4)**

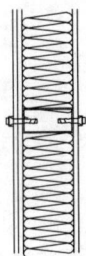

构成：
1. 外饰面
2. 120mm厚膨石轻型板
   (竖排版，用连接件与墙梁连接)
3. 内饰面

**泡沫混凝土复合墙板**
**(代码XQ5)**

构成：
1. 外饰面
2. 泡沫混凝土复合墙板
   (排版方式及主边框高度均由工程设计确定)
3. 内饰面

20

主边框

说明  1. 本图中泄压墙构造做法出自《抗爆、泄爆门窗及屋盖、墙体建筑构造》(14J938)第C9页"泄爆墙构造做法选用表"，各种做法的详图参见该图集第C10—C20页。
2. 代码XQ1和XQ2的岩棉夹芯彩钢板、单层压型钢板与墙龙骨之间均采用泄爆螺栓连接。

墙压泄

29

# 第2篇

# 装配式变电站工程土建专业施工工艺节点

# 装配式变电站工程土建专业施工工艺节点说明

## 一、材料要求

1. 本图集钢柱、钢梁及其连接板采用 Q355B 钢，钢材质量等级的选用应根据《钢结构设计标准》（GB 50017—2017）考虑温度影响，其他未注明埋件、钢管等均采用 Q235B 钢。

2. 安装螺栓采用 Q235BF 钢，应符合《六角头螺栓 C 级》（GB/T 5780—2016）的规定。

3. 建筑构件的燃烧性能和耐火极限详见《建筑防火通用规范》（GB 55037—2022）。防火涂料的材料性能以及厚度应满足《建筑设计防火规范》（GB 50016—2014）、《钢结构防火涂料》（GB 14907—2018）以及《建筑钢结构防火技术规范》（GB 51249—2017）的各项要求。

4. 装饰装修材料的燃烧性能应符合《建筑材料及制品燃烧性能分级》（GB 8624—2006）、《建筑内部装修设计防火规范》（GB 50222—2017）的要求。

5. 压型钢板组合楼板应采用闭口型压型钢板，且基板净厚度不应小于 0.9mm。组合楼板的压型钢板应采用镀锌钢板，其镀锌层厚度尚应满足在使用期时间不致锈损的要求。组合楼板设计与施工应符合《组合楼板设计与施工规范》（CECS 273—2010）第 5、7、8、10 章有关压型钢板的要求。

6. 用于外墙的墙梁宜采用冷弯薄壁型钢，型钢的厚度为 1.5～3mm。

7. 用于内墙的轻钢龙骨是以连续热镀锌钢板为原料，采用冷弯工艺生产的薄壁型钢，型钢的厚度为 0.5～1.5mm，轻钢龙骨质量应符合《建筑用轻钢龙骨》（GB/T 11981—2008）的规定。高度超过 5m 应进行承载能力及变形验算。

8. 内墙用石膏板是以建筑石膏为原料，掺入纤维和外加剂构成芯材，并与护面牢固地结合在一起的建筑板材。石膏板质量应符合《纸面石膏板》（GB/T 9775—2008）的规定。

9. 安装各类预制隔墙板的金属拉结件应进行防锈蚀处理。根据设计要求和使用的部位，应选择相应的品种，以保证内墙质量。

10. 露明的金属支撑件及外墙板内侧与主体结构的调整间隙，应采用燃烧性能等级为 A 级的材料进行封堵，封堵构造的耐火极限不得低于墙体的耐火极限，封堵材料在耐火极限内不得开裂、脱落。

11. 压型金属板和金属面绝热夹芯板的外露自攻螺钉、拉铆钉，应分别采用止水垫片和硅酮耐候密封胶密封。

## 二、构造要求

1. 钢柱及梁上预留孔洞及附设连接件按照钢结构设计图所示尺寸及位置，在加工厂制孔，并按设计要求补强，在现场不得应任何方面的要求以任何方法制孔或焊接连接件。

2. 钢框架结构采用翼缘焊接腹板栓接的连接方式。墙体、屋面与钢结构（梁、柱）连接节点，必须在工厂预先做好，现场全螺栓连接，严禁在受力构件上现场施焊。

3. 安装时使用临时螺栓的数量，应能承受构件自重和连接校正时外力作用，每个节点上穿入的数量不宜少于 2 个。连接用高强度螺栓不得兼作临时螺栓。

4. 高强度螺栓的安装严禁强行敲打入孔，扩孔可采用合适的铰刀及专用扩孔工具进行，修正后的最大孔径应小于 1.2 倍螺栓直径，不应采用气割扩孔。

5. 高强度螺栓连接的钢板接触面应平整，接触面间隙小于 1.0mm 时可不处理；1.0～3.0mm 时，应将高出的一侧磨成 1∶10 的斜面，打磨方向应与受力方向垂直；大于 3.0m 的间隙应加垫板，垫板两面的处理方法应与连接板摩擦面处理方法相同。

6. 钢结构及必要的支承构件验收合格，方可进行楼承板铺设。封口板、边模、边模补强收尾工程应在浇注混凝土前及时完成。楼板铺设，宜按楼层顺序由下往上逐层进行。

7. 本图集外墙板的构造采用横排版，应根据当地气候条件和建筑使用要求，采取保温、隔热、隔声、防火、防水、防潮和防结露等措施，并应符合国家现行相关标准的规定。

8. 一体化墙板内外面板、金属框架、防火保温、设备管线等附属部件应在工厂装配式组装，并具备部分部件拆装更换的条件。

9. 一体化墙板接缝位置宜与建筑立面分格相对应；竖缝宜采用平口或企口构造，水平缝宜采用企口构造；宜避免接缝跨越防火分区；当接缝跨越防火分区时，接缝室内侧应采用耐火材料封堵。

10. 一体化墙板电气线路作暗线设计，利用墙体空腔敷设线路。在墙体内设电气插座或接线盒时，应按设计要求，安装石膏板隔离框并与龙骨固定，接线盒的四周用密封膏封严。洞口尺寸大于 300mm 的控制箱等应利用屏柜集中布置。

11. 室内所有隔墙无论吊顶与否均需至梁、板底部，且不宜留有缝隙。

装配式变电站工程土建专业施工工艺节点说明

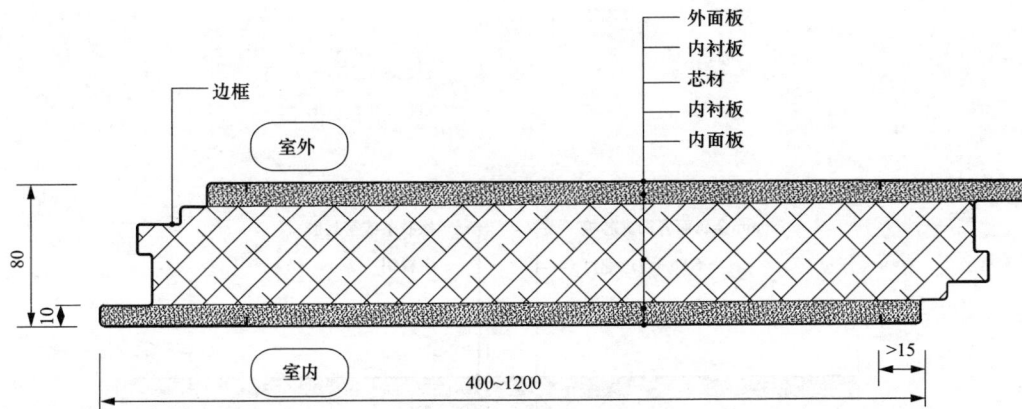

金属面岩棉夹芯板断面(一)

边框

外面板
内衬板
芯材
内衬板
内面板

室外

室内

80
10

400~1200

>15

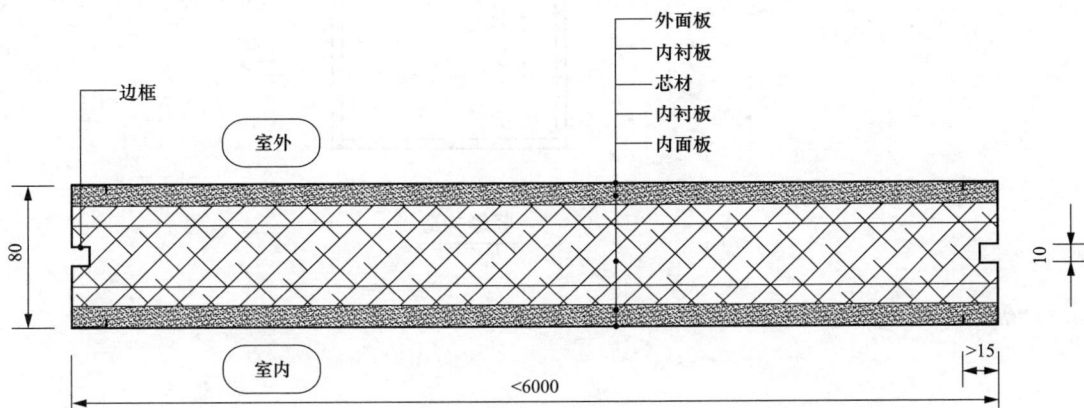

金属面岩棉夹芯板断面(二)

边框

外面板
内衬板
芯材
内衬板
内面板

室外

室内

80

10

<6000

>15

说明　1. 外墙墙板采用金属面岩棉夹芯墙板，符合《建筑用金属面绝热夹芯板》(GB/T 23932—2009) 的规定，整板厚度 80mm(厚度需根据节能要求进行计算)，耐火极限不小于 0.5h。

2. 夹芯板外面板采用铝锰镁板，符合《建筑装饰用铝单板》(GB/T 23443—2009) 的规定，牌号 3004，厚度不小于 0.8mm，氟碳面漆，表面压花，颜色等级按所在地区节能要求选用。

3. 夹芯板内面板采用彩色涂层钢板，符合《彩色涂层钢板及钢带》(GB/T 12754—2019) 的规定，厚度不小于 0.5mm，聚氨酯面漆。

4. 夹芯板芯材采用岩棉，符合《绝热用岩棉、矿渣面及其制品》(GB/T 11835—2016) 的规定，密度不小于 100kg/m³，憎水率不小于 98%。

5. 夹芯板边框采用镀锌钢板，符合《连续热镀锌钢板及钢带》(GB/T 2518—2019) 的规定，厚度不小于 0.8mm。

6. 夹芯板内衬板可选用不小于 5mm 厚玻镁板，符合《纤维增强硅酸钙板　第 1 部分：无石棉硅酸钙板》(JC/T 564.1—2018) 的规定。

7. 夹芯板垂直连接采用凸凹叠加复合连接。

8. 水平连接采用插板条、密封胶复合连接。

夹芯板构造及技术要求

30

金属面岩棉夹芯板

墙梁

ST6.3自攻螺钉

10

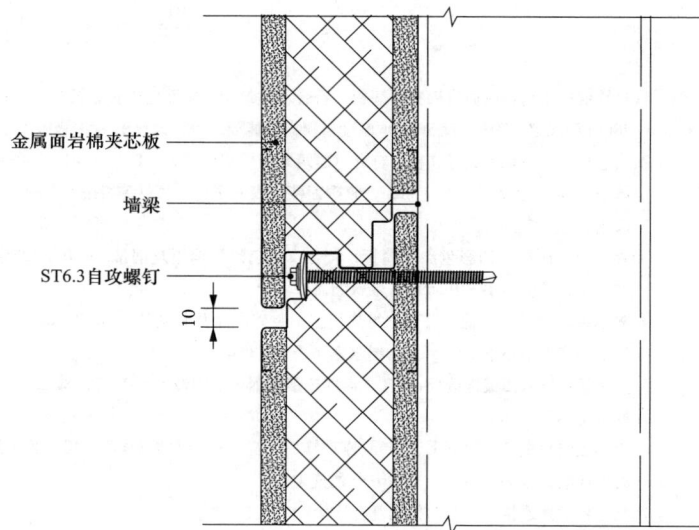

**横缝构造**

80mm金属面岩棉夹芯板 — 橡胶条或密封胶

ST6.3自攻螺钉 — 中置铝

墙梁

10

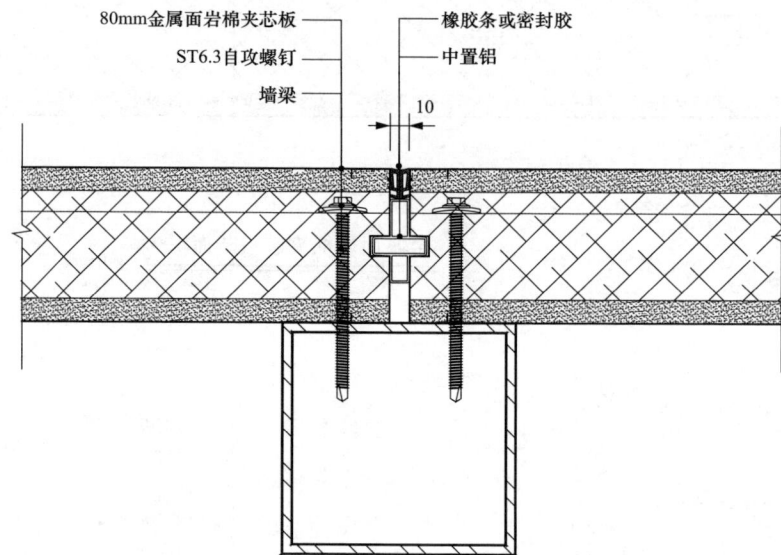

**竖缝构造**

说明　墙梁采用矩形管或C型钢，与主结构采用螺栓连接，严禁现场焊接，截面尺寸及间距根据计算确定。

無机涂料(6mm厚成品饰面板)
4×12mm厚硅酸钙板
100mm厚岩棉
4×12mm厚硅酸钙板
无机涂料(6mm厚成品饰面板)

室内

室内

6
48
100
48
6

@400

铝合金龙骨
ST4.2自攻螺钉(四周@200mm，中部@300mm)
竖龙骨(C型龙骨)
横龙骨(U型龙骨)

**防火内墙**
耐火极限3.0h

无机涂料(6mm厚成品饰面板)
3×12mm厚硅酸钙板
100mm厚岩棉
3×12mm厚硅酸钙板
无机涂料(6mm厚成品饰面板)

室内

室内

6
36
100
36
6

@400

铝合金龙骨
ST4.2自攻螺钉(四周@200mm，中部@300mm)
竖龙骨(C型龙骨)
横龙骨(U型龙骨)

**内墙**
耐火极限2.0h

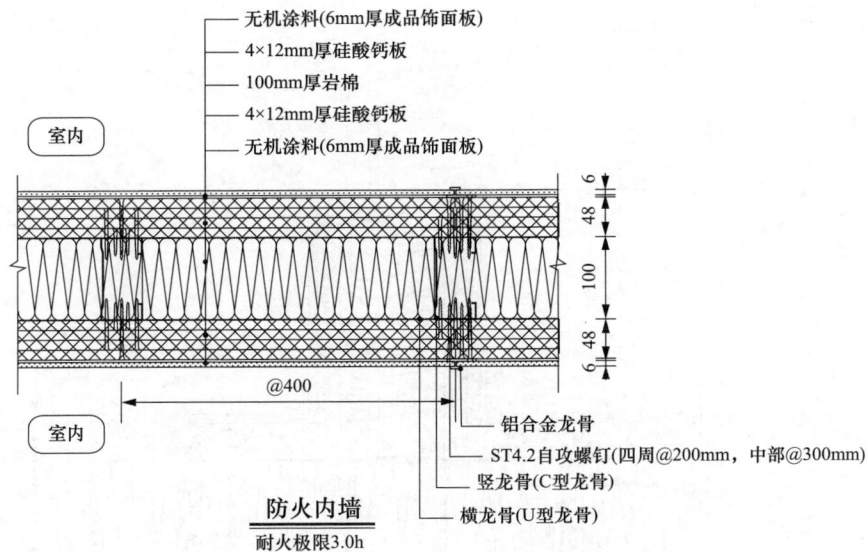

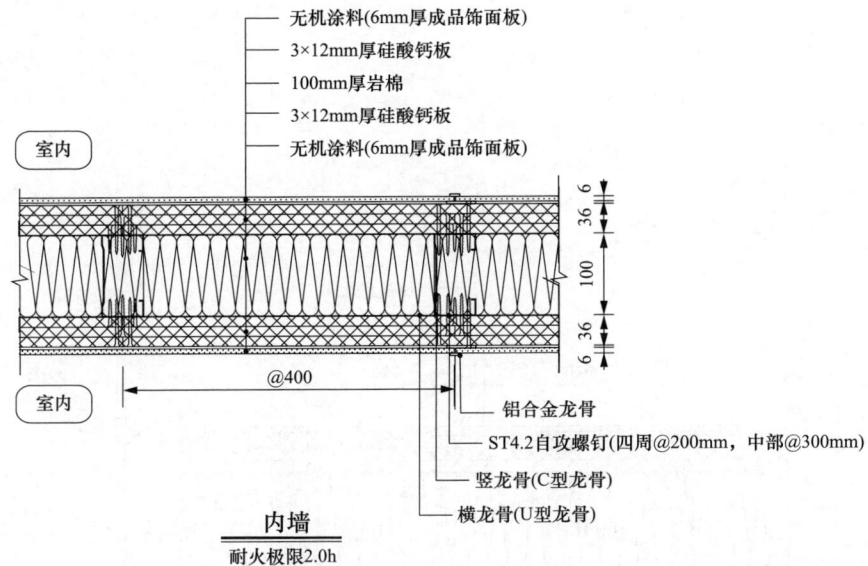

说明　1. 石膏板可用硅酸钙板、硅酸盐板、纤维水泥板等代替。
　　　2. 轻钢龙骨应根据层高和间距复核。
　　　3. 对于潮湿房间的内墙应采用耐水石膏板，底部应做墙垫
　　　　并在石膏板的下端嵌密封膏，缝宽不小于5mm。其构
　　　　造做法应严格按照设计要求进行加工，并采用配套辅
　　　　料。除采取相应的防水措施外，卫生间等潮湿部位还
　　　　应做C20细石混凝土条基。板面可以贴瓷砖或涂刷防水
　　　　涂料。

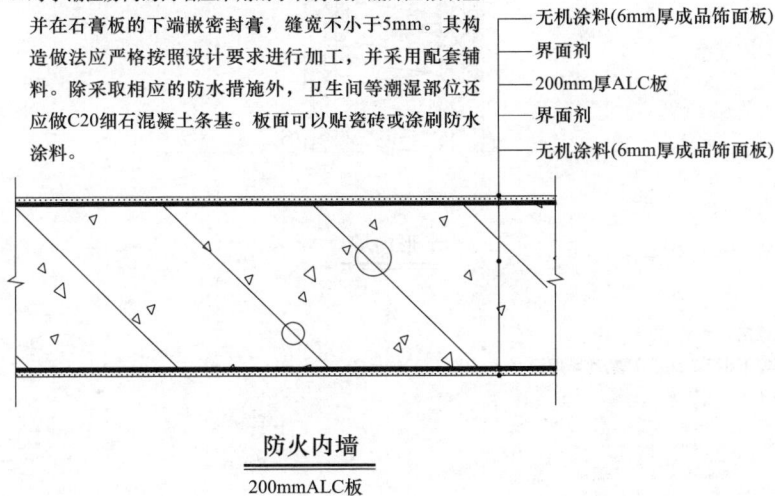

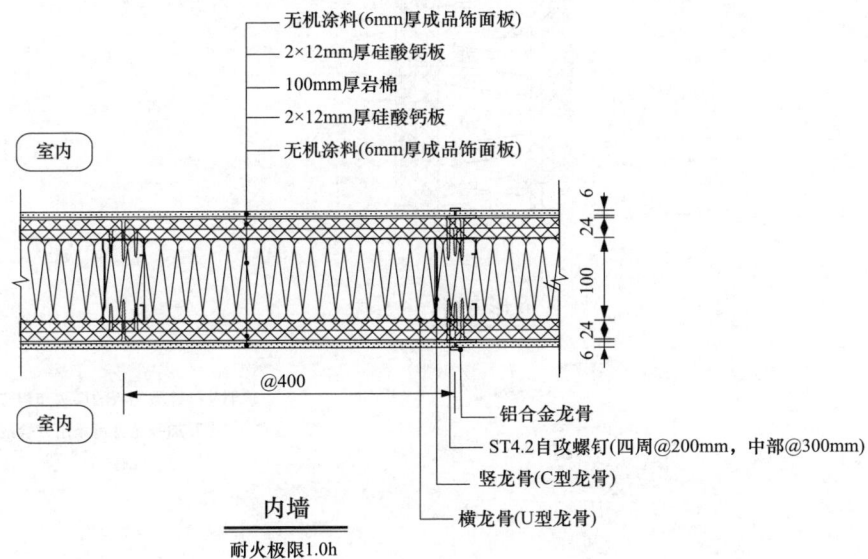

无机涂料(6mm厚成品饰面板)
界面剂
200mm厚ALC板
界面剂
无机涂料(6mm厚成品饰面板)

**防火内墙**
200mmALC板

无机涂料(6mm厚成品饰面板)
2×12mm厚硅酸钙板
100mm厚岩棉
2×12mm厚硅酸钙板
无机涂料(6mm厚成品饰面板)

室内

室内

6
24
100
24
6

@400

铝合金龙骨
ST4.2自攻螺钉(四周@200mm，中部@300mm)
竖龙骨(C型龙骨)
横龙骨(U型龙骨)

**内墙**
耐火极限1.0h

内墙构造

32

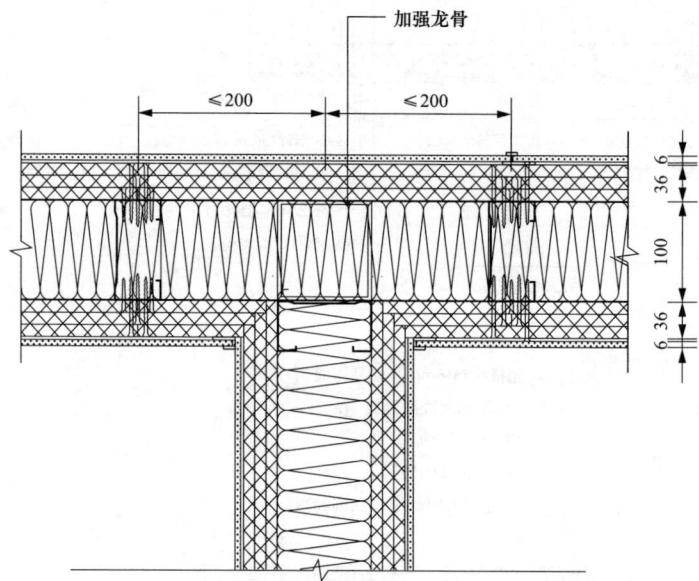

加强龙骨

≤200  ≤200

36 6
100
6 36

**T形内墙**

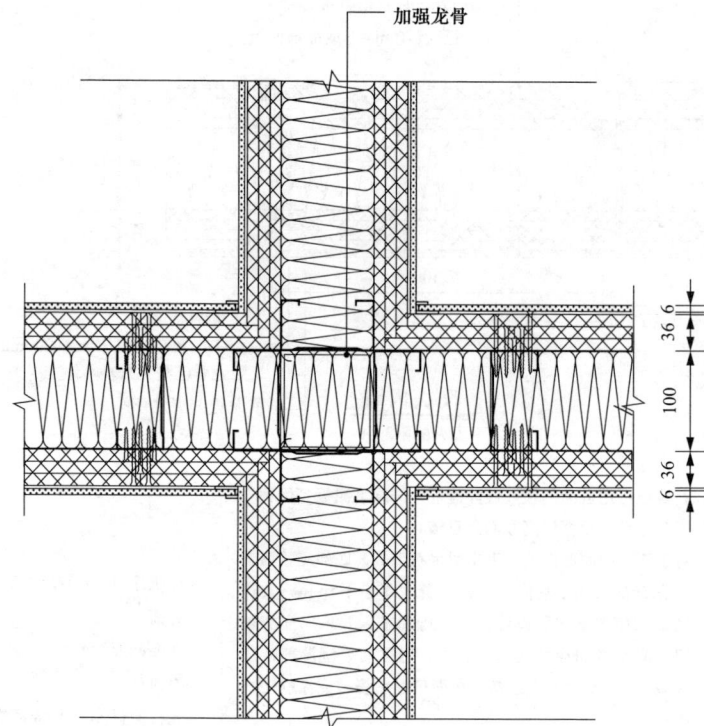

加强龙骨

36 6
100
6 36

**十形内墙**

说明　1.硅酸钙板的层数和构造根据耐火极限确定。

　　　2.加强龙骨可采用方管或双拼槽钢，壁厚不小于3mm，严禁现场焊接。

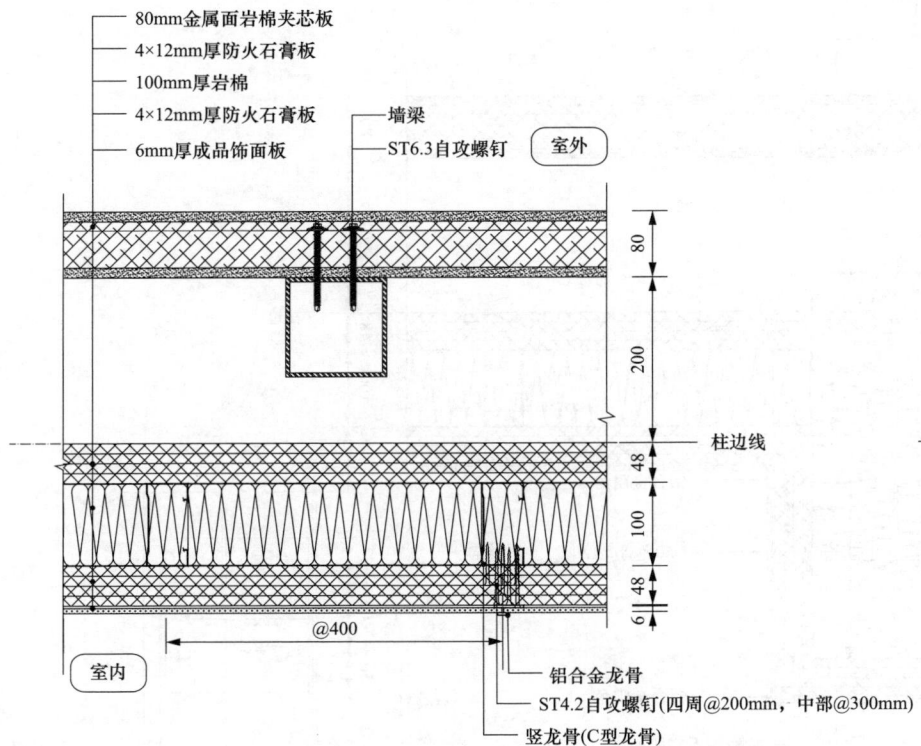

80mm金属面岩棉夹芯板
4×12mm厚防火石膏板
100mm厚岩棉
4×12mm厚防火石膏板
6mm厚成品饰面板

墙梁
ST6.3自攻螺钉

室外

80
200
48
100
48
6

柱边线

室内

@400

铝合金龙骨
ST4.2自攻螺钉(四周@200mm，中部@300mm)
竖龙骨(C型龙骨)

**防火外墙**

耐火极限3.0h

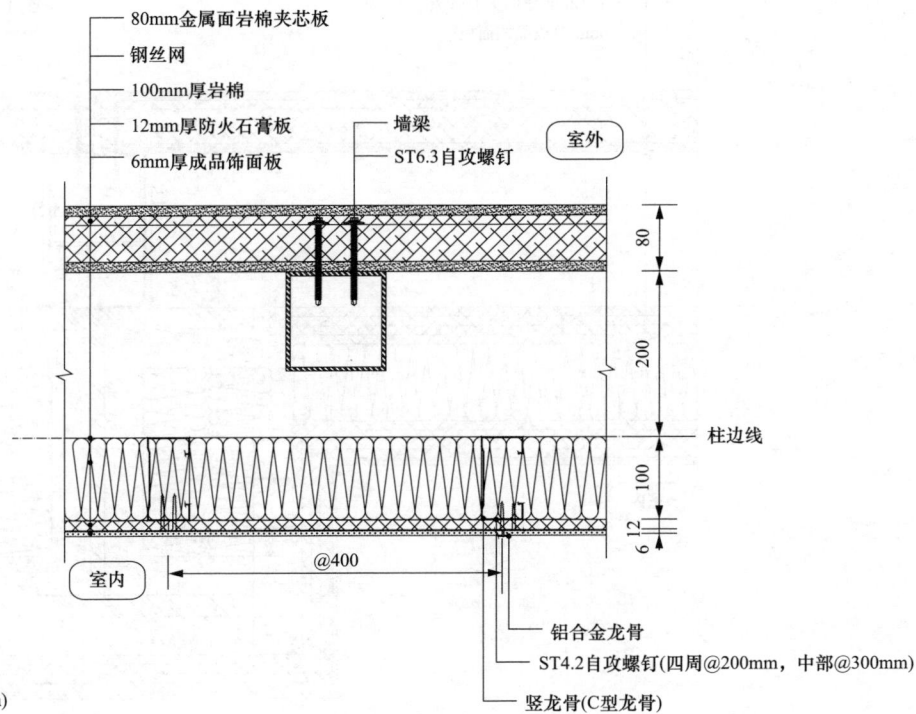

80mm金属面岩棉夹芯板
钢丝网
100mm厚岩棉
12mm厚防火石膏板
6mm厚成品饰面板

墙梁
ST6.3自攻螺钉

室外

80
200
100
6 12

柱边线

室内

@400

铝合金龙骨
ST4.2自攻螺钉(四周@200mm，中部@300mm)
竖龙骨(C型龙骨)

**普通外墙**

耐火极限0.5h

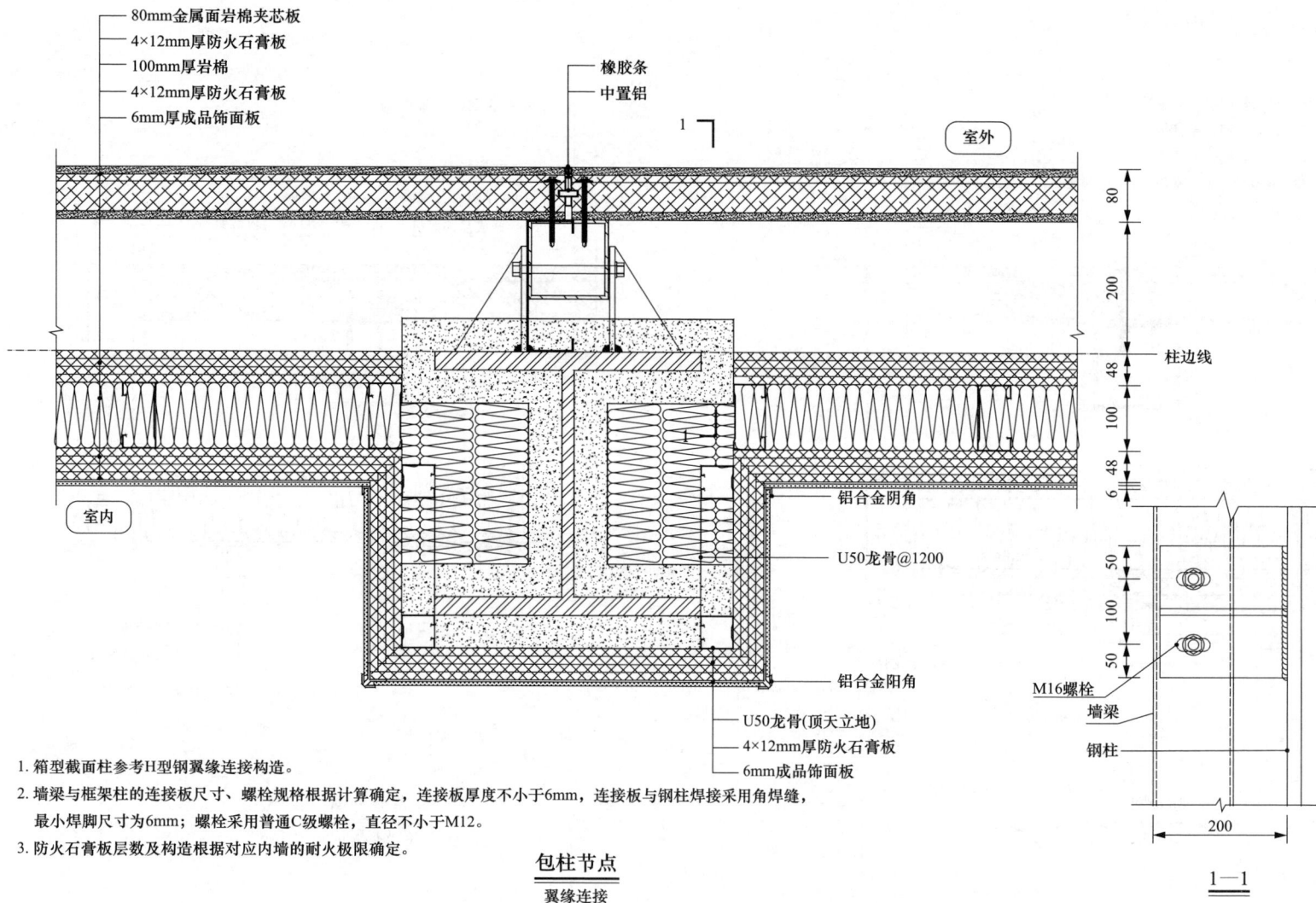

80mm金属面岩棉夹芯板
4×12mm厚防火石膏板
100mm厚岩棉
4×12mm厚防火石膏板
6mm厚成品饰面板

橡胶条
中置铝

室外

室内

柱边线

铝合金阴角

U50龙骨@1200

铝合金阳角

U50龙骨(顶天立地)
4×12mm厚防火石膏板
6mm成品饰面板

M16螺栓
墙梁
钢柱

说明  1. 箱型截面柱参考H型钢翼缘连接构造。

2. 墙梁与框架柱的连接板尺寸、螺栓规格根据计算确定，连接板厚度不小于6mm，连接板与钢柱焊接采用角焊缝，
   最小焊脚尺寸为6mm；螺栓采用普通C级螺栓，直径不小于M12。

3. 防火石膏板层数及构造根据对应内墙的耐火极限确定。

包柱节点
翼缘连接

1—1

80mm金属面岩棉夹芯板
钢丝网
100mm厚岩棉
12mm厚防火石膏板
6mm厚成品饰面板

橡胶条
中置铝

1

80

200

柱边线

100

6 12

铝合金阴角

室内

U50龙骨@1200

铝合金阳角

U50龙骨(顶天立地)
12mm防火石膏板
6mm成品饰面板

50

100

50

M16螺栓

墙梁

钢柱

200

1—1

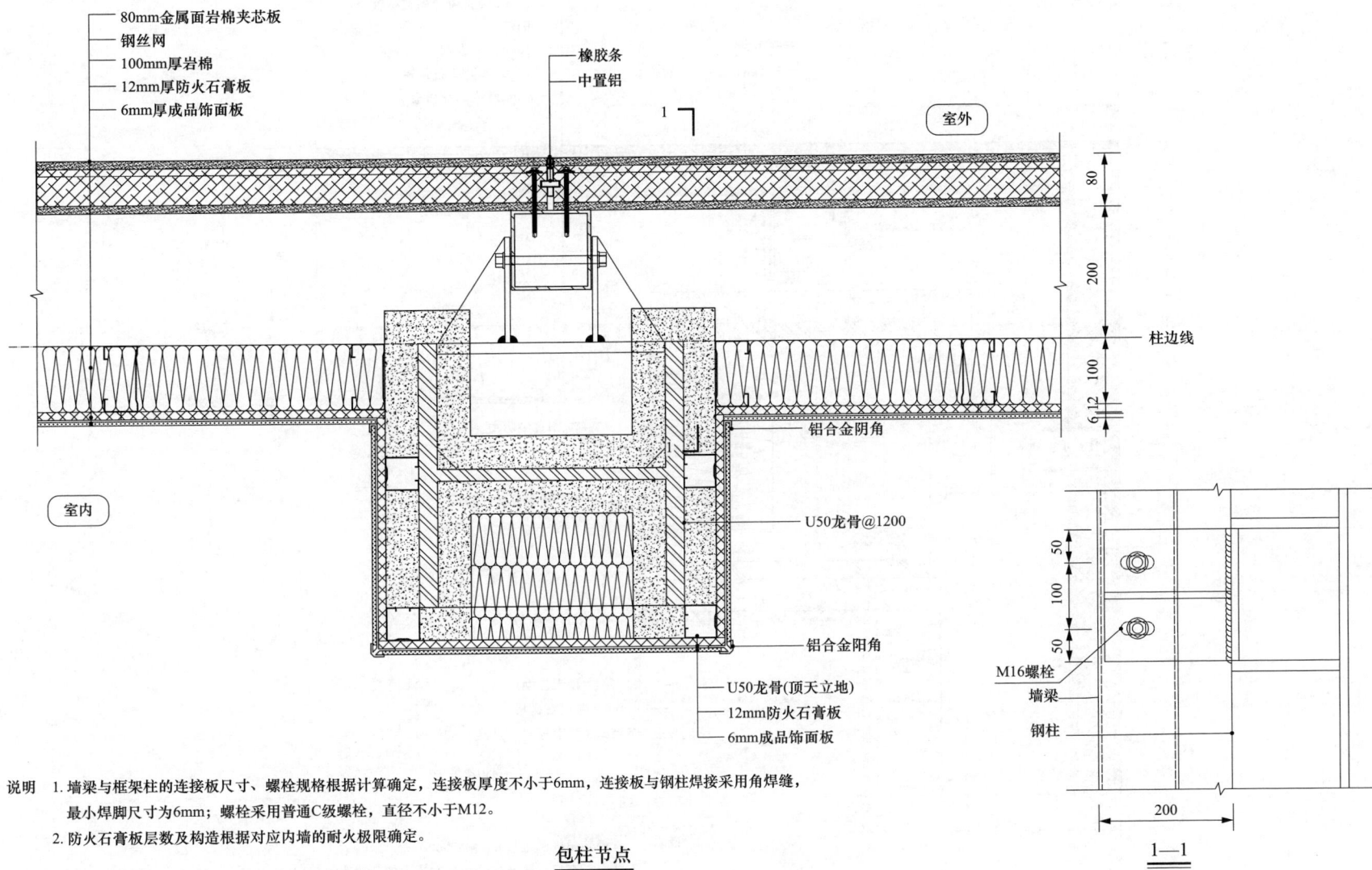

说明　1. 墙梁与框架柱的连接板尺寸、螺栓规格根据计算确定，连接板厚度不小于6mm，连接板与钢柱焊接采用角焊缝，
　　　　最小焊脚尺寸为6mm；螺栓采用普通C级螺栓，直径不小于M12。
　　　2. 防火石膏板层数及构造根据对应内墙的耐火极限确定。

**包柱节点**
腹板连接

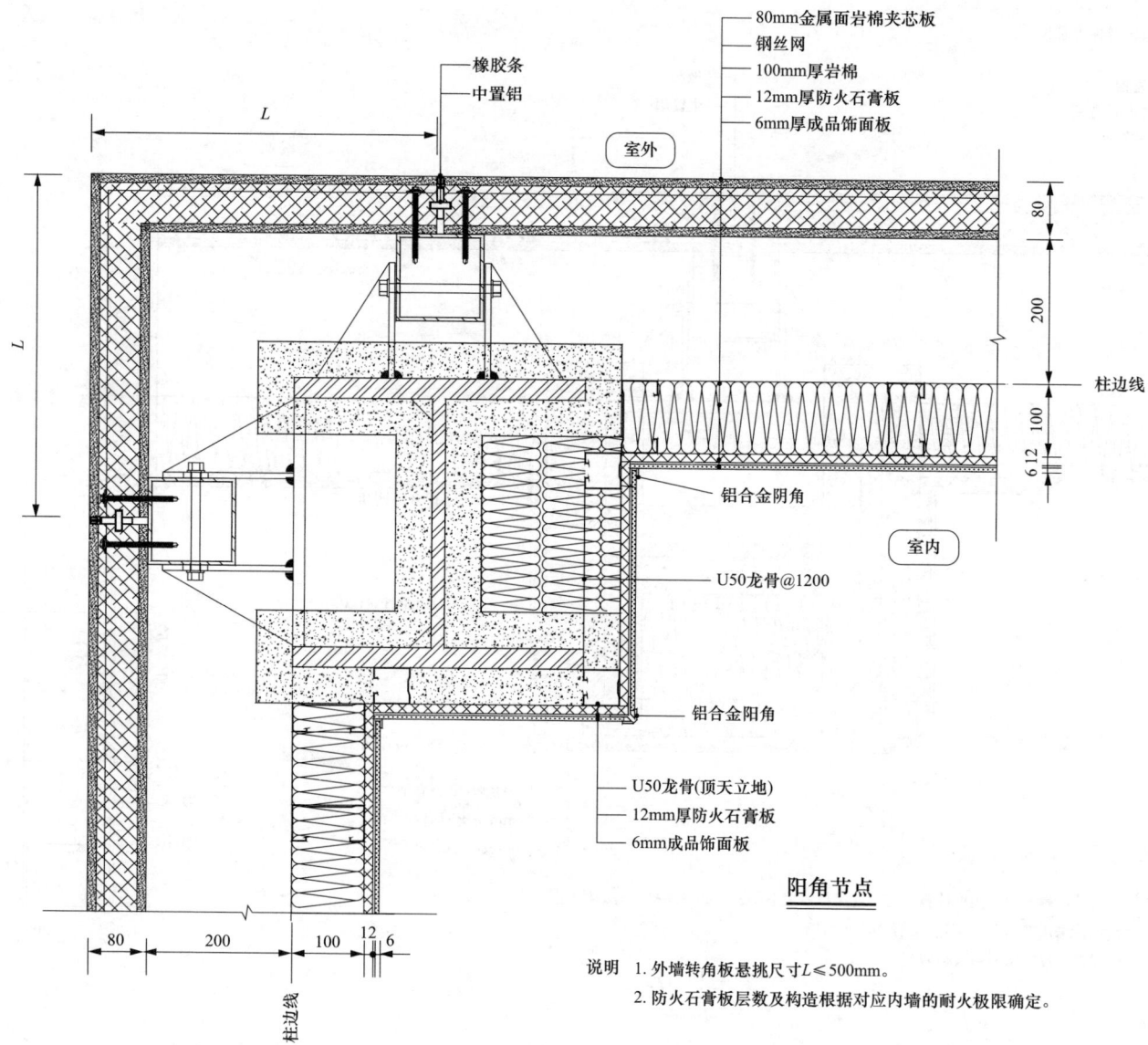

80mm金属面岩棉夹芯板
钢丝网
100mm厚岩棉
12mm厚防火石膏板
6mm厚成品饰面板

橡胶条
中置铝

室外

柱边线

铝合金阴角

室内

U50龙骨@1200

铝合金阳角

U50龙骨(顶天立地)
12mm厚防火石膏板
6mm成品饰面板

**阳角节点**

说明  1. 外墙转角板悬挑尺寸L≤500mm。
      2. 防火石膏板层数及构造根据对应内墙的耐火极限确定。

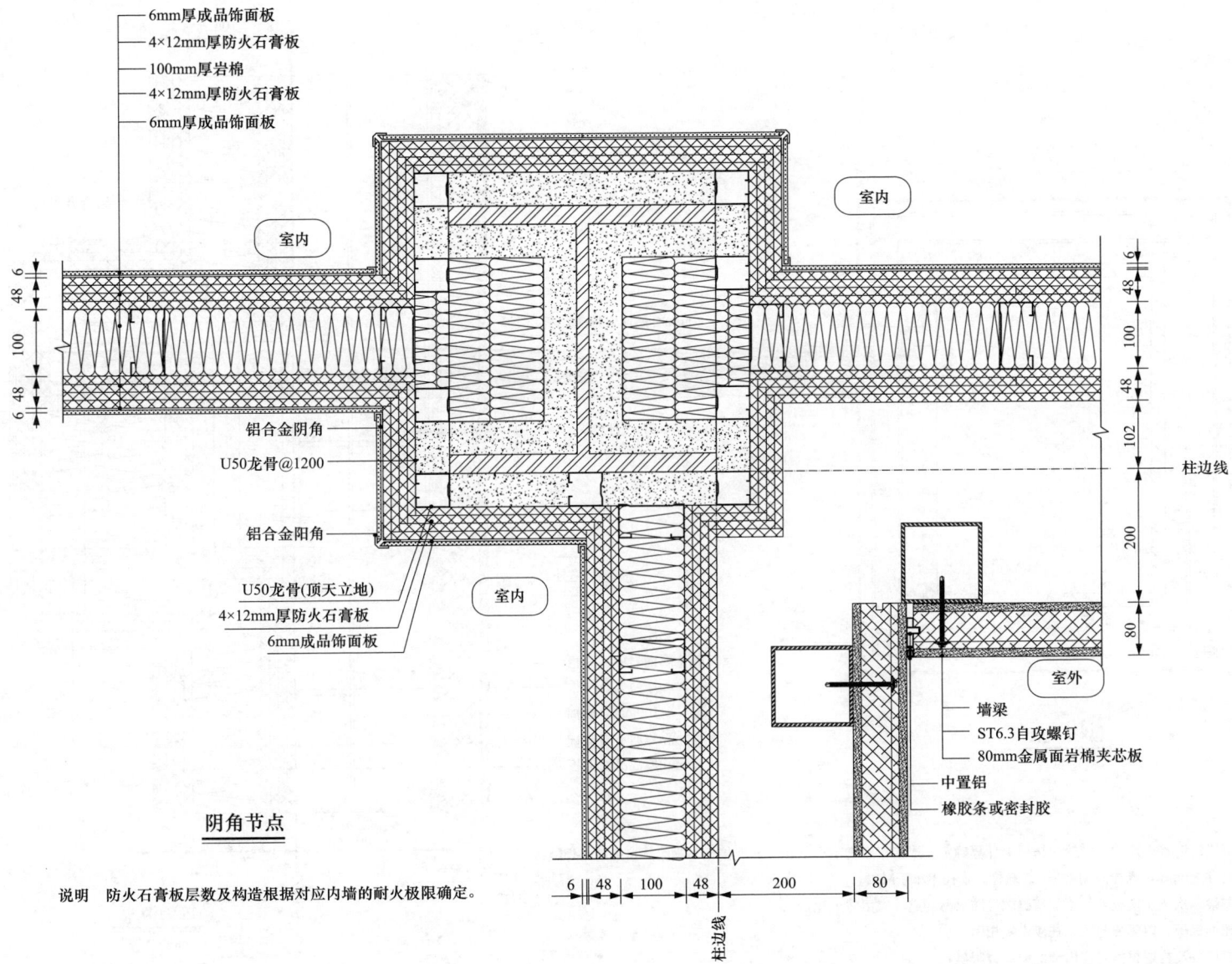

6mm厚成品饰面板

4×12mm厚防火石膏板

100mm厚岩棉

4×12mm厚防火石膏板

6mm厚成品饰面板

室内

室内

48 | 6

100

6 | 48

铝合金阴角

U50龙骨@1200

铝合金阳角

室内

U50龙骨(顶天立地)

4×12mm厚防火石膏板

6mm成品饰面板

室内

48 | 6

100

48

102

200

80

柱边线

室外

墙梁

ST6.3自攻螺钉

80mm金属面岩棉夹芯板

中置铝

橡胶条或密封胶

**阴角节点**

说明　防火石膏板层数及构造根据对应内墙的耐火极限确定。

6 | 48 | 100 | 48 | 200 | 80

柱边线

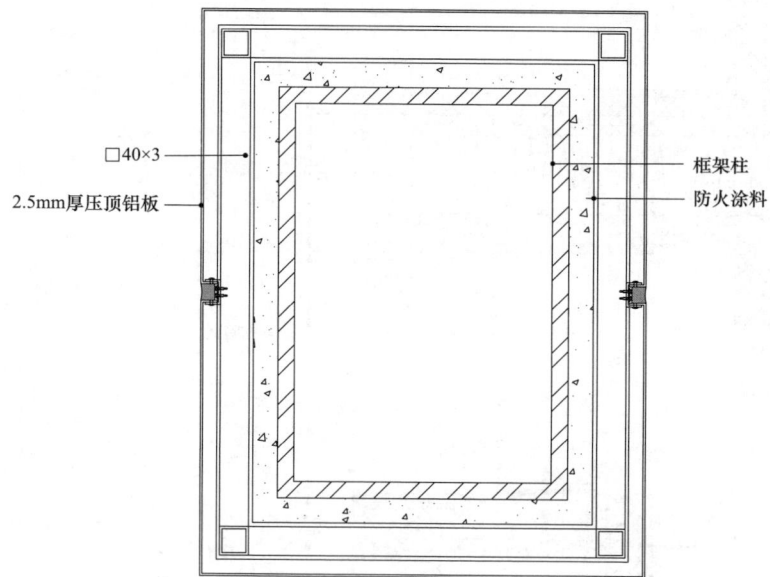

□40×3

2.5mm厚压顶铝板

框架柱

防火涂料

**包柱节点**

外露钢柱

80mm金属面岩棉夹芯板

墙梁

ST6.3自攻螺钉

M16螺栓

室外

80mm金属面岩棉夹芯板
4×12mm厚防火石膏板
100mm厚岩棉
4×12mm厚防火石膏板
6mm厚成品饰面板

铝合金阴角

框架梁
包梁龙骨@2000

室内

铝合金阳角

U50龙骨
4×12mm厚防火石膏板
6mm成品饰面板

柱边线

**包梁节点**

外墙位置

48  100  48  6

50  200  50  10

80  200  48  100  48  6

说明  1. 墙梁与框架梁的连接板尺寸、螺栓规格根据计算确定，连接板厚度不小于6mm，连接板与钢梁焊接采用角焊缝，
　　　　 最小焊脚尺寸为6mm；螺栓采用普通C级螺栓，直径不小于M12。
　　　2. 内墙临近主梁、次梁及楼板处，不能留缝隙等防火薄弱点，应用防火泥封堵。
　　　3. 如果梁、柱不包板，内隔墙与梁、柱应密实相贴。
　　　4. 防火石膏板层数及构造根据对应内墙的耐火极限确定。

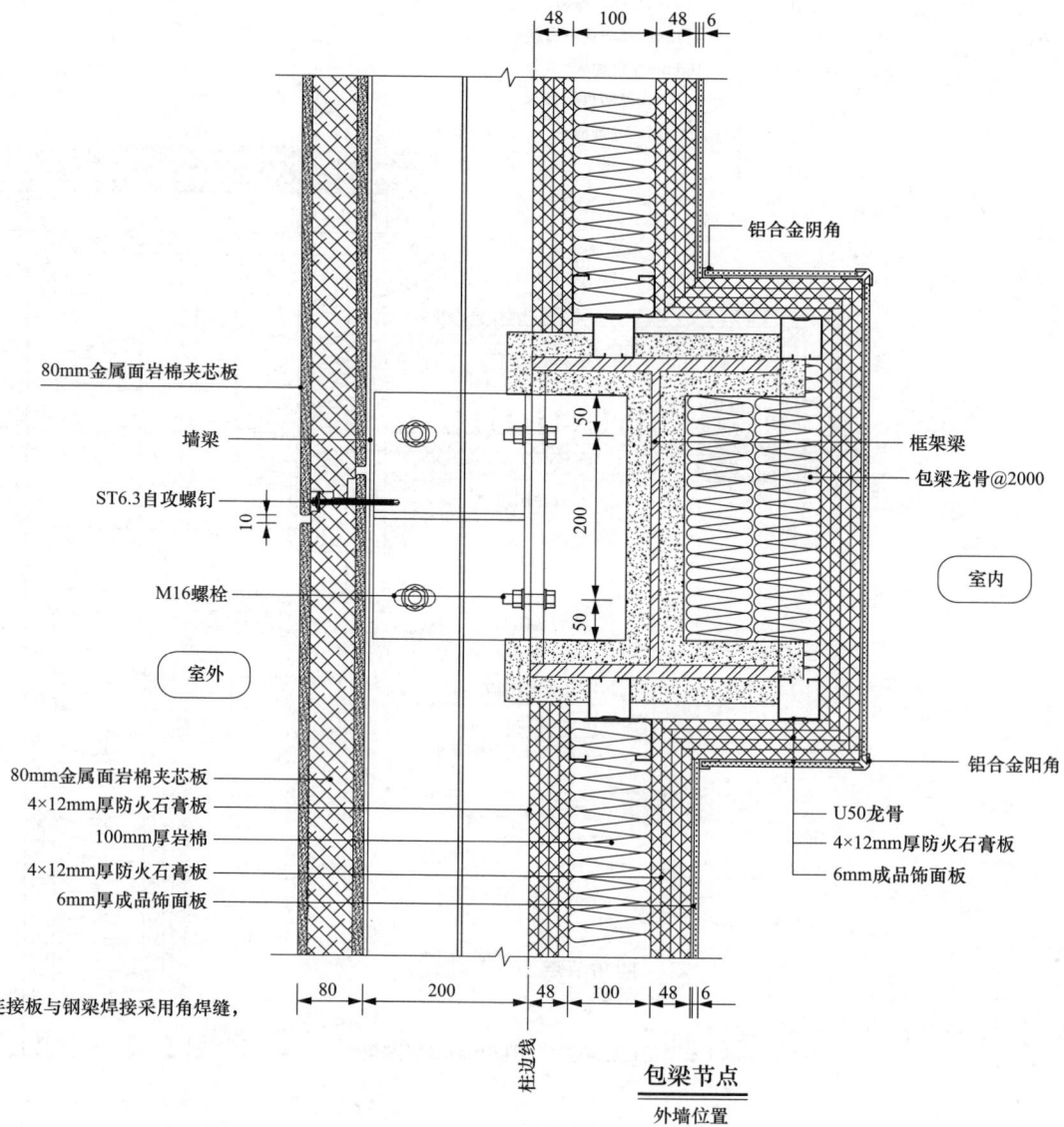

框架梁

防火涂料

室内

接缝板带

铝合金阳角

12mm厚硅酸钙板
无机涂料(6mm厚成品饰面板)

**包梁节点**
内墙位置

室内

楼承板

框架梁
包梁龙骨@2000

铝合金阳角

U50龙骨
4×12mm厚防火石膏板
6mm成品饰面板

**包梁节点**
楼板位置

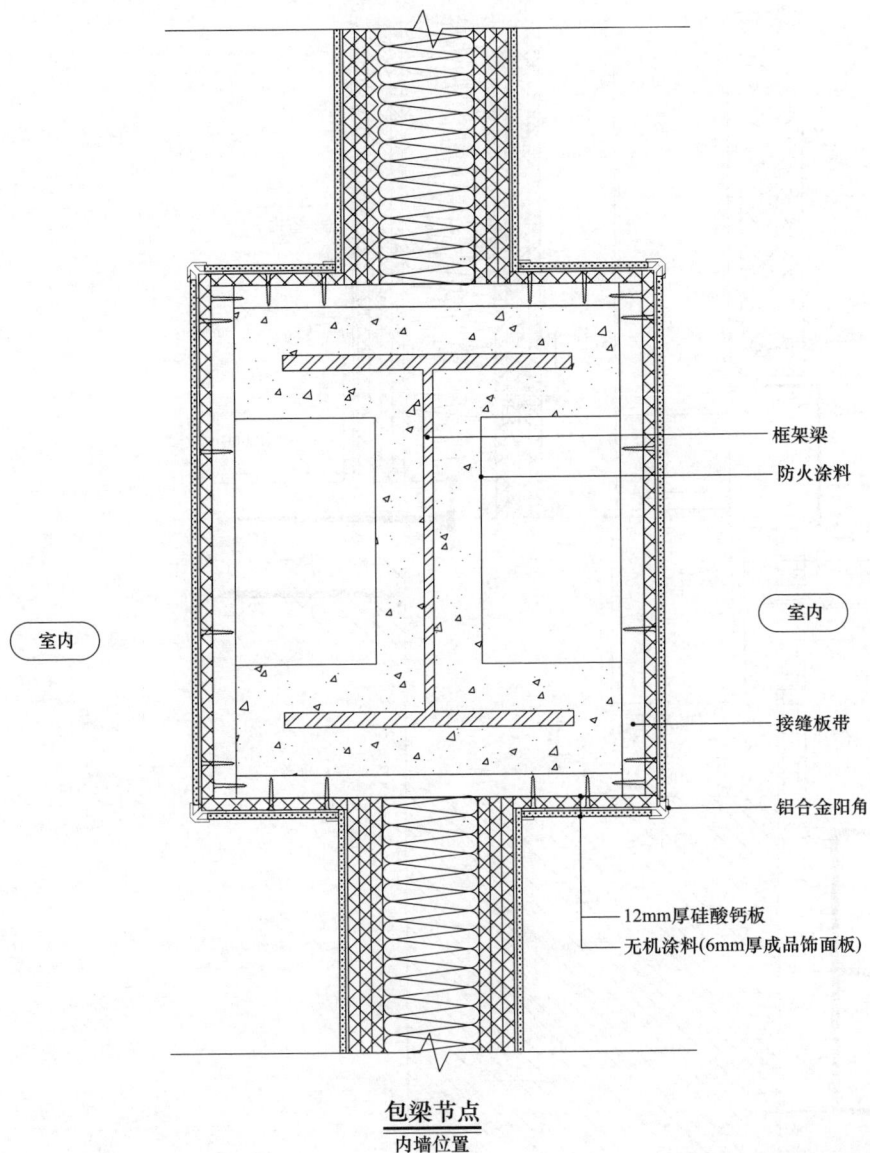

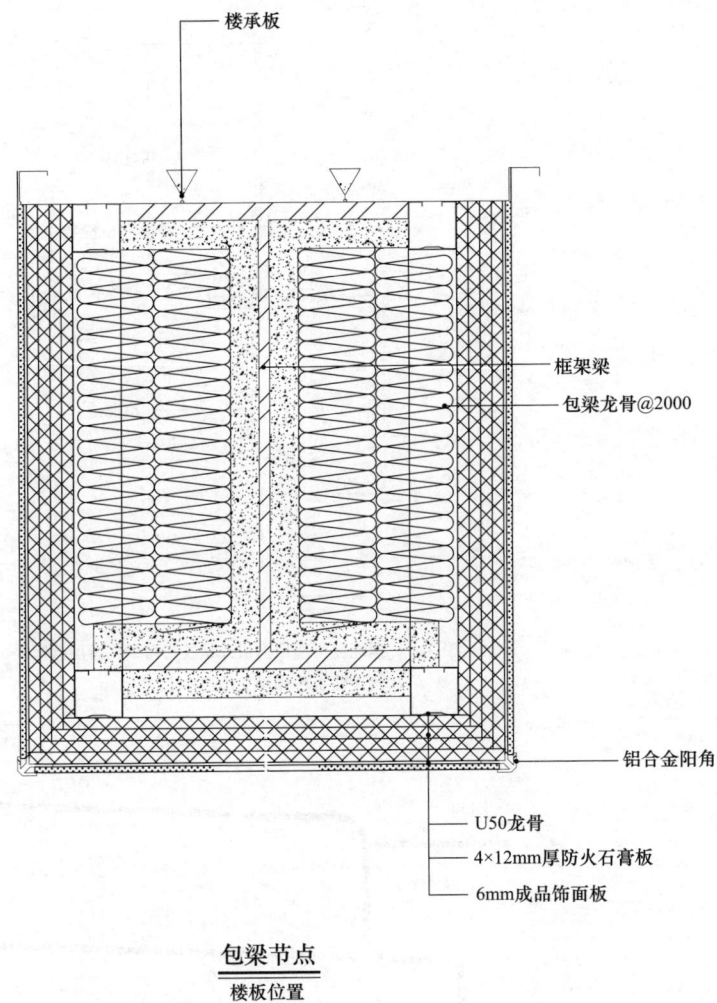

说明　1.内墙临近主梁、次梁及楼板处，不能留缝隙等防火薄弱点，应用防火泥封堵。
　　　2.如果梁、柱不包板，内隔墙与梁、柱应密实相贴。
　　　3.防火石膏板层数及构造根据对应内墙的耐火极限确定。

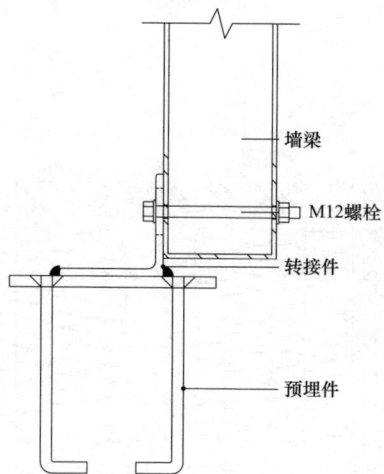

墙梁

M12螺栓

转接件

预埋件

1—1

说明  1.预埋件可选用钢板或是通长角钢,面层热镀锌。
     2.转接件工厂焊接在预埋件上。

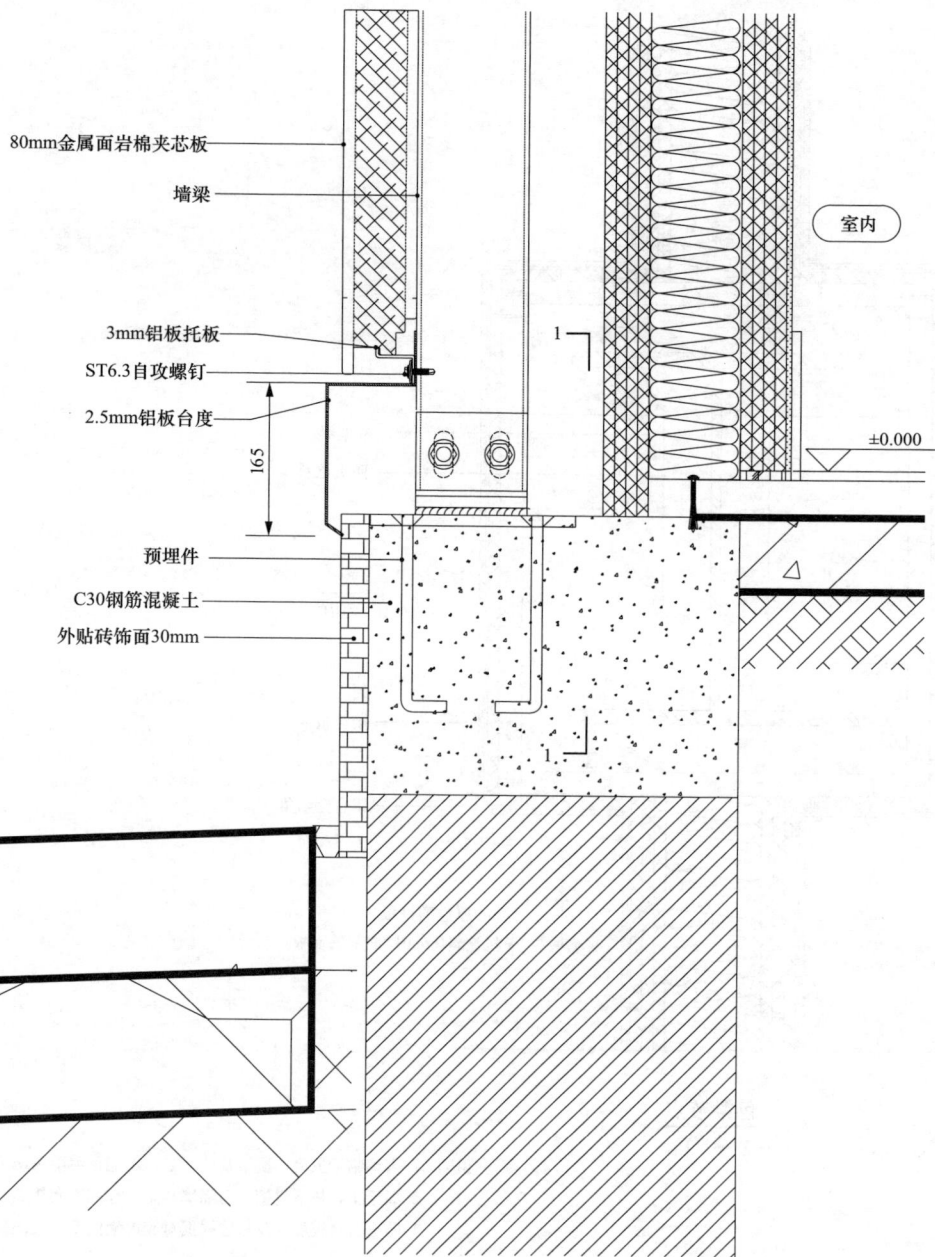

室外

−0.450

80mm金属面岩棉夹芯板

墙梁

室内

3mm铝板托板

ST6.3自攻螺钉

2.5mm铝板台度

165

±0.000

预埋件

C30钢筋混凝土

外贴砖饰面30mm

墙角节点

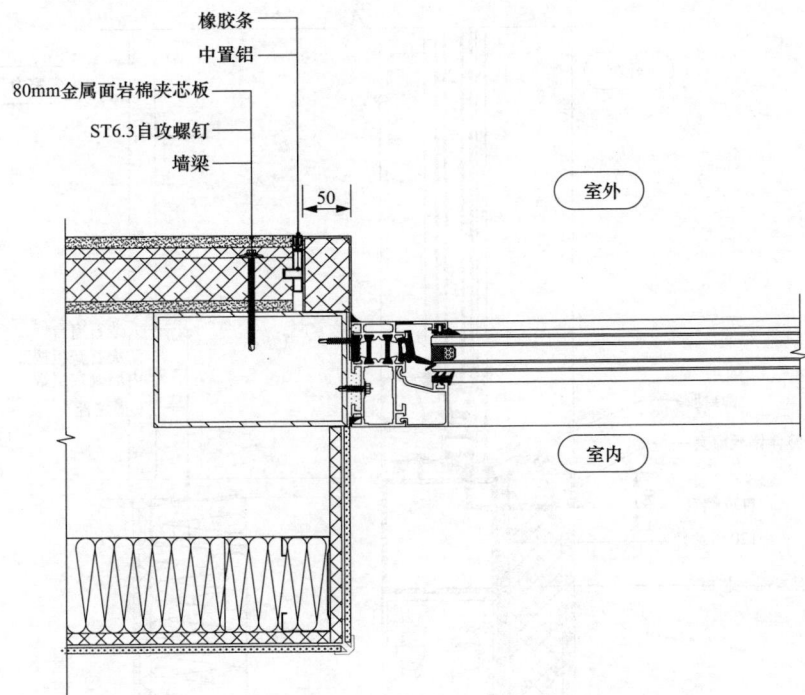

橡胶条
中置铝
80mm金属面岩棉夹芯板
ST6.3自攻螺钉
墙梁

50

室外

室内

**窗侧节点**

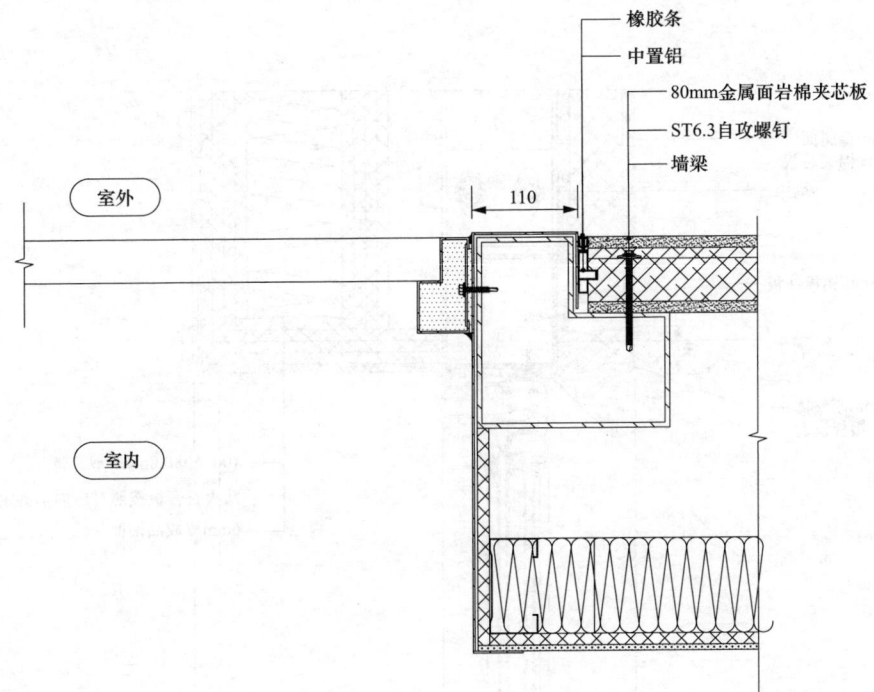

橡胶条
中置铝
80mm金属面岩棉夹芯板
ST6.3自攻螺钉
墙梁

室外

110

室内

**门侧节点**

说明  1. 所有外门与外墙平齐，门侧墙梁为异型截面，具体规格根据计算确定。
　　　2. 防火石膏板层数及构造根据对应内墙的耐火极限确定。

门窗侧节点

42

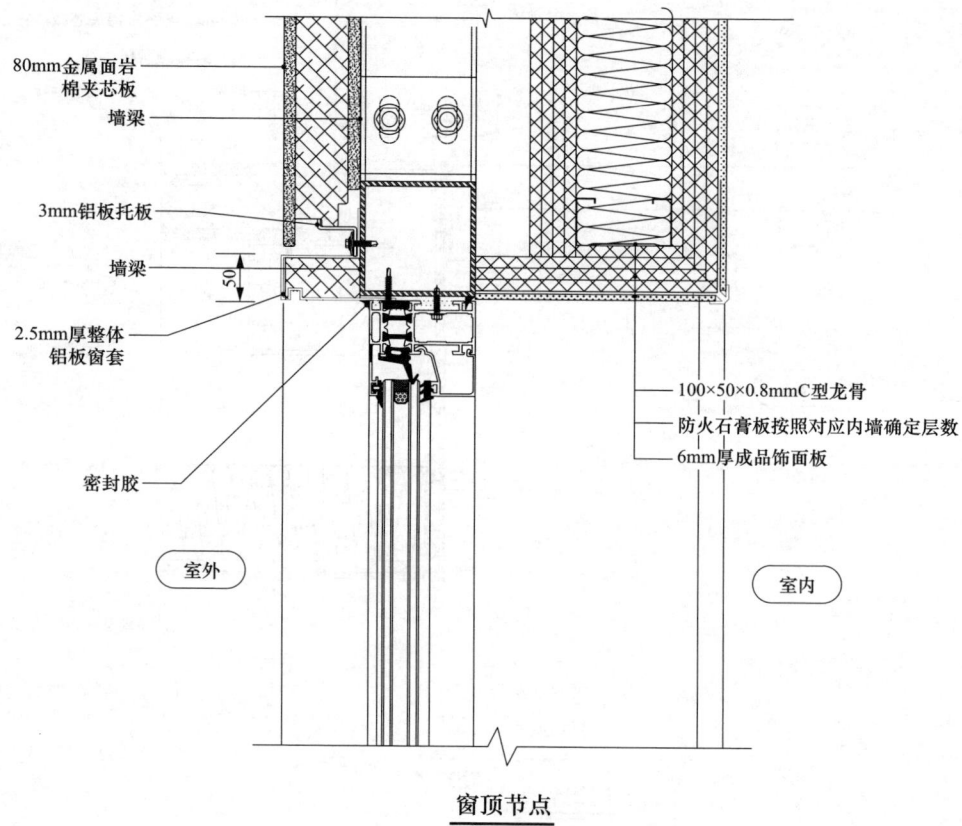

80mm金属面岩
棉夹芯板

墙梁

3mm铝板托板

墙梁

50

2.5mm厚整体
铝板窗套

密封胶

室外

室内

100×50×0.8mmC型龙骨

防火石膏板按照对应内墙确定层数

6mm厚成品饰面板

窗顶节点

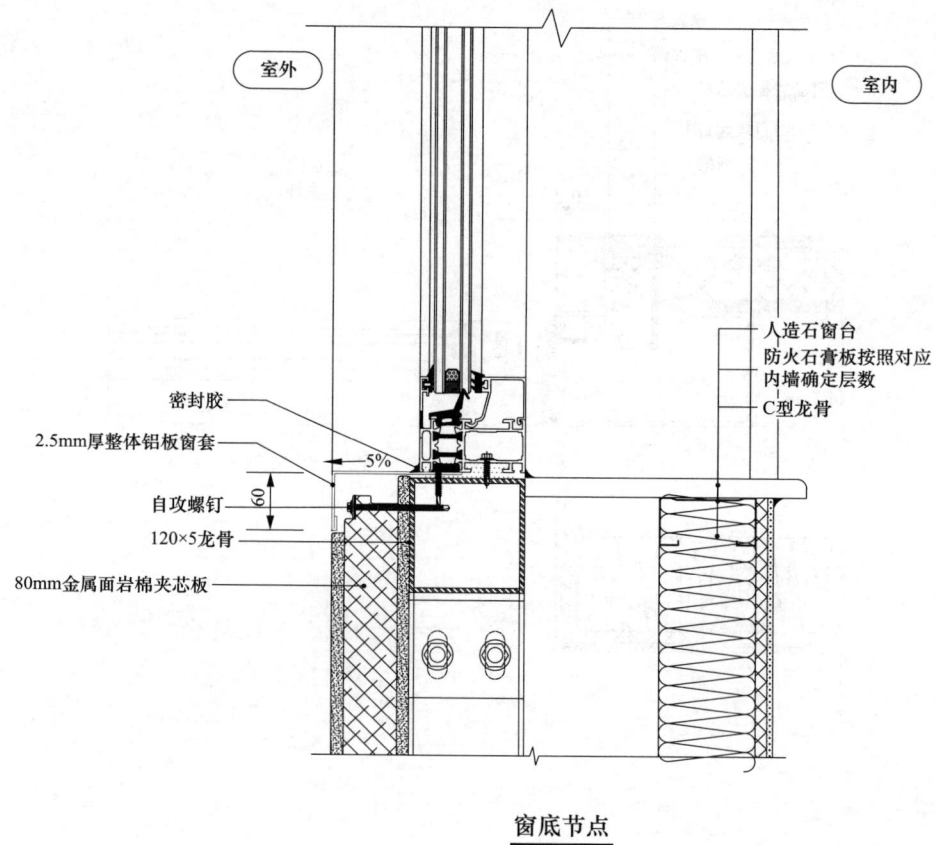

室外

室内

密封胶

2.5mm厚整体铝板窗套

5%

自攻螺钉

60

120×5龙骨

80mm金属面岩棉夹芯板

人造石窗台
防火石膏板按照对应
内墙确定层数
C型龙骨

窗底节点

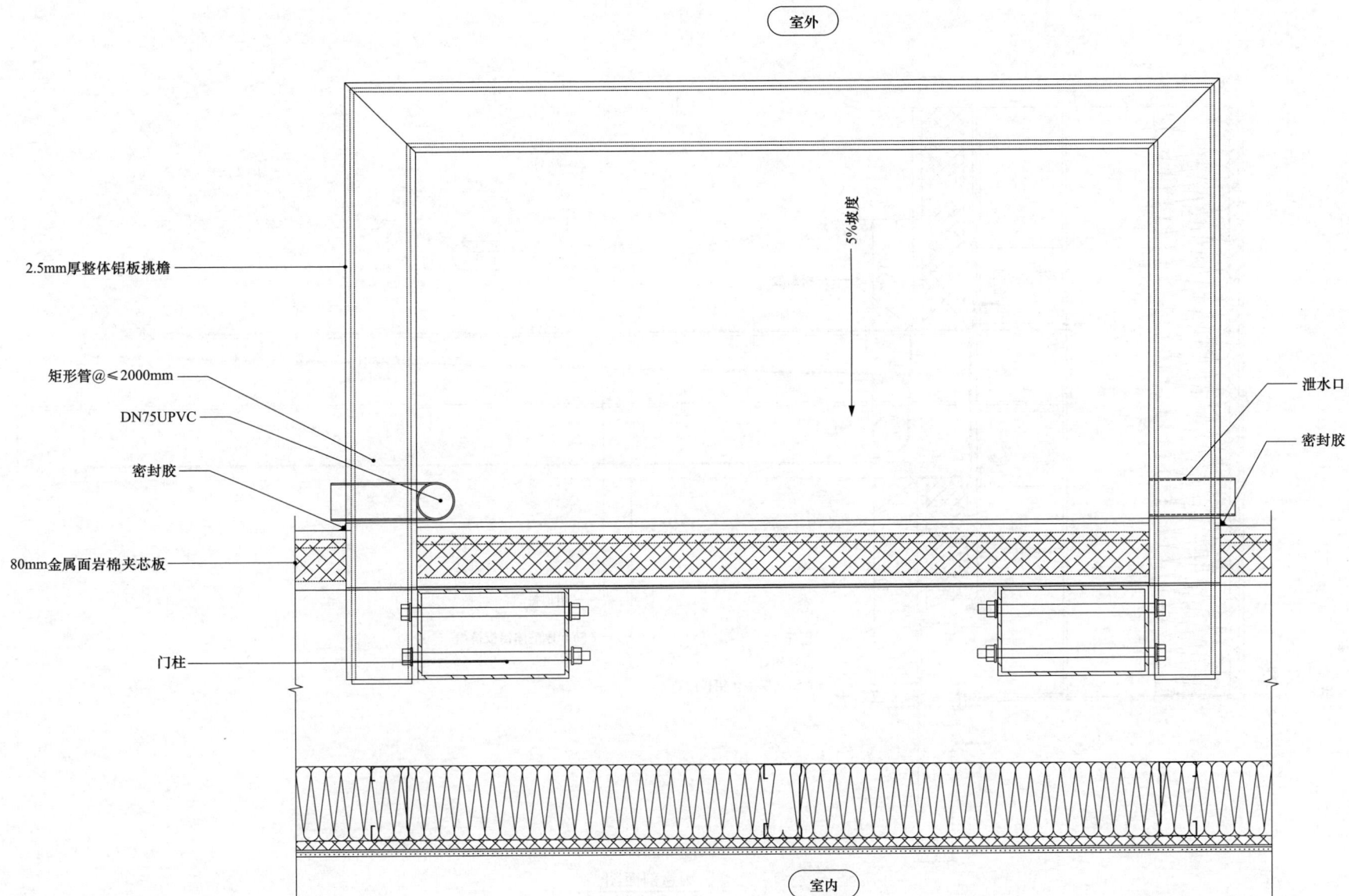

室外

5%坡度

2.5mm厚整体铝板挑檐

矩形管@≤2000mm

DN75UPVC

密封胶

80mm金属面岩棉夹芯板

门柱

泄水口

密封胶

室内

说明 防火石膏板层数及构造根据对应内墙的耐火极限确定。

**雨篷平面图**
有组织排水

雨篷平面图（有组织排水）

44

137

室外

≥250

密封胶

室内

密封胶

矩形管

300

2.5mm厚整体铝板挑檐

板托

自攻螺钉

2.5mm厚整体铝板门套

200

墙梁

**雨篷剖面图**
有组织排水

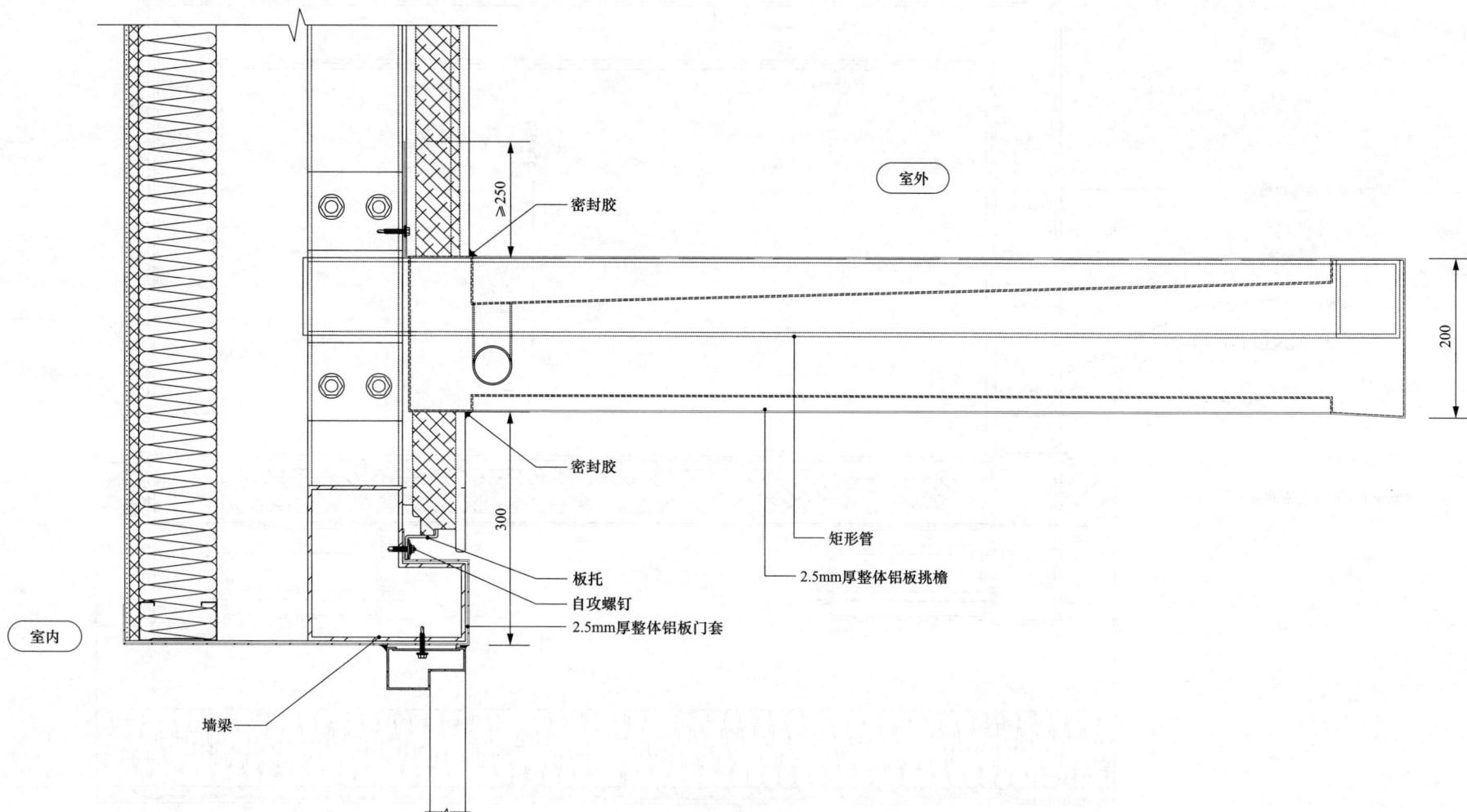

说明　防火石膏板层数及构造根据对应内墙的耐火极限确定。

2.5mm厚整体铝板挑檐

矩形管@≤2000mm

5%坡度

80mm金属面岩棉夹芯板

门柱

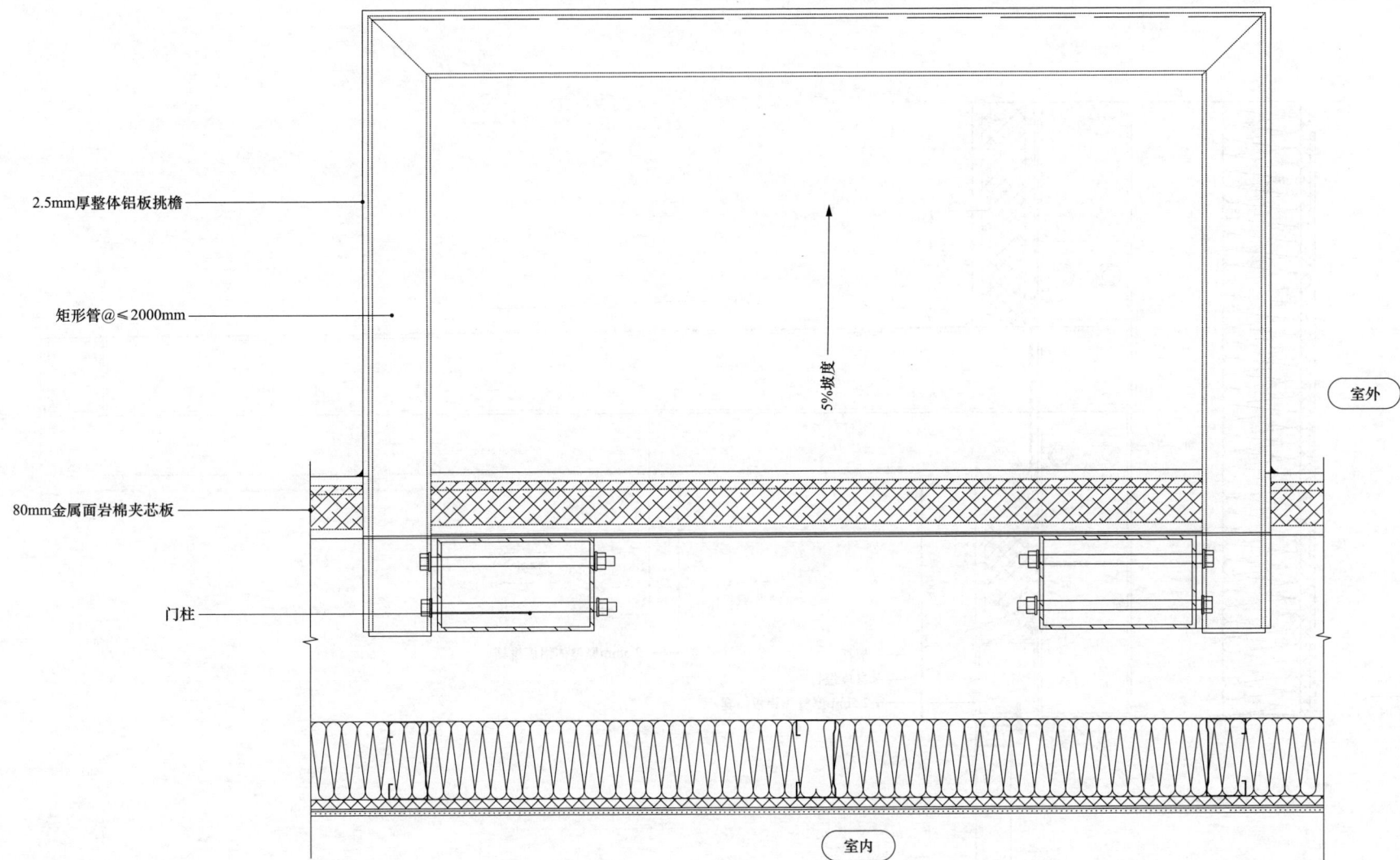

说明　防火石膏板层数及构造根据对应内墙的耐火极限确定。

## 雨篷平面图
无组织排水

≥250

5%坡度

200

300

室外

室内

矩形管

2.5mm厚整体铝板挑檐

板托

自攻螺钉

2.5mm厚整体铝板门套

门梁

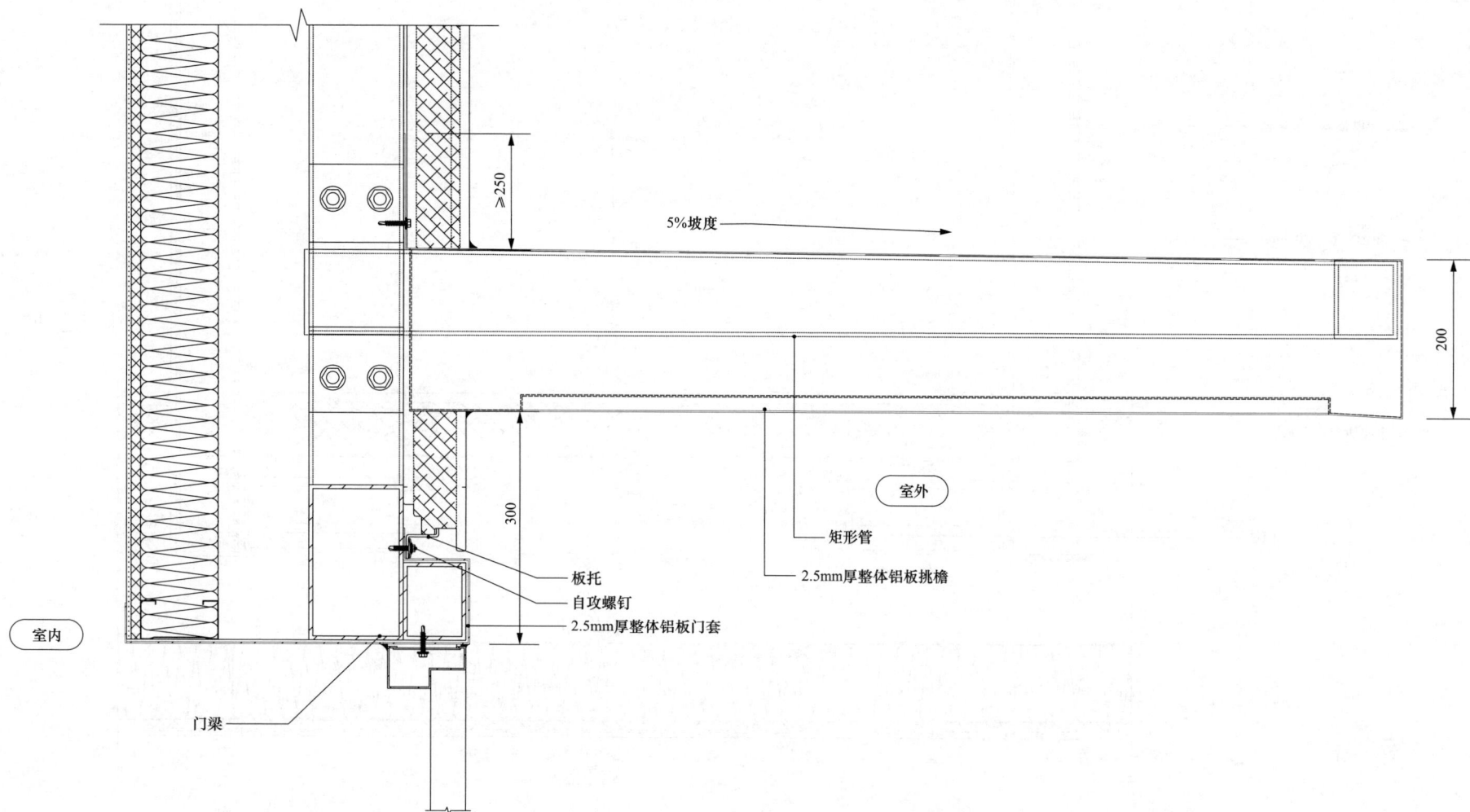

**雨篷剖面图**
无组织排水

说明　防火石膏板层数及构造根据对应内墙的耐火极限确定。

爬梯支架@2000mm

密封胶

不锈钢盖帽

室外

墙梁

M12螺栓

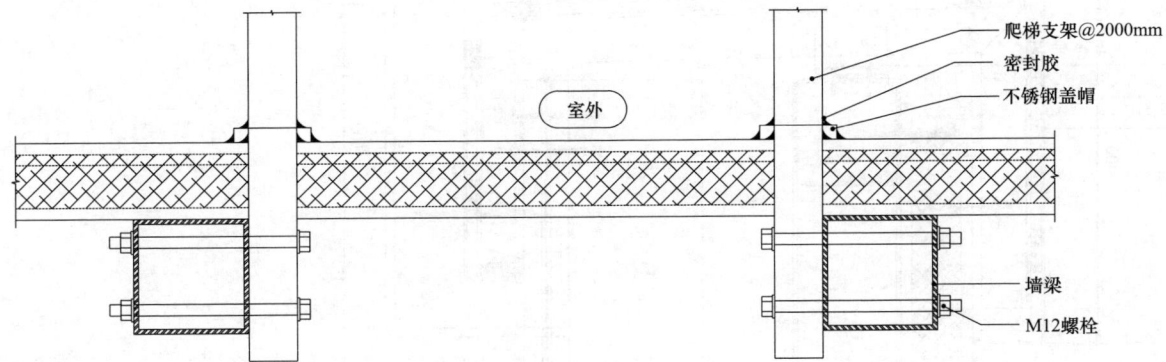

**爬梯穿墙详图**

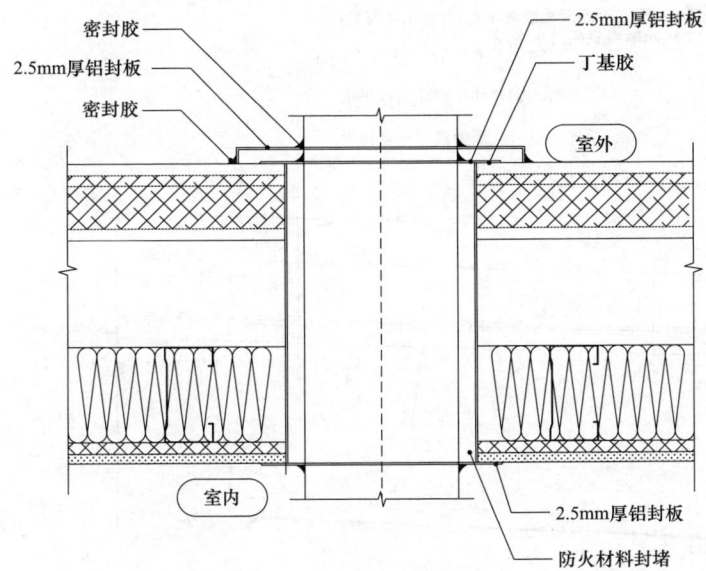

密封胶

2.5mm厚铝封板

密封胶

2.5mm厚铝封板

丁基胶

室外

铝合金落水管

抱箍

密封胶

室外

橡胶垫片

防水自攻螺钉

墙梁

室内

2.5mm厚铝封板

防火材料封堵

**管道穿墙详图**

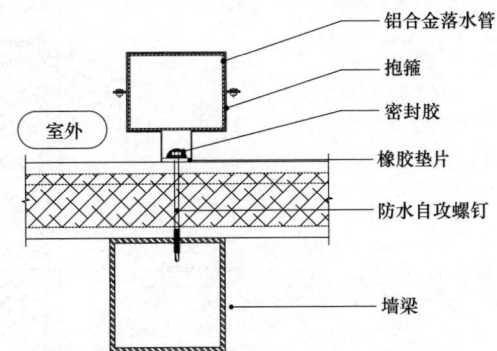

**落水管详图**

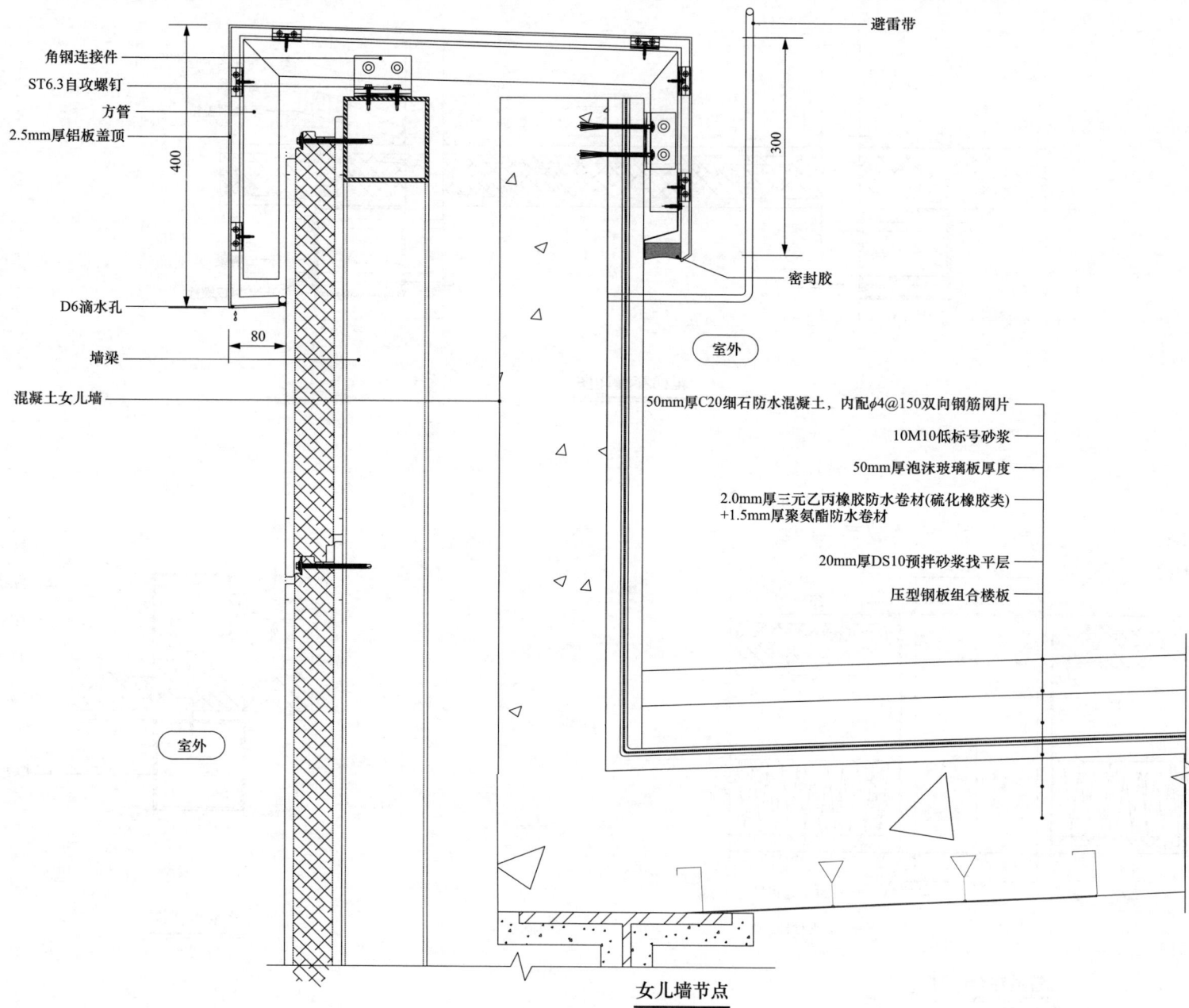

角钢连接件

ST6.3自攻螺钉

方管

2.5mm厚铝板盖顶

400

80

D6滴水孔

墙梁

混凝土女儿墙

室外

避雷带

300

室外

密封胶

50mm厚C20细石防水混凝土，内配φ4@150双向钢筋网片

10M10低标号砂浆

50mm厚泡沫玻璃板厚度

2.0mm厚三元乙丙橡胶防水卷材(硫化橡胶类)
+1.5mm厚聚氨酯防水卷材

20mm厚DS10预拌砂浆找平层

压型钢板组合楼板

**女儿墙节点**

角钢连接件

ST6.3自攻螺钉

方管

2.5mm厚铝板盖顶

400

挂线柱

方管

密封胶(预留泄水孔)

300

外包混凝土，高度同女儿墙

D6滴水孔

墙柱

混凝土女儿墙

80　80　120　80　200　80　100

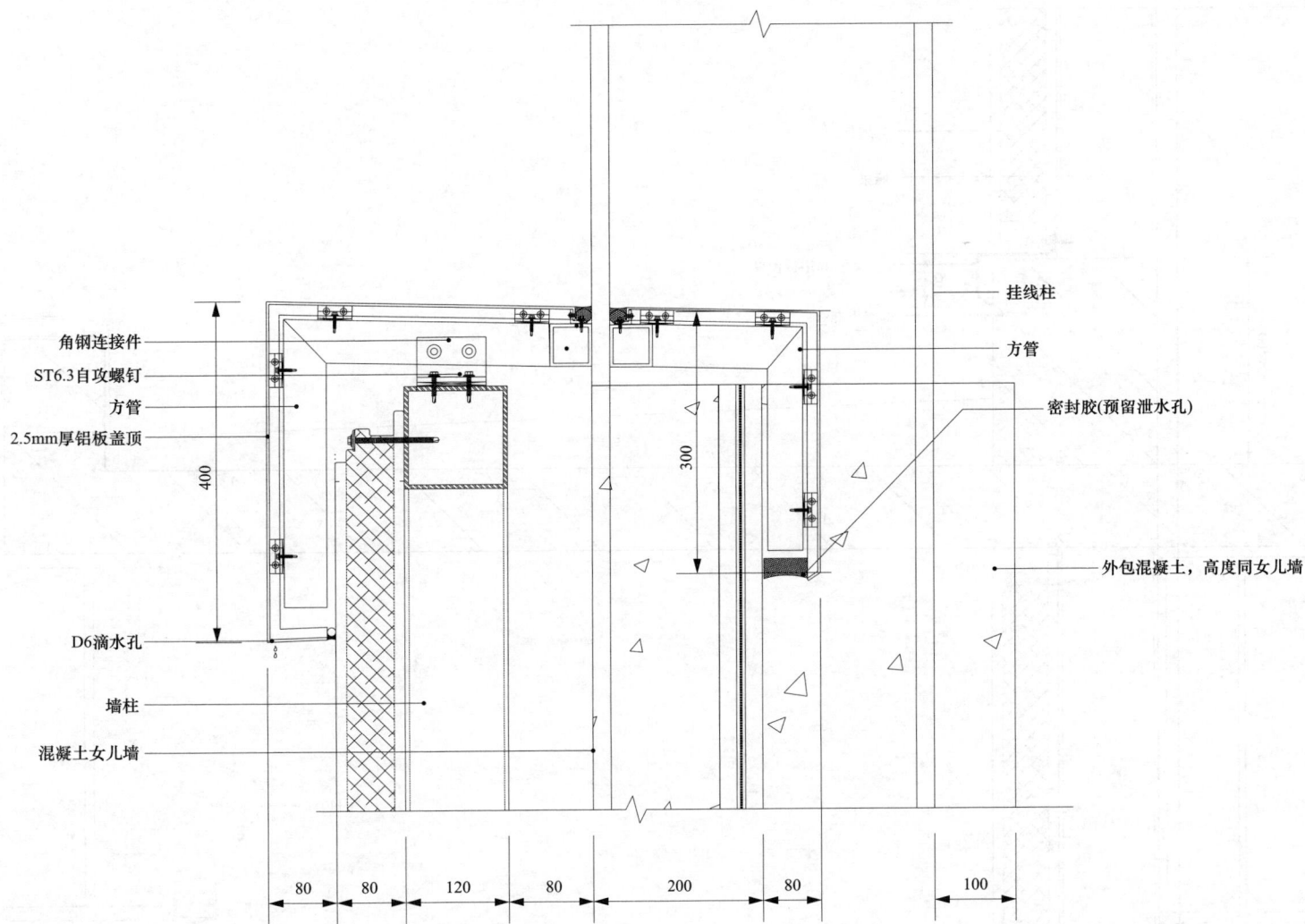

女儿墙与挂线柱构造

外墙板

墙梁

2.5mm铝板台度

65

混凝土翻台

≥400

2.5mm铝板

□40×2

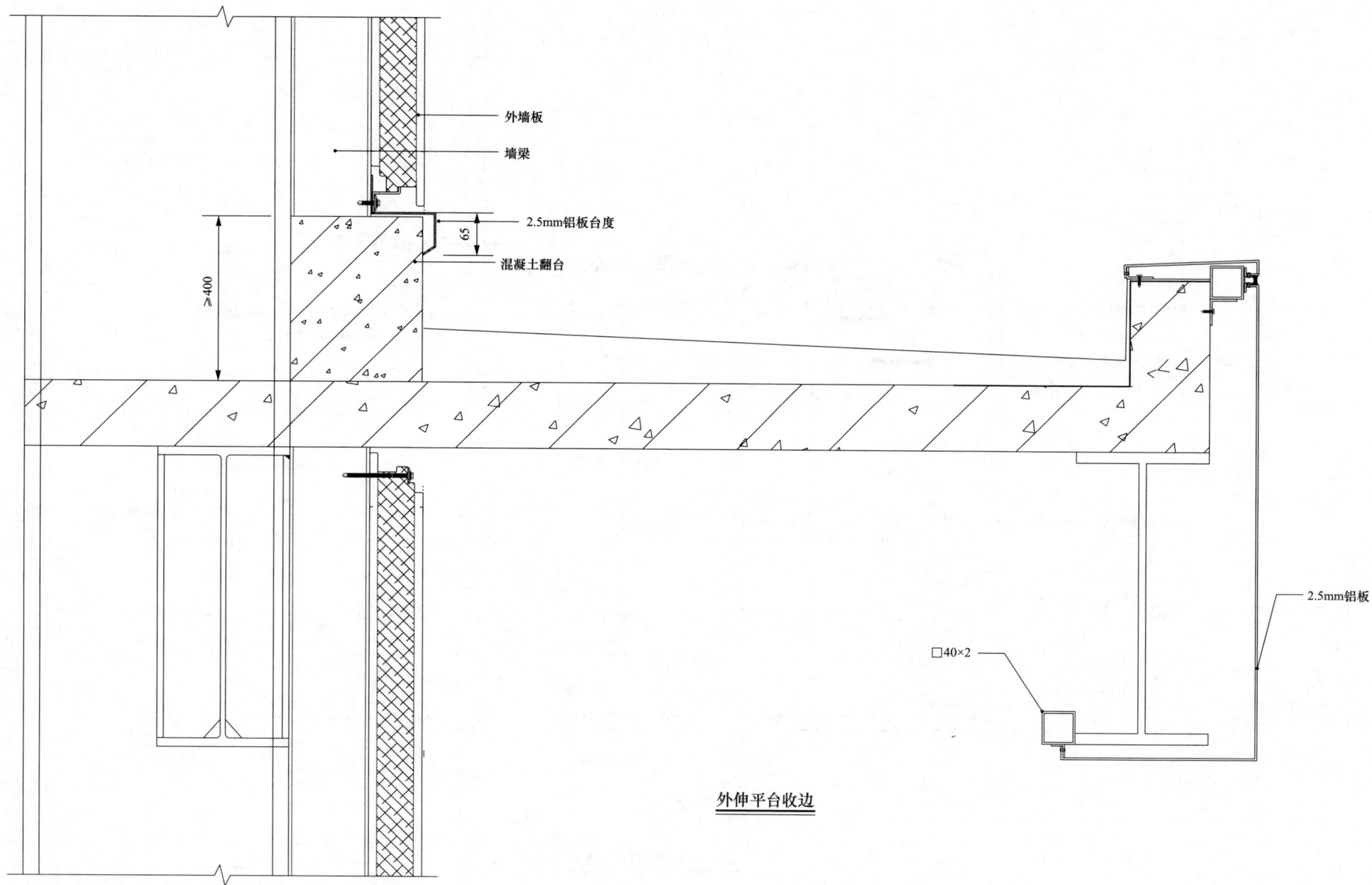

外伸平台收边

外墙板

墙梁

2.5mm铝板台度

65

混凝土翻台

室外

≥400

室内

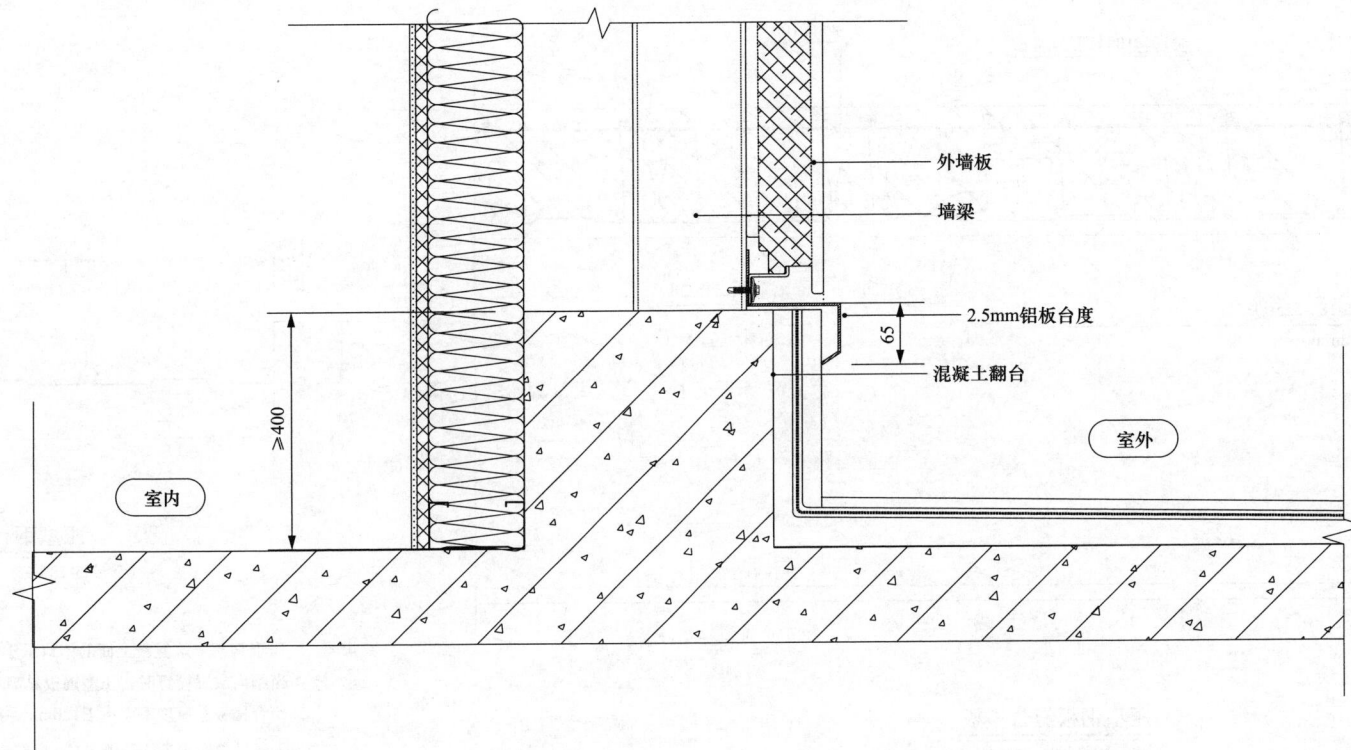

高低跨女儿墙

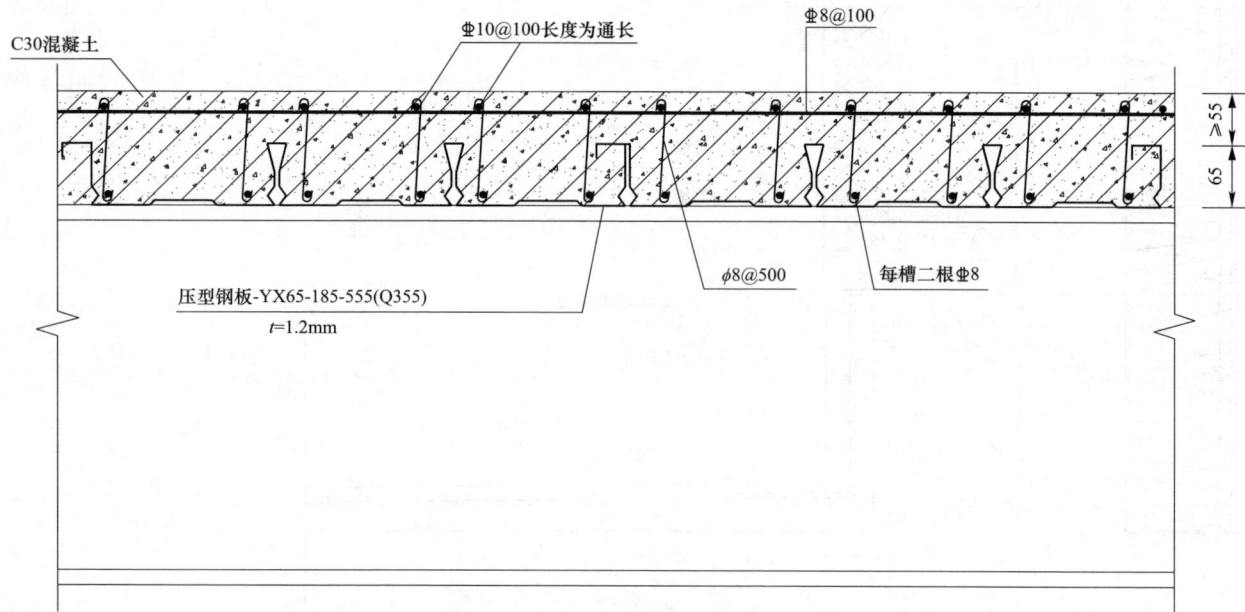

Φ10@100长度为通长

Φ8@100

C30混凝土

≥55

65

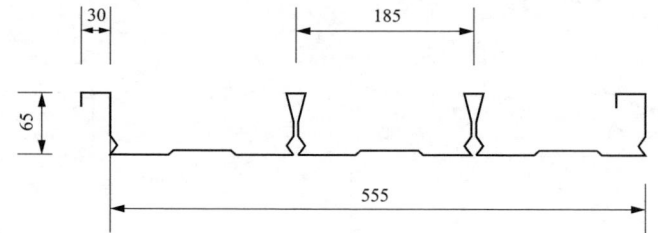

压型钢板-YX65-185-555(Q355)
t=1.2mm

φ8@500

每槽二根Φ8

**压型钢板组合楼板**

搁置长度方向

30

185

65

555

**压型钢板大样图**

YX65-185-555  板厚t=1.2mm

说明  1. 压型钢板浇筑混凝土面的槽口最小浇筑宽度不应小于50mm。
　　　　当槽内放置栓钉时，压型钢板总高不应大于80mm。

　　　2. 组合楼板总厚度不应小于120mm，压型钢板肋顶部以上混凝
　　　　土厚度不应小于50mm。

　　　3. 组合楼板支承于钢梁或预埋件时，其支承长度不应小于50mm；
　　　　在砌体上的支承长度不应小于75mm。

　　　4. 压型钢板侧向在钢梁上的搭接长度不应小于25mm，在预埋件
　　　　上的搭接长度不应小于50mm。

压型钢板铺板方向

钢承板现场切割

梁柱接头加劲板

≥25mm

≥50mm

压型钢板铺板方向

≤25mm

支承角铁∟75×6

$S$

当$S$≤75mm时，无需支撑角铁

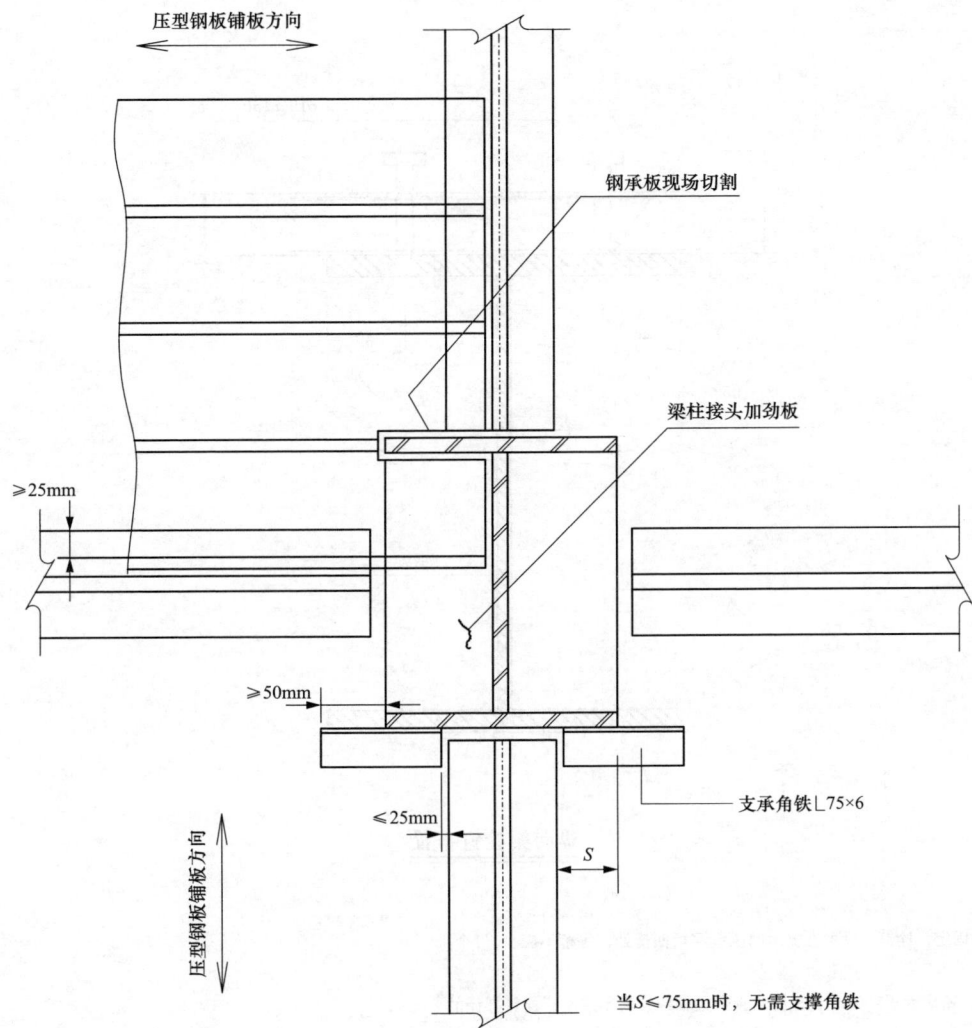

**压型钢板在钢柱位置的节点**

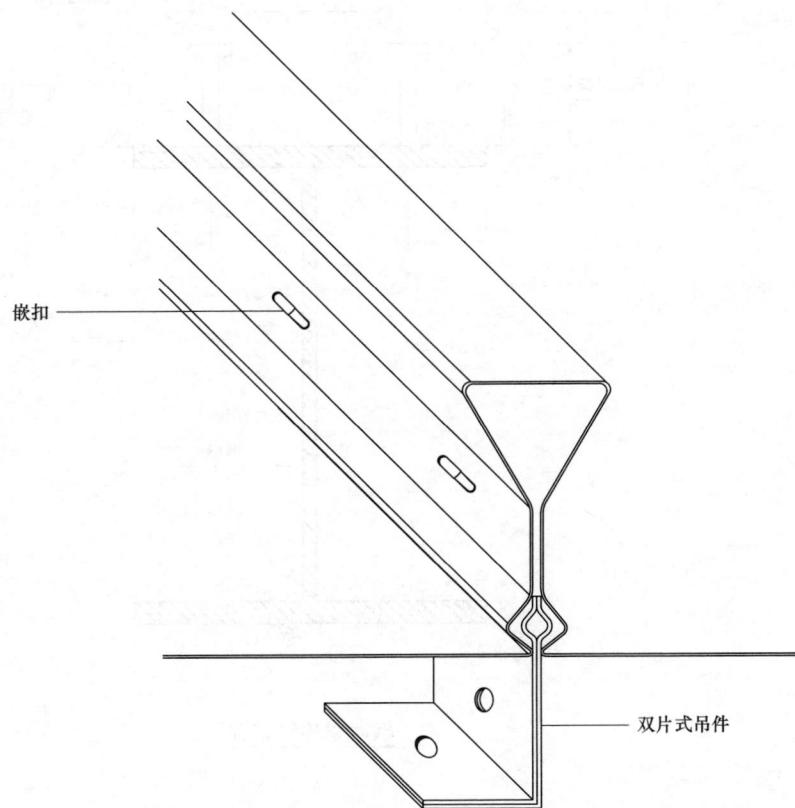

嵌扣

双片式吊件

**压型钢板下部吊件**

$\phi19@150$

100

65

40

40

钢梁

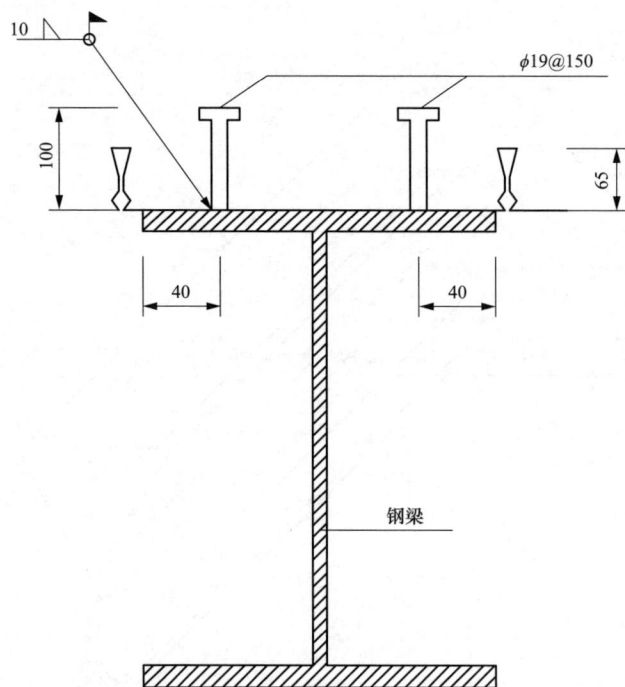

**横向梁栓钉布置**

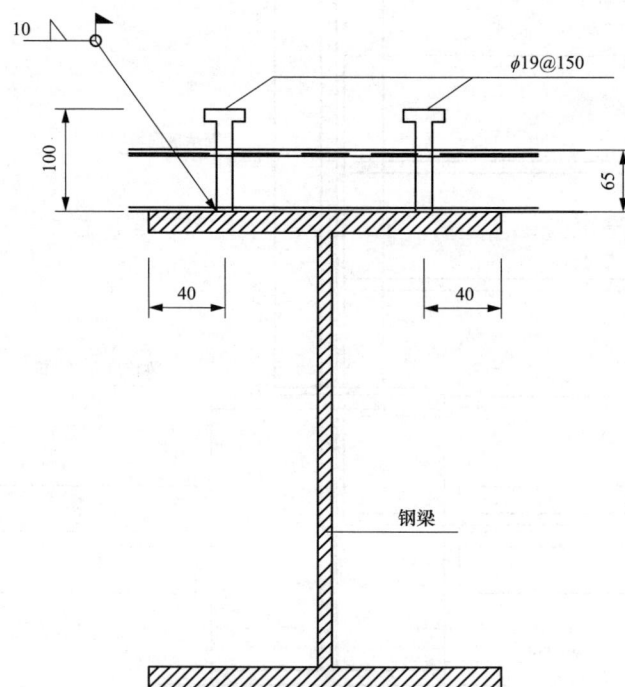

$\phi19@150$

100

65

40

40

钢梁

**纵向梁栓钉布置**

说明 1. 组合楼板端部支座处宜采用栓钉与钢梁或预埋件固定，栓钉应设置在支座的压型钢板凹槽处，每槽不应少于1个，并应穿透压型钢板与钢梁焊牢。

2. 栓钉沿梁轴线方向间距不应小于栓钉杆径的6倍，不应大于200mm；栓钉垂直于梁轴线方向不应小于栓钉杆径的4倍，且不应大于200mm。

3. 栓钉中心到压型钢板自由边距离不应小于2倍栓钉直径，至钢梁上翼缘侧边或预埋件边的距离不应小于35mm，至设有预埋件的混凝土梁上翼缘侧边的距离不应小于60mm。

4. 栓钉顶面混凝土保护层厚度不应小于15mm，栓钉高出压型钢板底部钢筋顶面不应小于30mm，且应小于压型钢板高度加上75mm。

5. 栓钉和钢材的焊接应满足设计要求并符合《钢结构工程施工质量验收标准》(GB 50205—2020)的要求。

堵头板

楼板板面高差值

热轧角钢

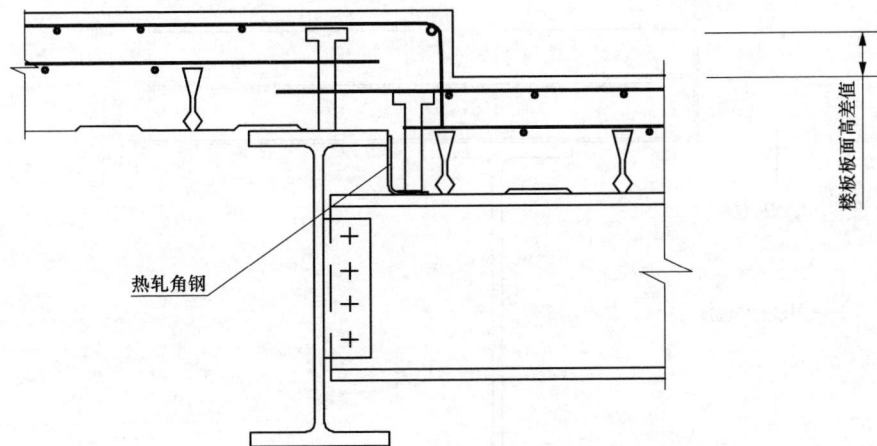

一般楼面降低标高作法(一)

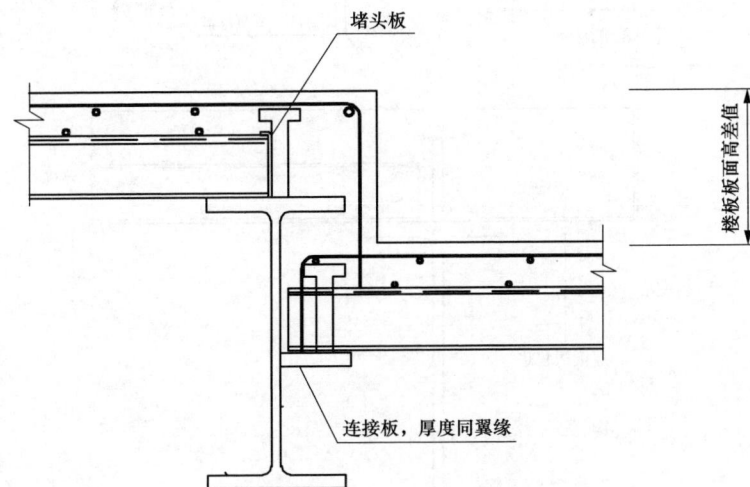

连接板，厚度同翼缘

楼板板面高差值

一般楼面降低标高作法(二)

说明　楼板降标高处钢筋锚固长度需满足规范要求。

56

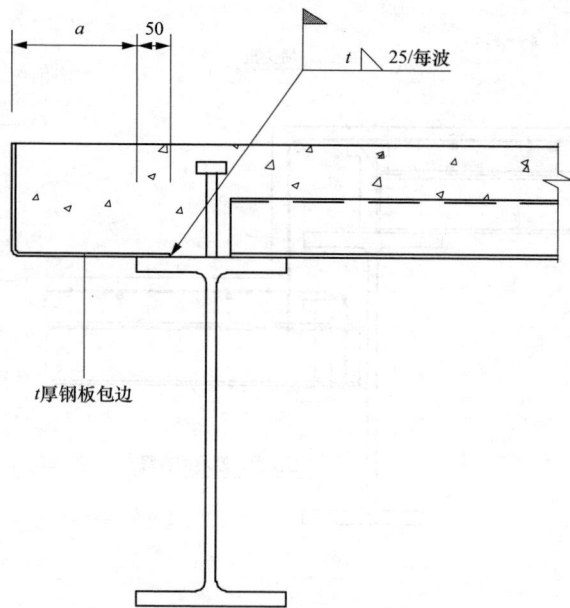

板肋与梁垂直悬挑较短时

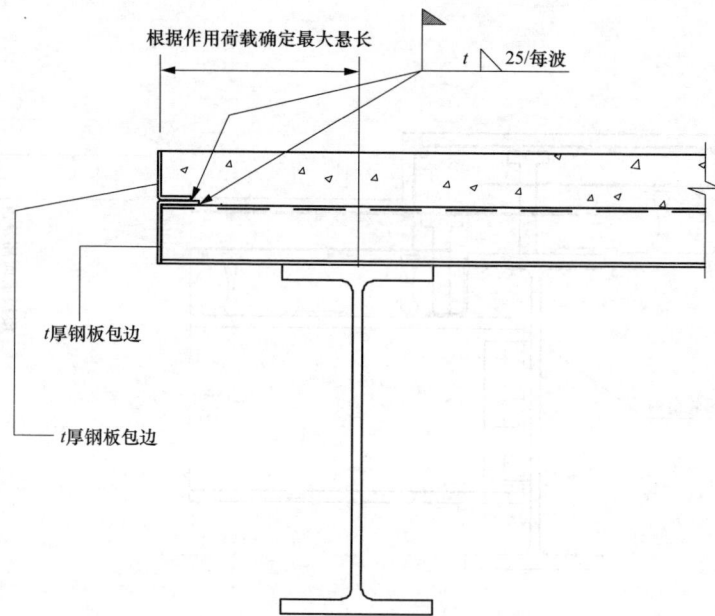

板肋与梁垂直悬挑较长时

说明　1. 悬挑长度$a \leqslant 180mm$时，$t=2.0mm$；

　　　2. 悬挑长度$a=180\sim250mm$时，$t=2.6mm$；

　　　3. 悬挑长度$a>250mm$时，需按计算及构造要求设置临时支撑。

　　　4. 混凝土反坎需与楼板一次浇筑完成。

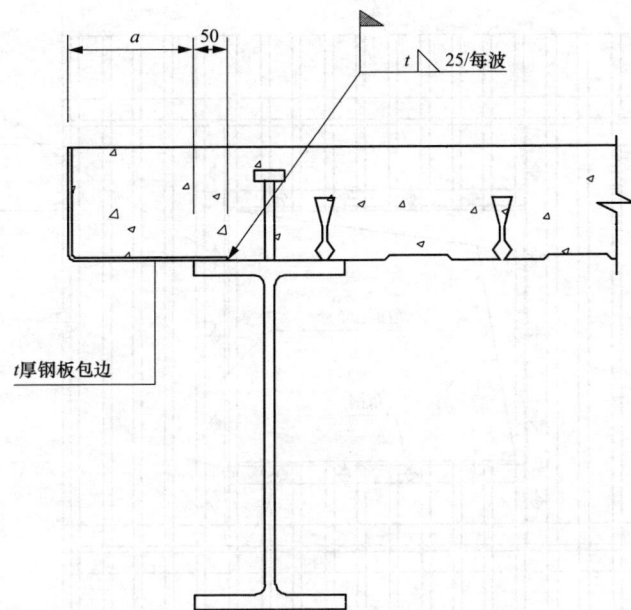

板肋与梁平行悬挑较短时

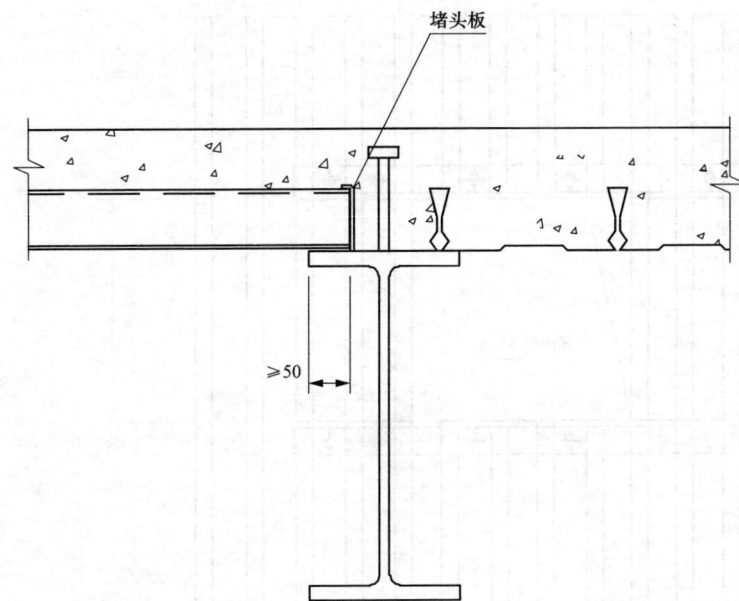

板肋与梁平行构造

58

在同一根梁上既有板肋与梁垂直又有板肋与梁平行时

说明 1. 悬挑长度$a \leqslant 180$mm时，$t=2.0$mm；

2. 悬挑长度$a=180 \sim 250$mm时，$t=2.6$mm；

3. 悬挑长度$a>250$mm时，需按计算及构造要求设置临时支撑。

4. 混凝土反坎需与楼板一次浇筑完成。

角钢∟56×5

每肋槽φ19熔焊

≥300 ≤750 ≥300

≤750

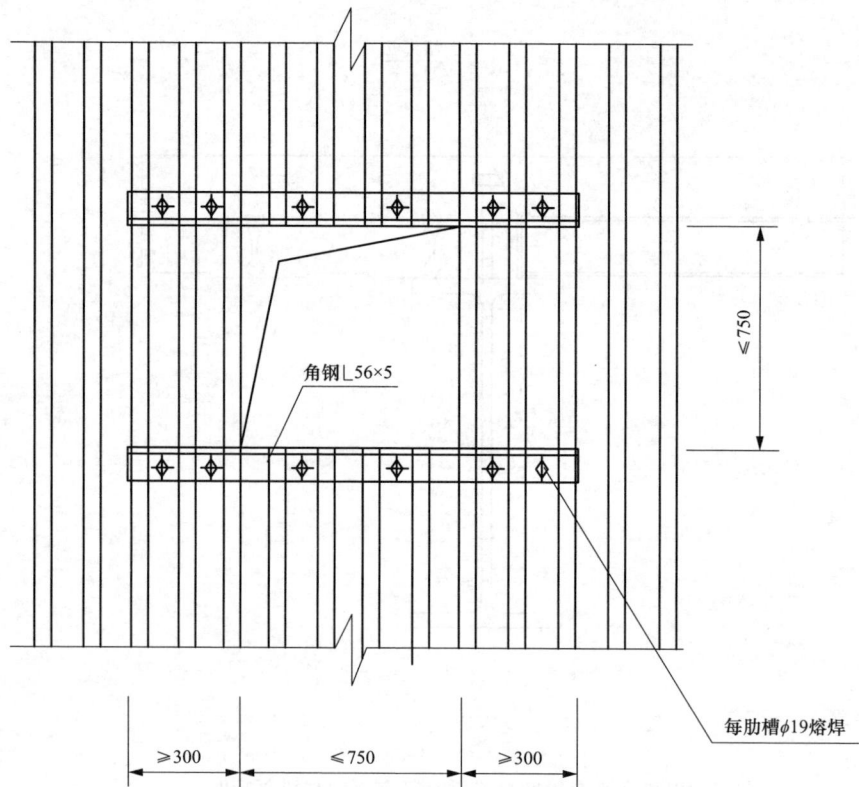

**压型钢板开孔300~750时的加强措施**

洞口小于300mm者可不加强

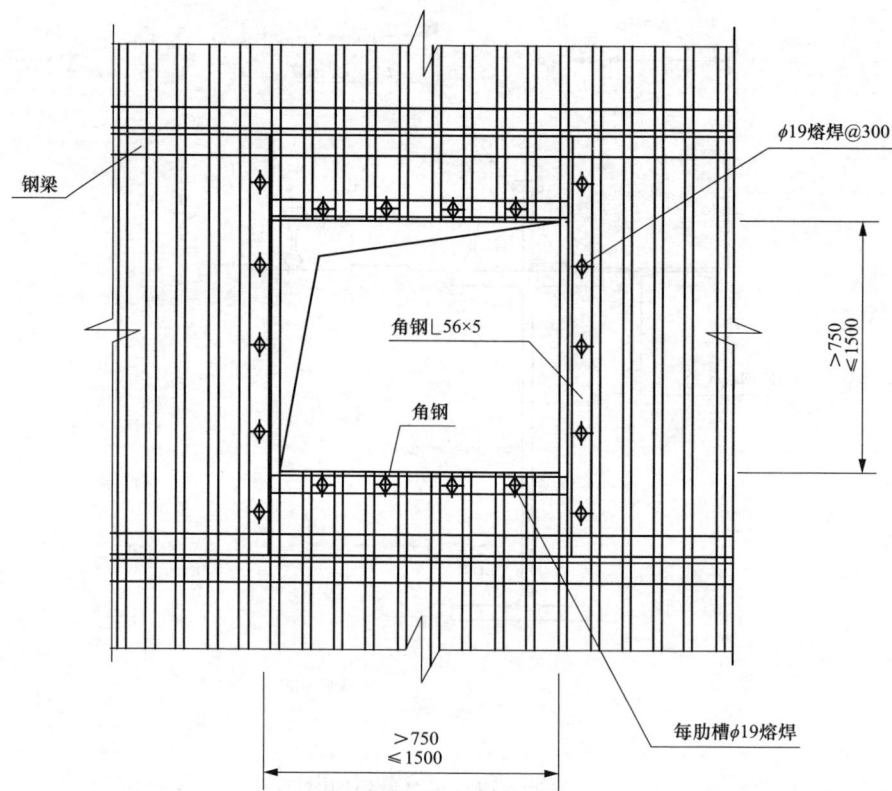

钢梁

φ19熔焊@300

角钢∟56×5

角钢

每肋槽φ19熔焊

>750
≤1500

>750
≤1500

**压型钢板开孔750~1500时的加强措施**

镀锌方管 镀锌方管

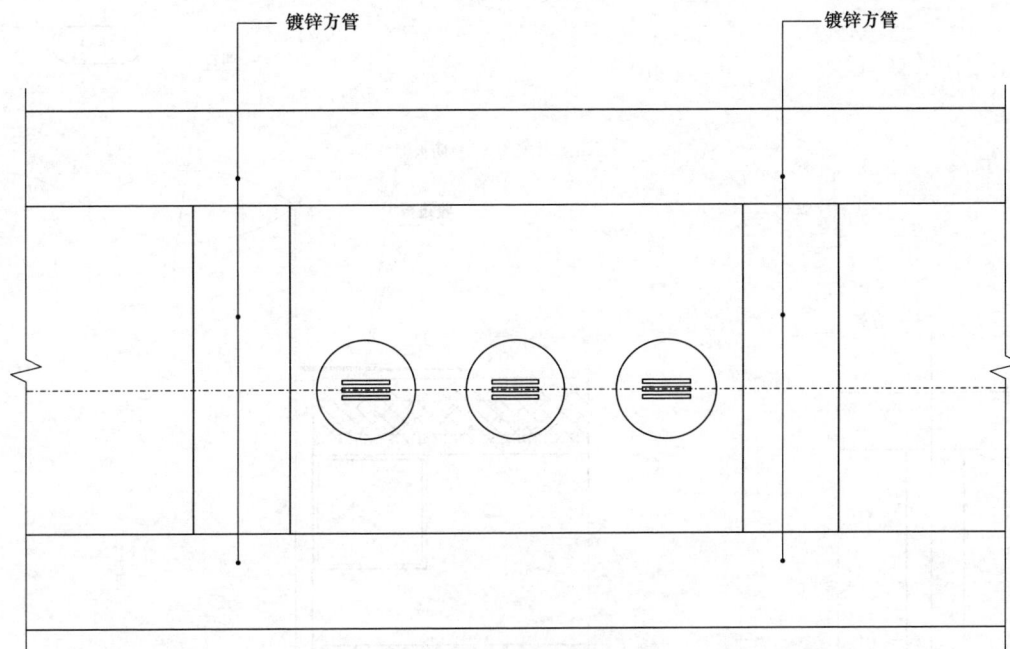

**穿墙套管龙骨布置示意图**

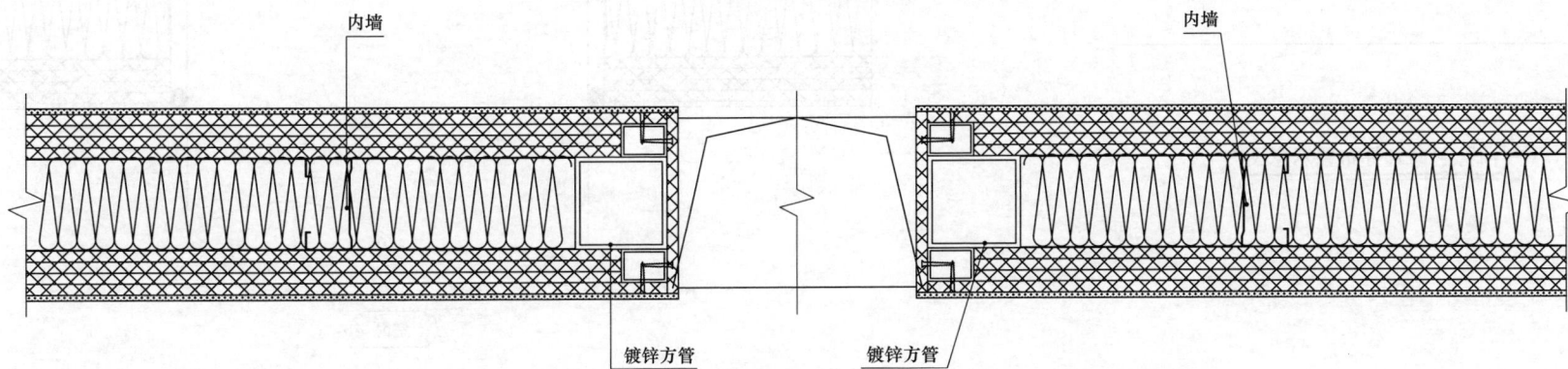

内墙 内墙

镀锌方管 镀锌方管

**穿墙套管节点**

内墙

说明 有磁屏蔽要求的部位，洞口龙骨需采用非导磁材料，可用铝方管代替镀锌钢管。

60

方管

方管

室外

油管

防火泥

收边板

80mm金属面岩棉夹芯板

方管

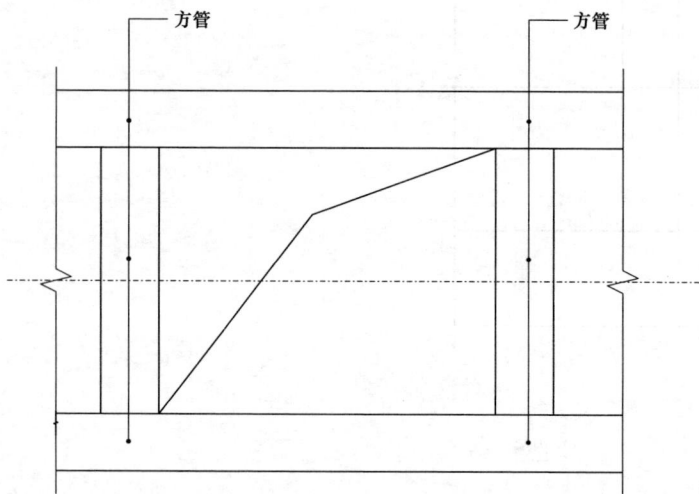

**油管洞口龙骨布置示意图**

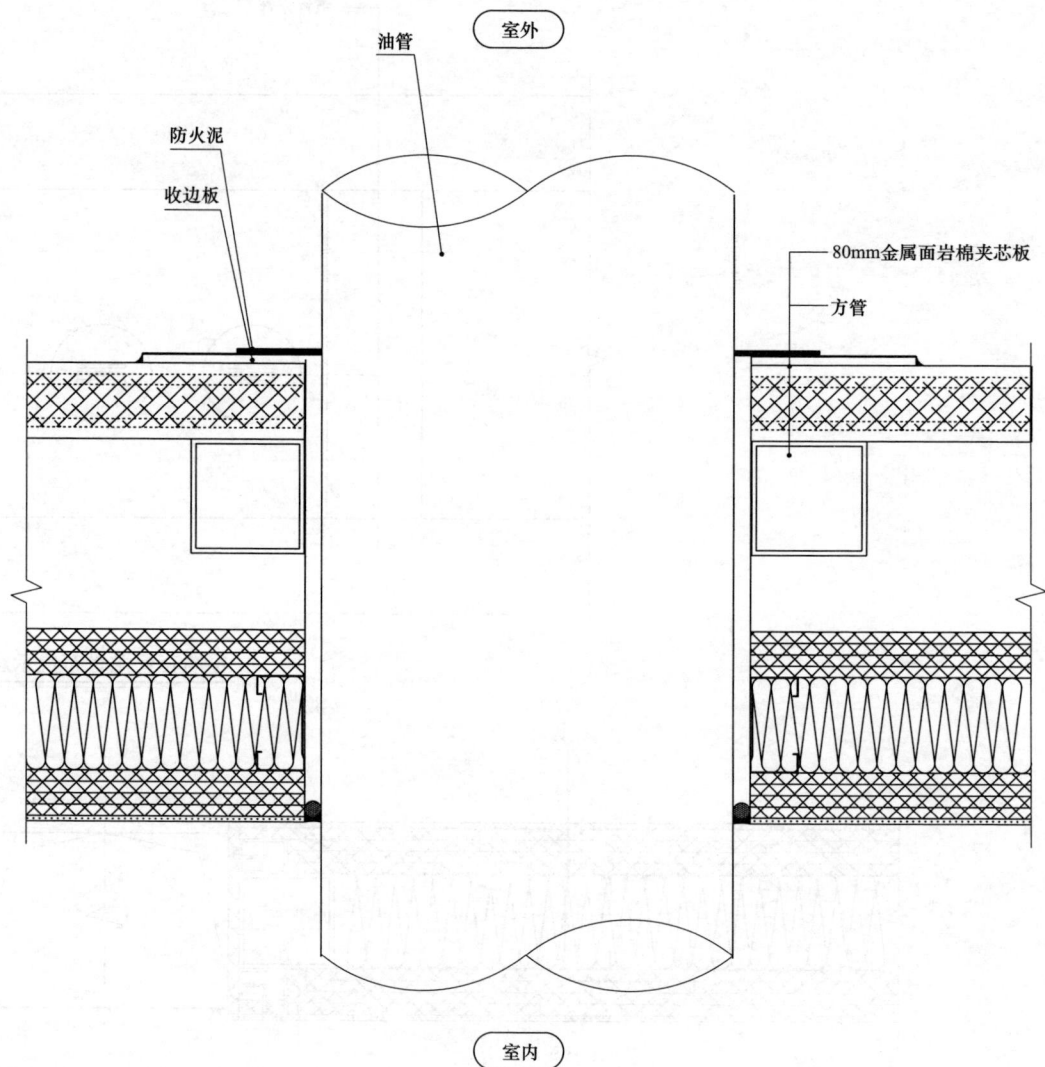

室内

**油管穿墙节点**
外墙

板缝(余同)

天龙骨

600
600
600
600
600

内层硅酸钙板

中层硅酸钙板

外层硅酸钙板

纤维水泥饰面板

66 66 66

自攻螺丝

竖龙骨

200

贯穿龙骨

地龙骨

400 400 400 400 400 400 400 400

① 表示内层硅酸钙板自攻螺丝布置图
② 表示中层硅酸钙板自攻螺丝布置图
③ 表示外层硅酸钙板自攻螺丝布置图

表示内层硅酸钙板布置图
表示中层硅酸钙板布置图
表示外层硅酸钙板布置图
表示纤维水泥饰面板布置图

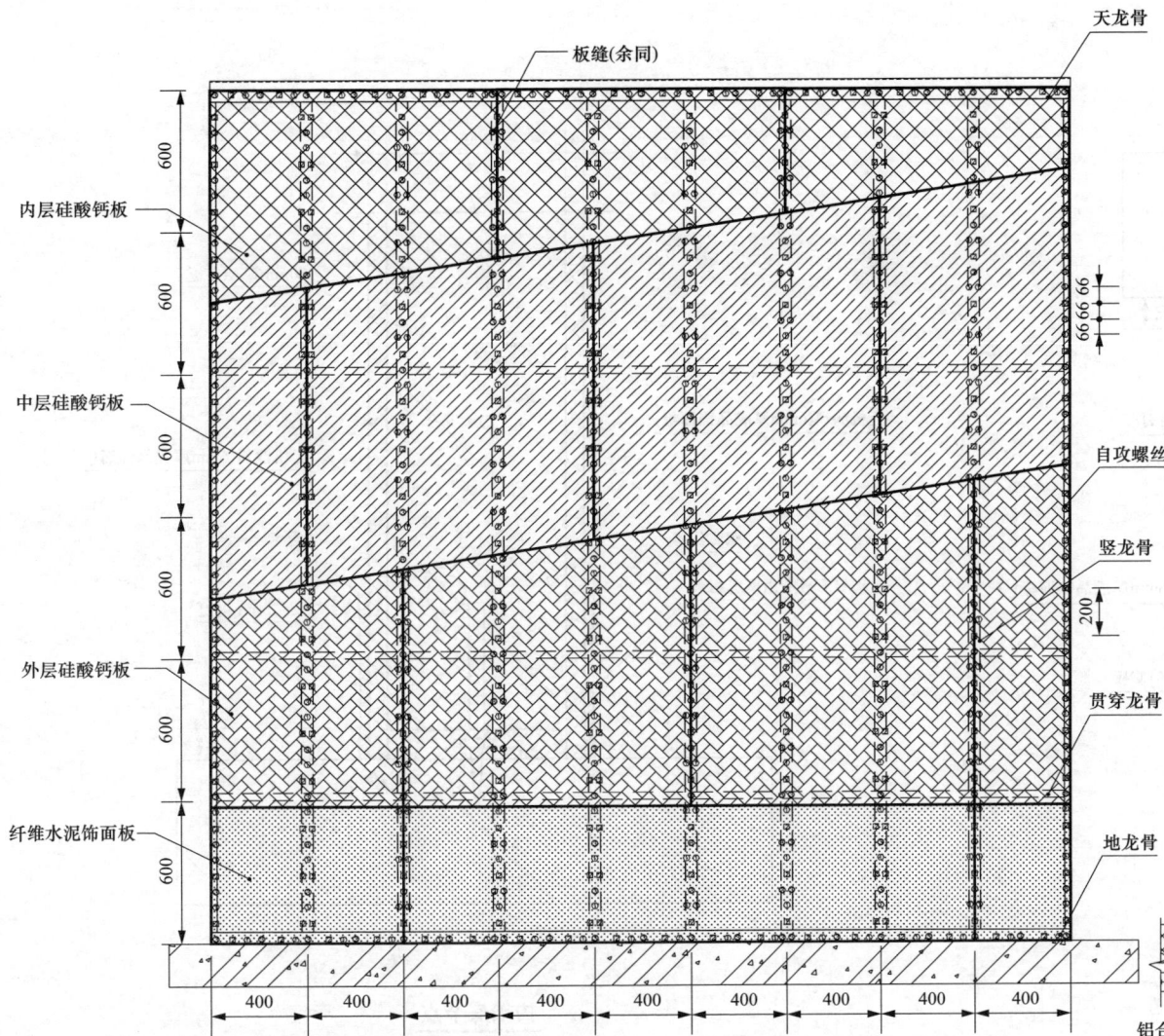

内墙排版示意图

钢梁

40×20×3矩形管@400
ST4.2自攻钉
天龙骨

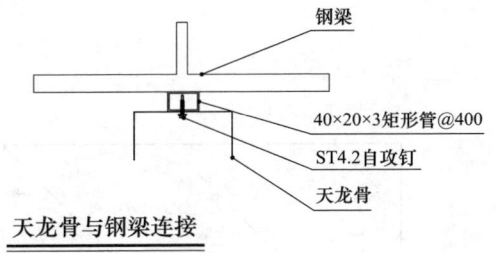

**天龙骨与钢梁连接**

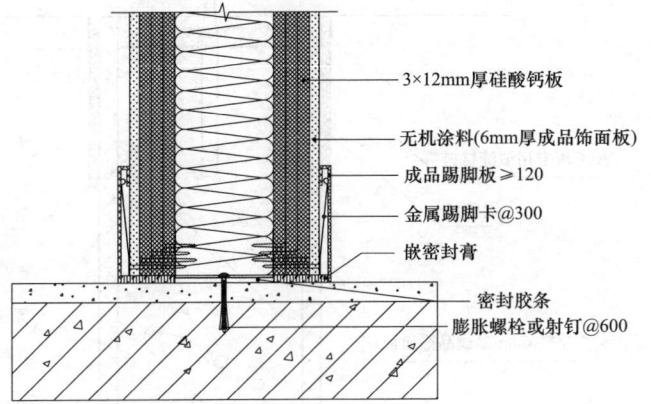

3×12mm厚硅酸钙板
无机涂料(6mm厚成品饰面板)
成品踢脚板≥120
金属踢脚卡@300
嵌密封膏
密封胶条
膨胀螺栓或射钉@600

**踢脚线节点详图**

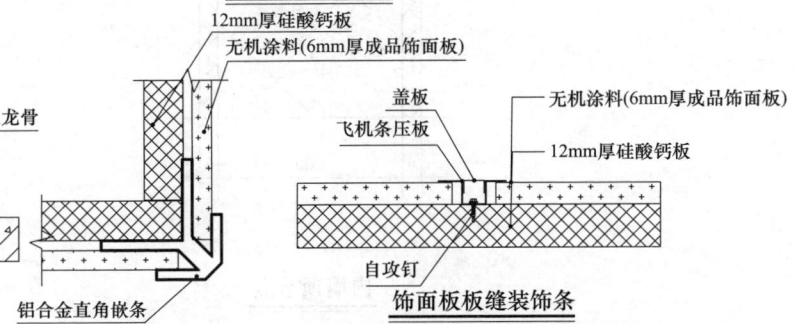

12mm厚硅酸钙板
无机涂料(6mm厚成品饰面板)

盖板
飞机条压板
无机涂料(6mm厚成品饰面板)
12mm厚硅酸钙板
自攻钉

铝合金直角嵌条

**饰面板板缝装饰条**

内墙排版示意图

说明  1. 硅酸钙板的层数和构造根据耐火极限确定。
     2. 当铺设的硅酸钙板超过一层时,要注意硅酸钙板的
        错缝排列,接缝不得落在同一根龙骨上。
     3. 硅酸钙板用自攻钉固定时,沿板周边螺钉间距不得
        大于200mm,中间部分螺钉间距不应大于300mm。

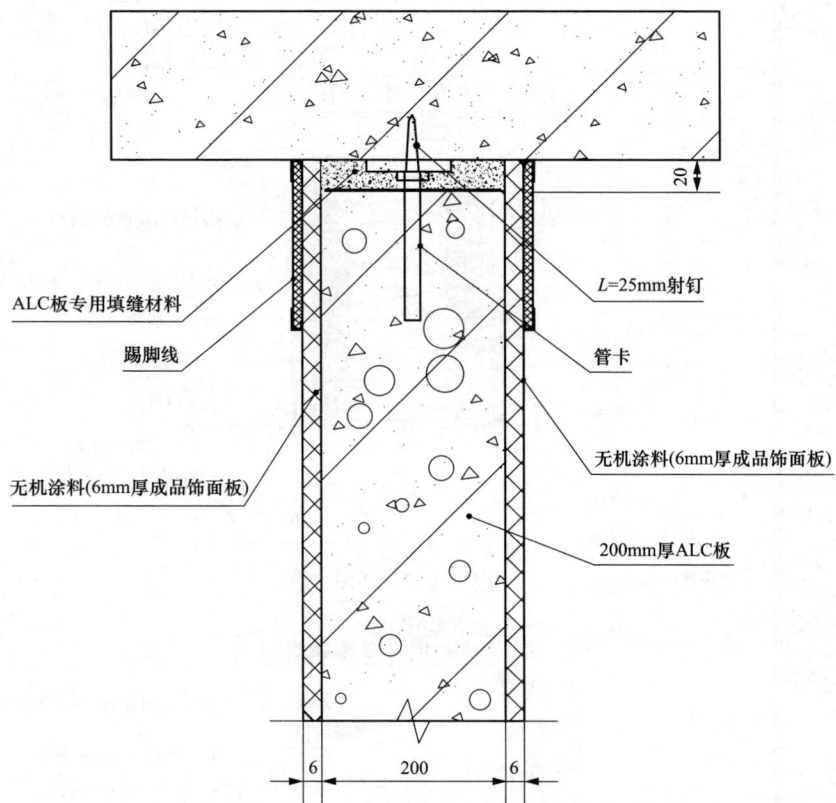

ALC板专用填缝材料

踢脚线

无机涂料(6mm厚成品饰面板)

L=25mm射钉

管卡

无机涂料(6mm厚成品饰面板)

200mm厚ALC板

6　　200　　6

内墙顶节点

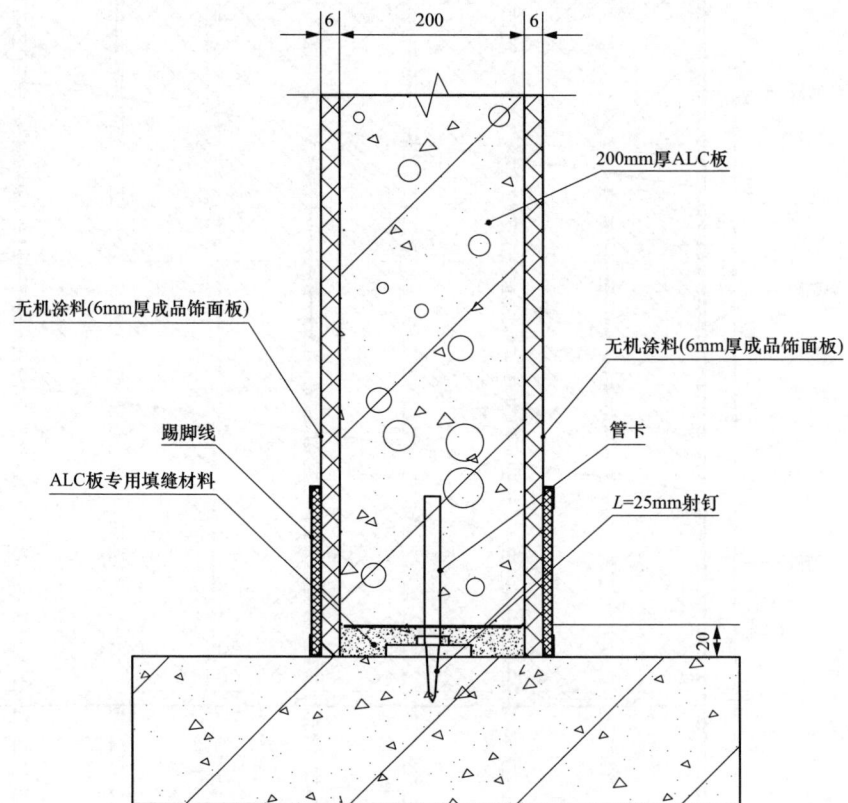

6　　200　　6

200mm厚ALC板

无机涂料(6mm厚成品饰面板)

无机涂料(6mm厚成品饰面板)

踢脚线

管卡

ALC板专用填缝材料

L=25mm射钉

内墙底节点

压条

拉铆钉，间距200

吸声结构

横向龙骨

竖向龙骨

铝箔玻璃纤维布

龙骨40mm×40mm×2mm

吸音棉，容重2.5~3.0。吸音棉70mm厚，防火等级为A1级

玻璃纤维布180目。具有较好的透气隔尘作用。

穿孔铝板。孔隙率不小于40%。表面做喷涂处理。

内墙

吸音墙

64

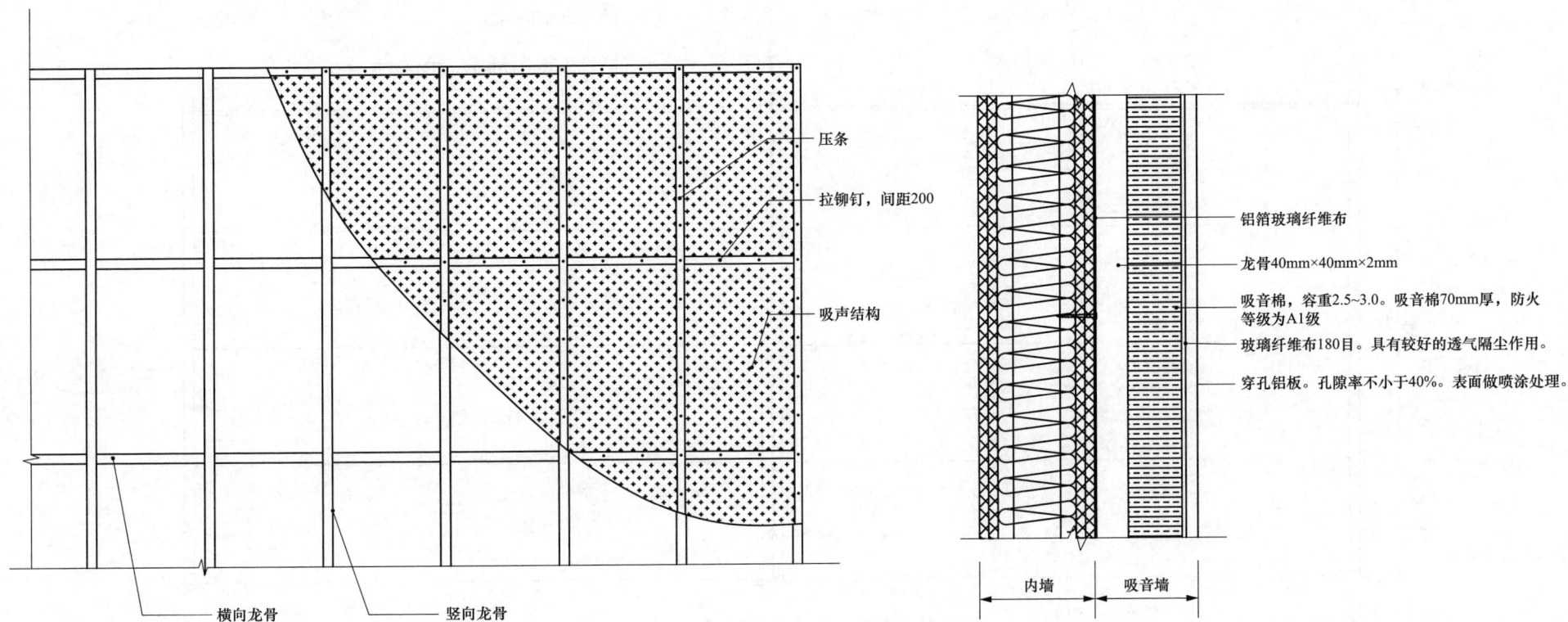

**吸声结构安装示意图**

说明　1. 吸音墙的布置必须预先排版，考虑墙上的洞口及设备预留空间。

　　　2. 穿孔吸音板的孔隙不小于40%。板厚不小于1mm。

　　　3. 吸声结构厂家配套提供龙骨和相关的安装配件。若厂家提供的安装方式与本图有出入，经设计
　　　　 确认后方可参照厂家要求施工。

　　　4. 龙骨安装完毕后，需采取可靠的接地措施。龙骨之间未导通处采用10mm的铜绞线跨接，龙骨
　　　　 与房间接地网之间采用40mm×4mm的热镀锌扁钢焊接，并保证每间房间有不少于2处接通。

　　　5. 内墙构造根据对应内墙的耐火极限确定。

立柱，双拼轻槽12号

2.5mm铝板盖顶

100mmALC板，刷防水涂料

2500

3000

3000

M20

轻槽12号

3000

3000

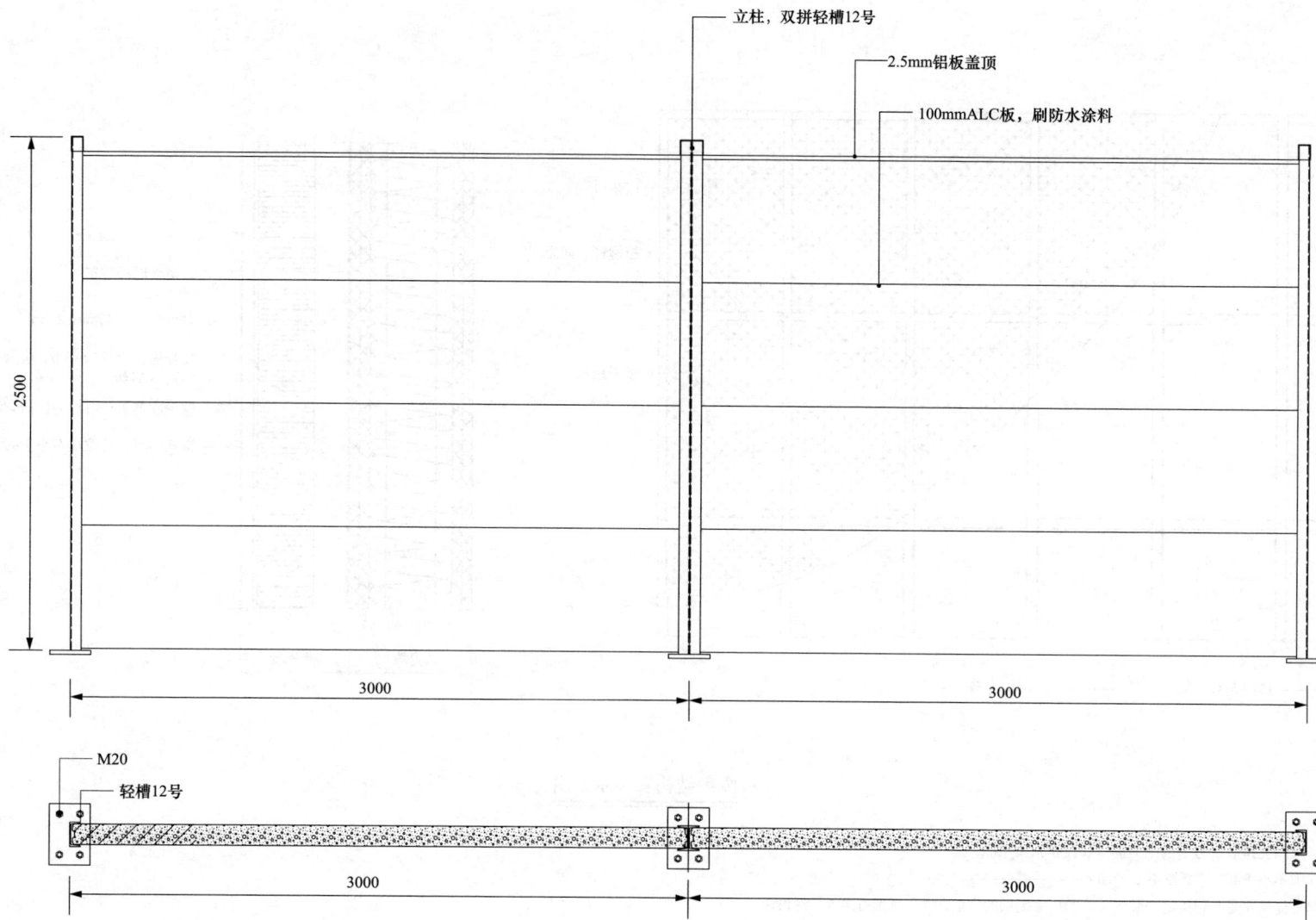

说明　围墙立柱截面应根据结构计算确定。

无机涂料(6mm厚成品饰面板)

100mmALC板(600mm宽)

50mm空腔(管线用)

50mm角码(固定岩棉用)

150mm龙骨(100mm岩棉)

防水透气膜

CS390mm高压型铝镁锰板

390

25

CS-390版型

管线

连接件

<600 @1200

6000~10000

CS390压型
铝镁锰板

Y Z
X

Y Z
X

Y Z
X

Y Z
X

2000~3600

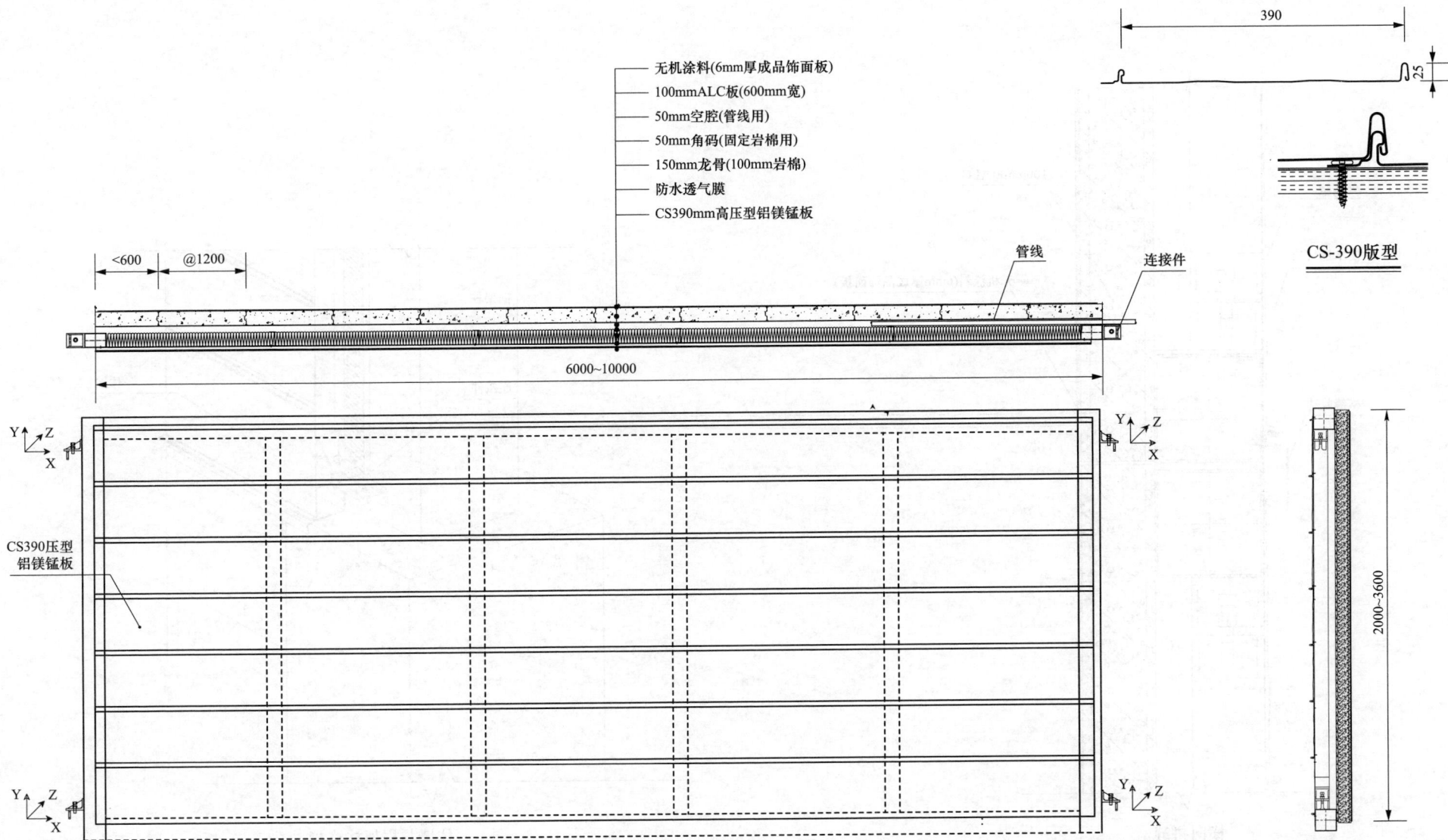

一体化墙墙构造
金属单板

说明 1.一体墙框架墙梁采用矩形管,次墙梁采用C型钢。

2.成品饰面板须满足A级防火要求,可选用纤维水泥饰面板,也可
用无机涂料代替。

3.内墙如使用无机预涂板或纤维水泥饰面板,缝隙处安装铝板压条。

4.轻钢龙骨规格参考图集《轻钢龙骨石膏板隔墙、吊顶》07CJ03-1。

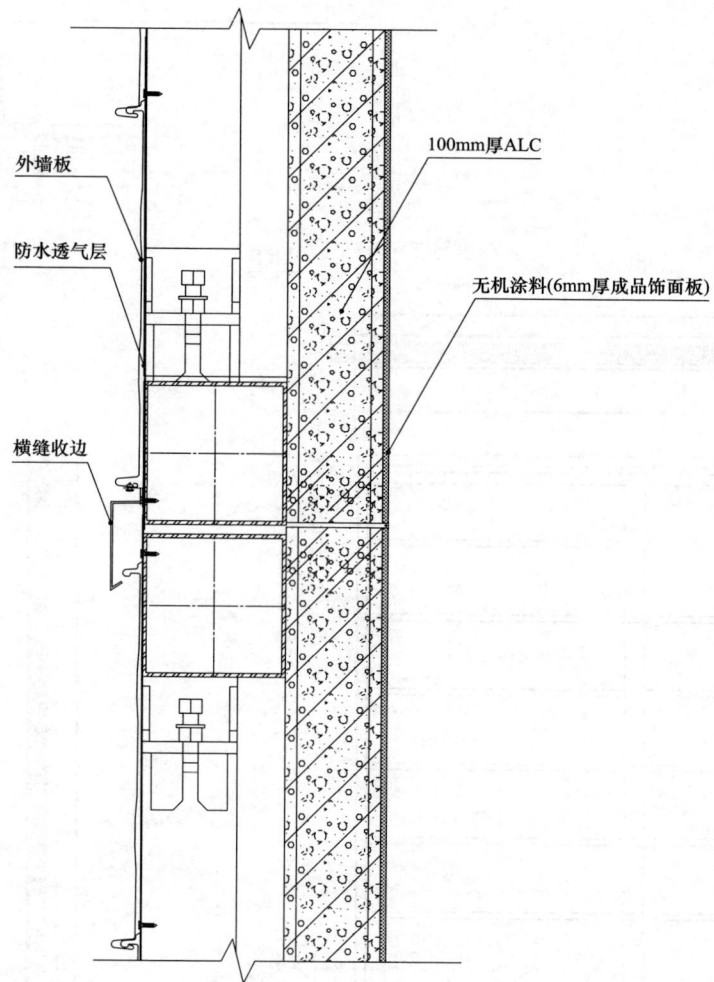

外墙板

防水透气层

横缝收边

100mm厚ALC

无机涂料(6mm厚成品饰面板)

**横向拼缝**

框架柱

连接件

一体墙

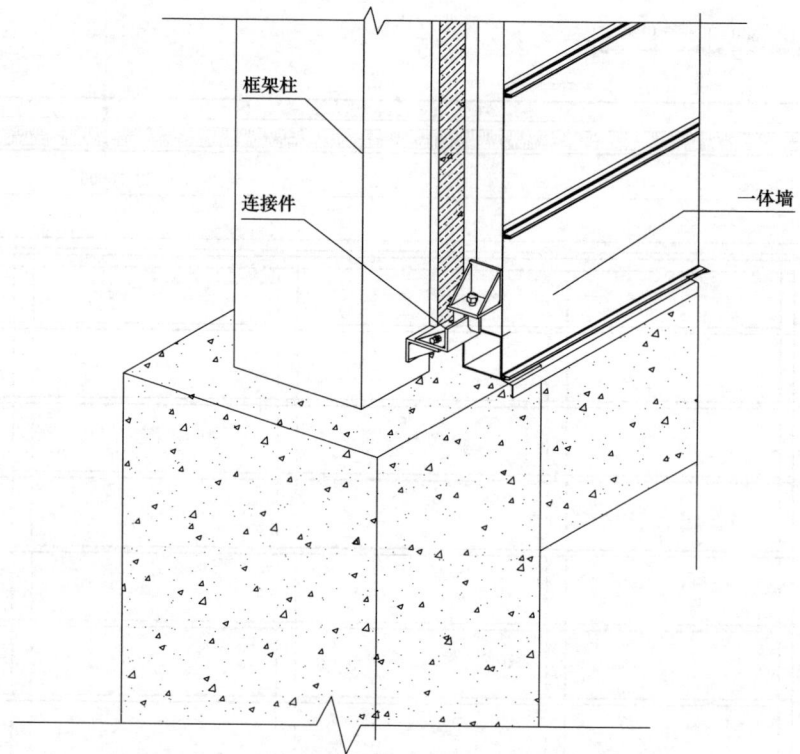

**一体墙与框架柱连接**

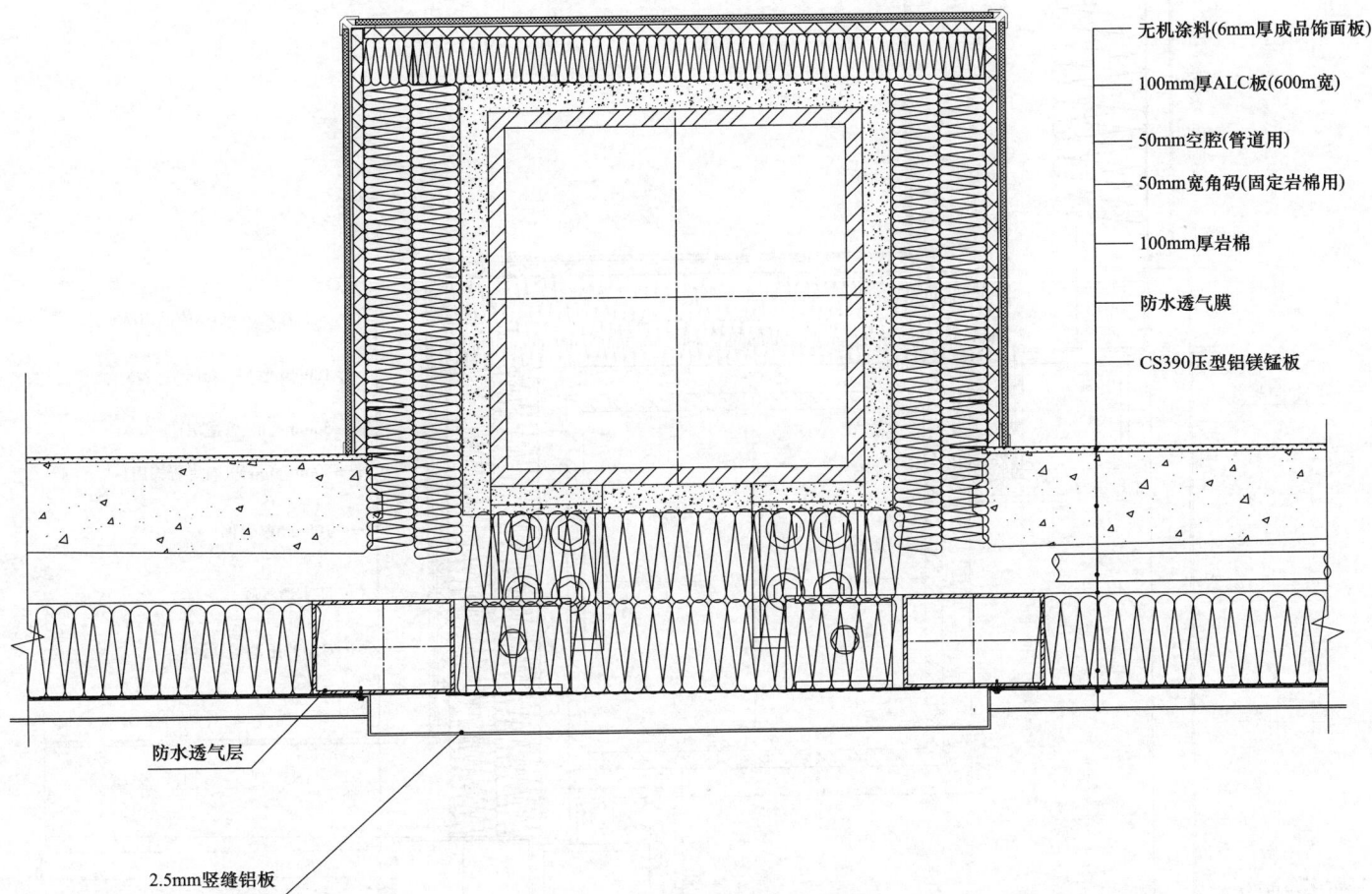

竖缝节点

无机涂料(6mm厚成品饰面板)

100mm厚ALC板(600m宽)

50mm空腔(管道用)

50mm宽角码(固定岩棉用)

100mm厚岩棉

防水透气膜

CS390压型铝镁锰板

防水透气层

2.5mm竖缝铝板

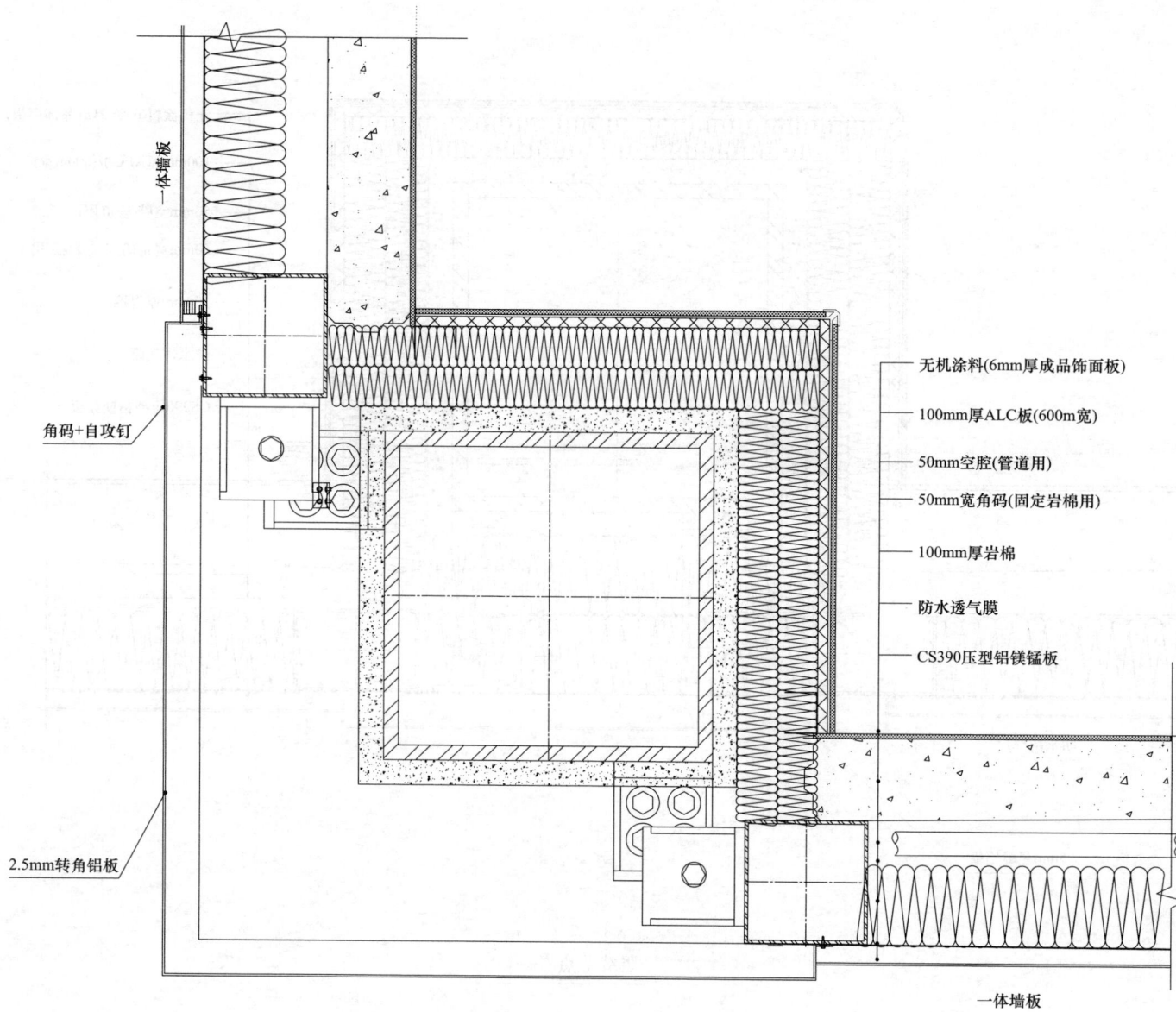

一体墙板

角码+自攻钉

2.5mm转角铝板

无机涂料(6mm厚成品饰面板)

100mm厚ALC板(600m宽)

50mm空腔(管道用)

50mm宽角码(固定岩棉用)

100mm厚岩棉

防水透气膜

CS390压型铝镁锰板

一体墙板

**转角节点**

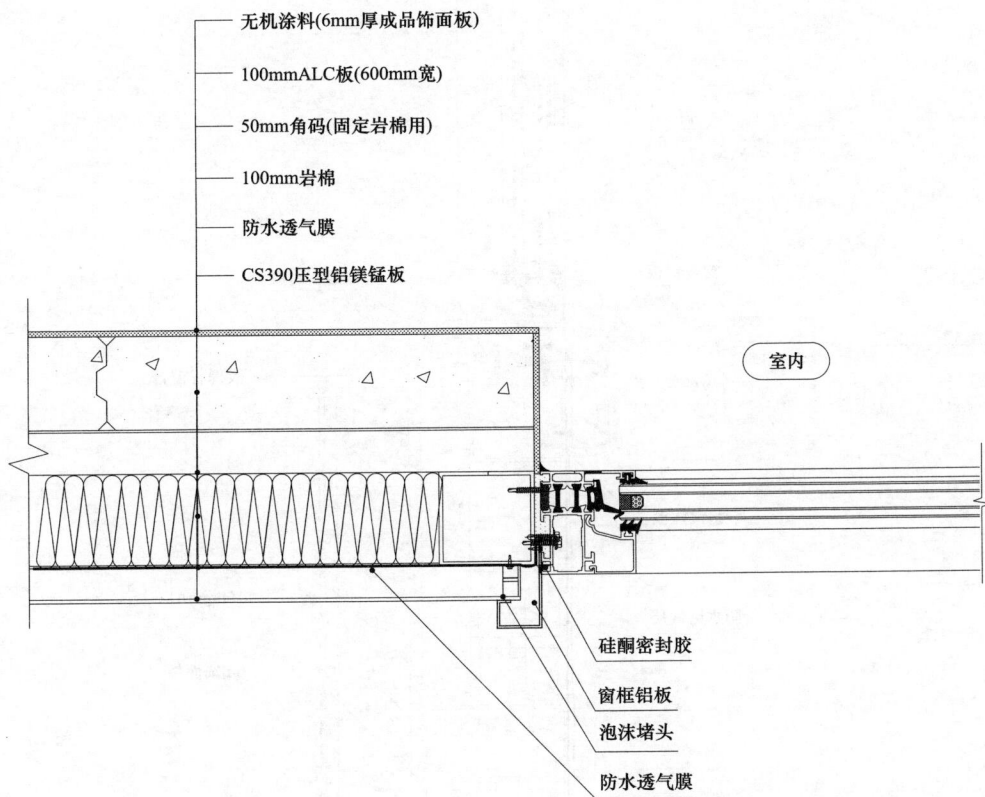

无机涂料(6mm厚成品饰面板)

100mmALC板(600mm宽)

50mm角码(固定岩棉用)

100mm岩棉

防水透气膜

CS390压型铝镁锰板

室内

硅酮密封胶

窗框铝板

泡沫堵头

防水透气膜

**窗侧节点**

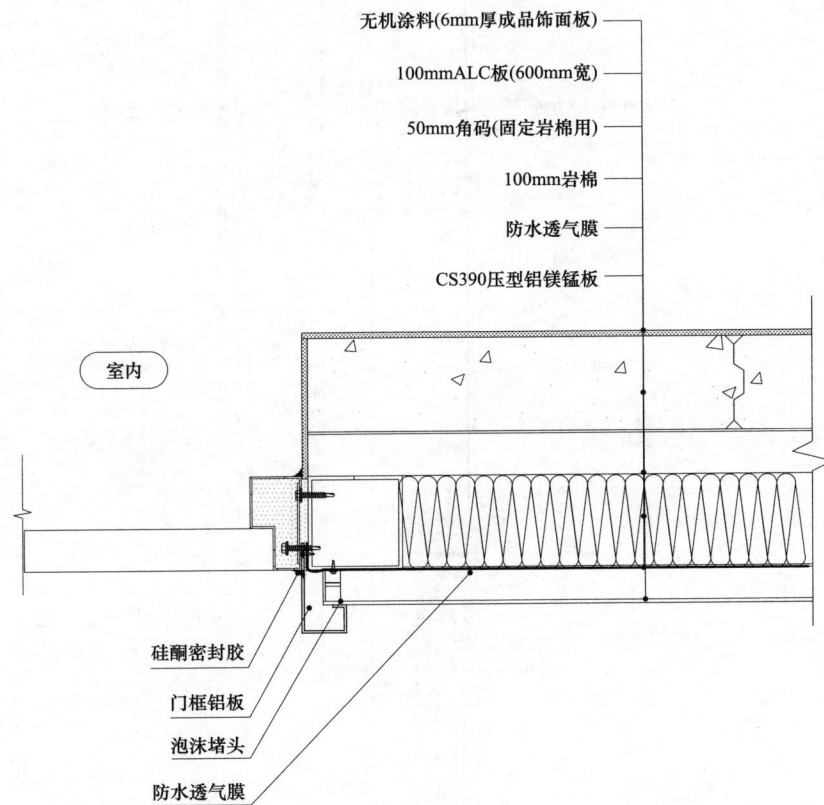

无机涂料(6mm厚成品饰面板)

100mmALC板(600mm宽)

50mm角码(固定岩棉用)

100mm岩棉

防水透气膜

CS390压型铝镁锰板

室内

硅酮密封胶

门框铝板

泡沫堵头

防水透气膜

**门侧节点**

一体墙门、窗侧节点

70

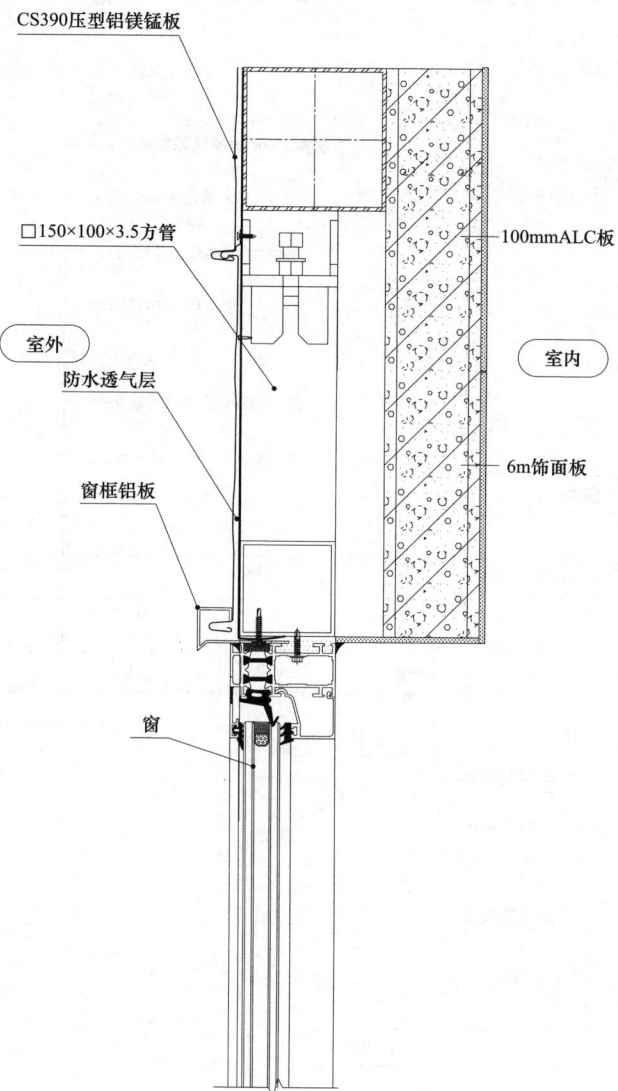

CS390压型铝镁锰板

□150×100×3.5方管

室外

防水透气层

窗框铝板

窗

100mmALC板

室内

6m饰面板

窗上节点

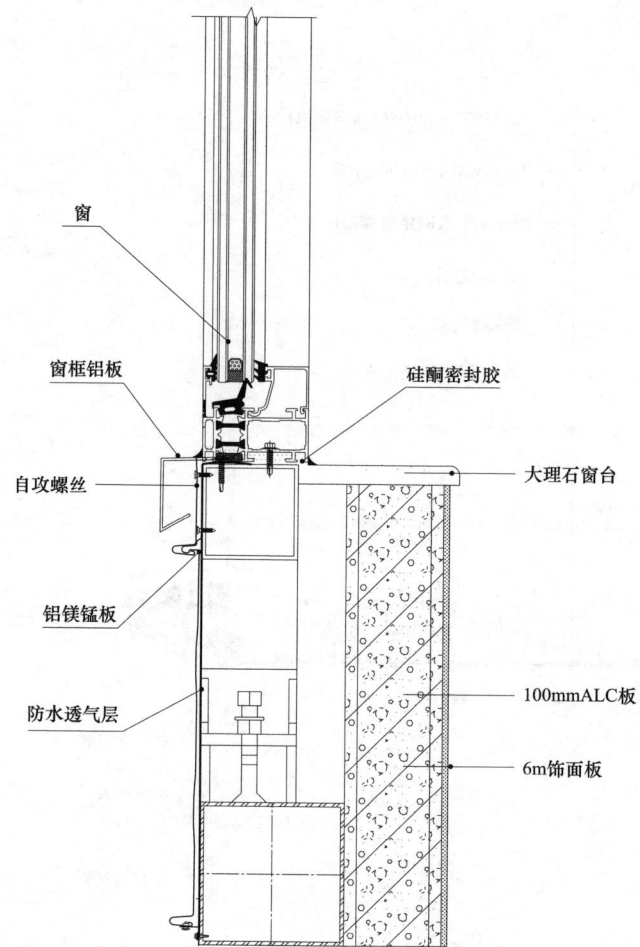

窗

窗框铝板

自攻螺丝

铝镁锰板

防水透气层

硅酮密封胶

大理石窗台

100mmALC板

6m饰面板

窗下节点

说明　1. 窗口收边处做好结构防水，预留泛水坡度。
　　　2. 百叶洞口参考窗洞做法，尽量不切割外墙板，如果需要切板，需在
　　　　　工厂完成，孔洞四周边框加固。小于600mm的洞口可不做补强。

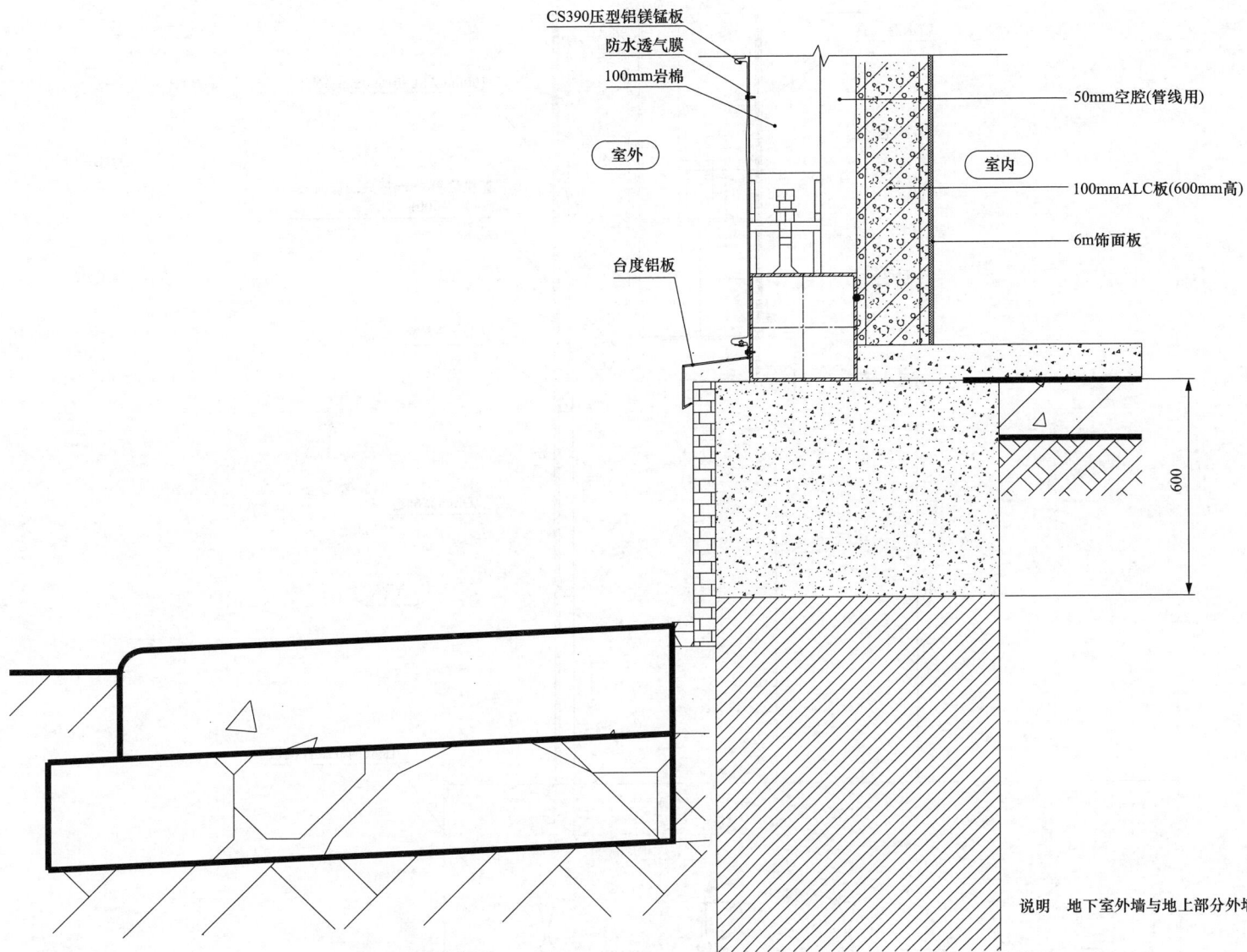

CS390压型铝镁锰板
防水透气膜
100mm岩棉

室外

台度铝板

50mm空腔(管线用)

室内

100mmALC板(600mm高)

6m饰面板

600

说明　地下室外墙与地上部分外墙交界处，应设置混凝土坎墙。

一体墙墙角节点

72

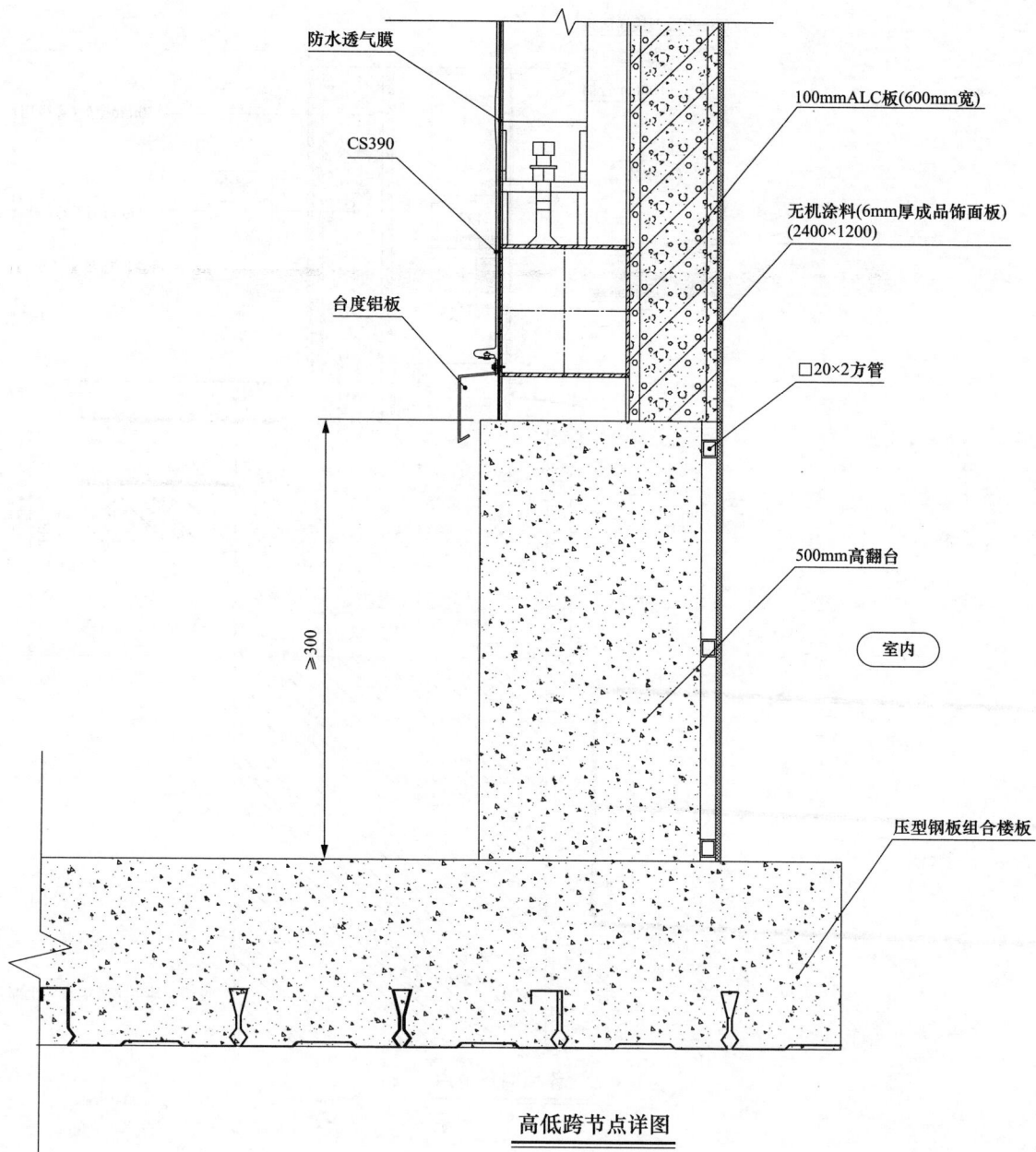

防水透气膜

CS390

台度铝板

100mmALC板(600mm宽)

无机涂料(6mm厚成品饰面板)
(2400×1200)

□20×2方管

500mm高翻台

室内

压型钢板组合楼板

≥300

高低跨节点详图

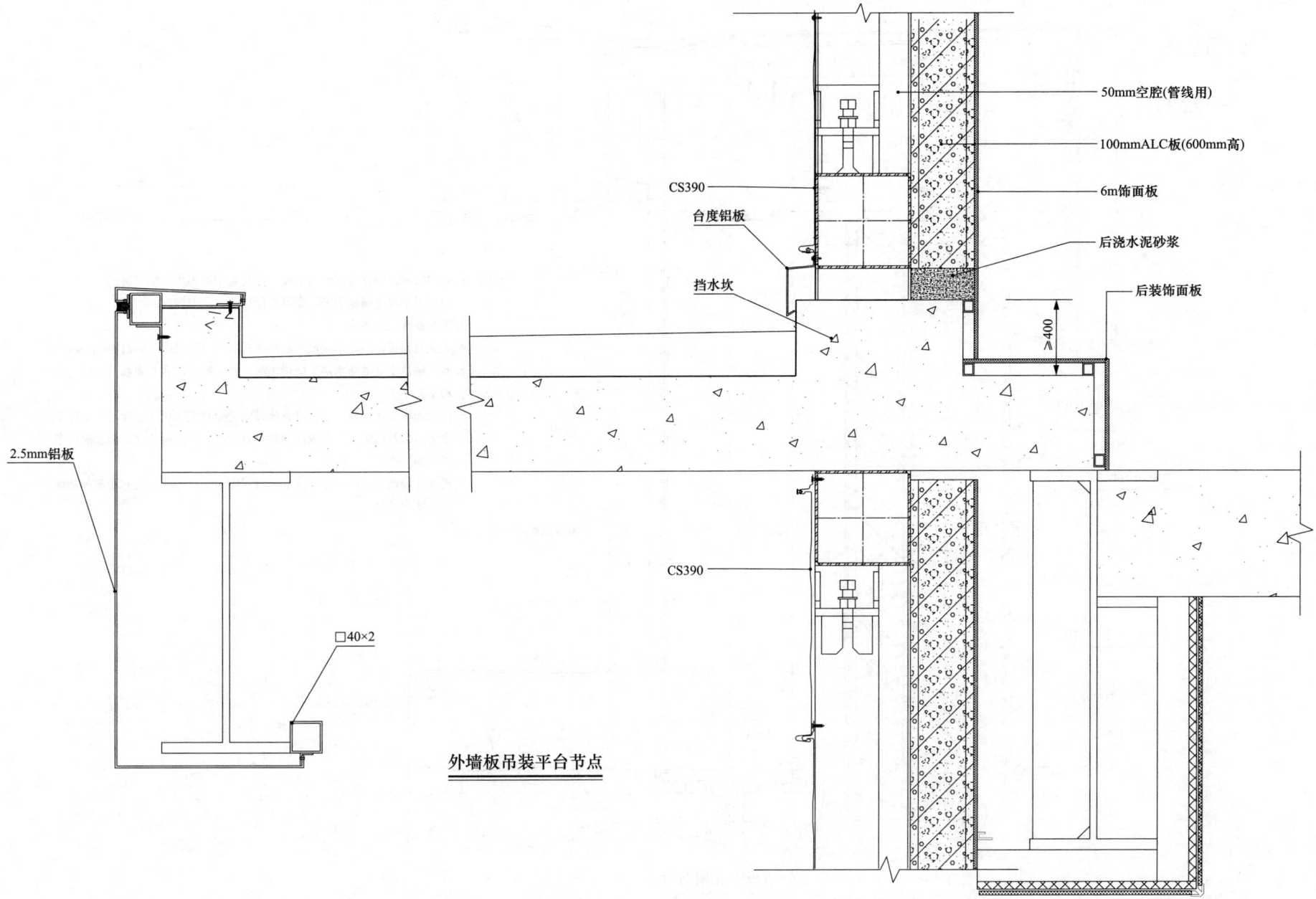

外墙板吊装平台节点

50mm空腔(管线用)

100mmALC板(600mm高)

6m饰面板

后浇水泥砂浆

后装饰面板

CS390

台度铝板

挡水坎

≥400

2.5mm铝板

□40×2

CS390

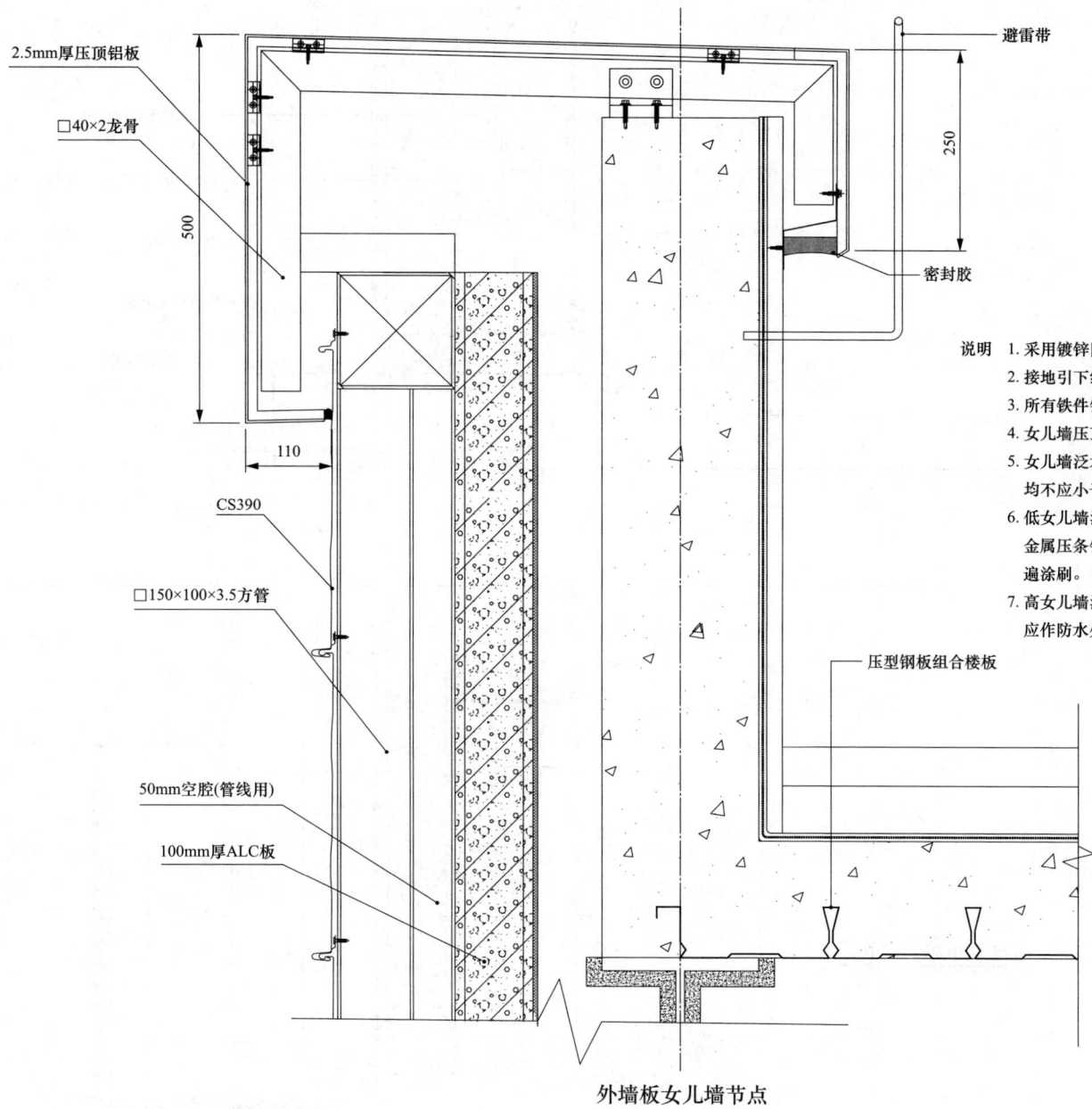

2.5mm厚压顶铝板

□40×2龙骨

500

110

CS390

□150×100×3.5方管

50mm空腔(管线用)

100mm厚ALC板

避雷带

250

密封胶

压型钢板组合楼板

说明　1. 采用镀锌圆钢作为接地引下线，接头处牢固焊接，电气贯通。

2. 接地引下线与断接卡子、室外接地引线间牢固焊接。

3. 所有铁件镀锌防腐。

4. 女儿墙压顶向内排水坡度不应小于5%，压顶内侧下端应作滴水处理。

5. 女儿墙泛水处的防水层下应增设附加层，附加层在平面和立面的宽度均不应小于250mm。

6. 低女儿墙泛水处的防水层可直接铺贴或涂刷至压顶下，卷材收头应用金属压条钉压固定，并应用密封材料封严；涂膜收头应用防水涂料多遍涂刷。

7. 高女儿墙泛水处的防水层泛水高度不应小于250mm，泛水上部的墙体应作防水处理。

外墙板女儿墙节点

矩形管

矩形管

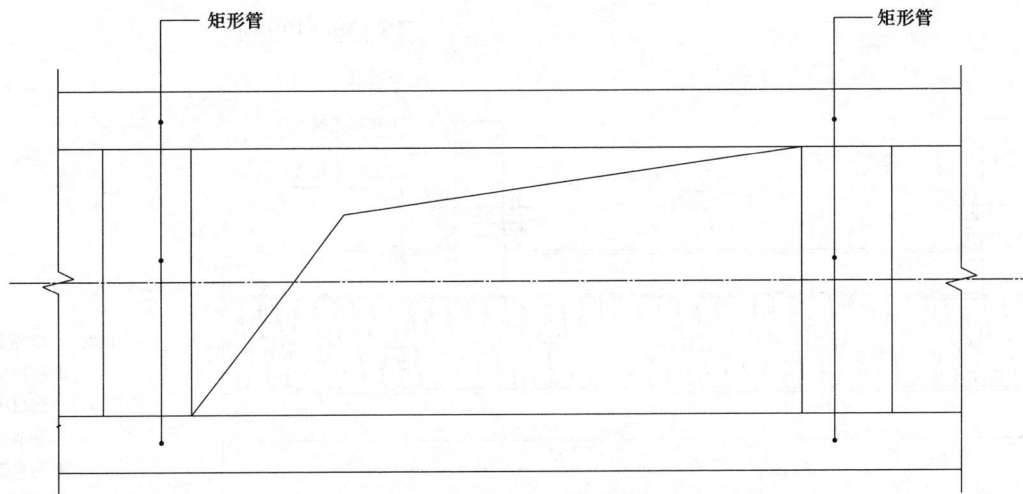

**风机洞口龙骨布置示意图**

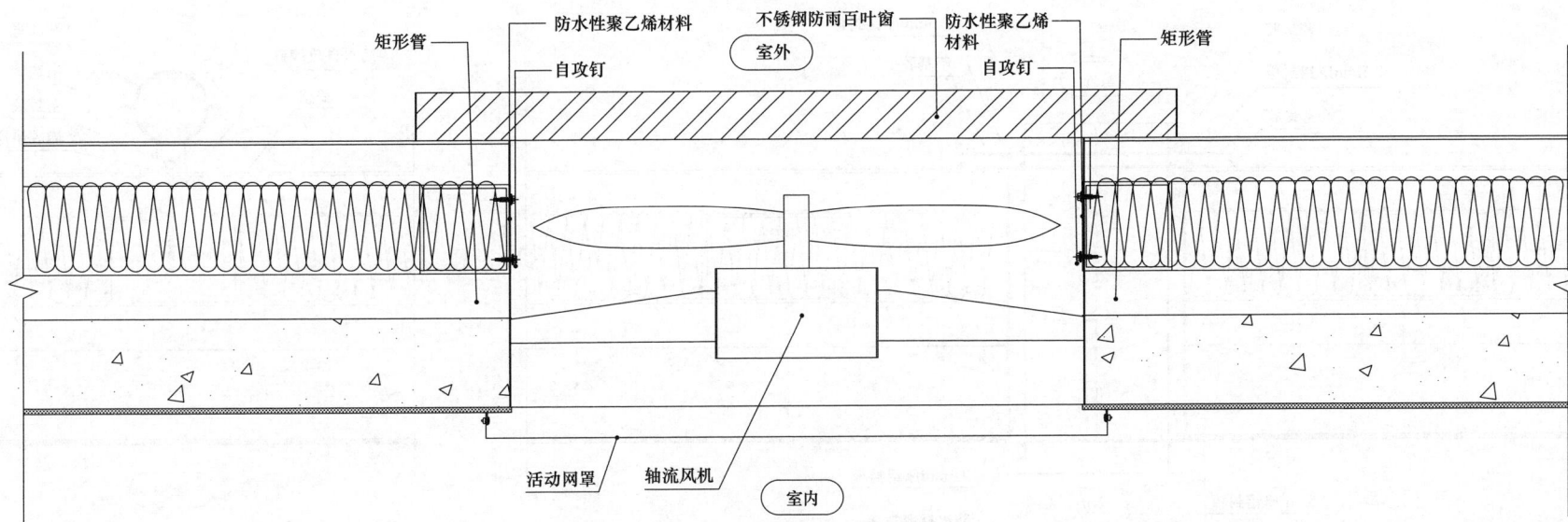

矩形管

防水性聚乙烯材料

不锈钢防雨百叶窗

室外

防水性聚乙烯材料

矩形管

自攻钉

自攻钉

活动网罩

轴流风机

室内

**风机洞口节点**

爬梯、管道、落水管穿墙节点

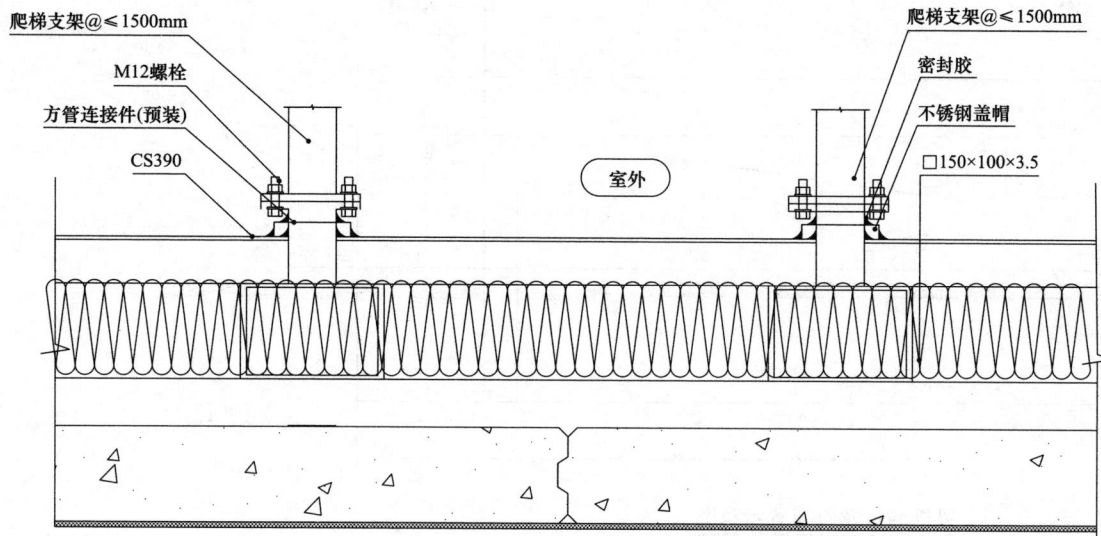

## 爬梯穿墙详图

爬梯支架@≤1500mm
M12螺栓
方管连接件(预装)
CS390
室外
爬梯支架@≤1500mm
密封胶
不锈钢盖帽
□150×100×3.5

**爬梯穿墙详图**

说明　1. 爬梯支架必须固定在钢结构墙梁上，支架与墙梁有可靠连接。
　　　2. 管道穿墙应做好结构防水，保证结构和板材之间不能漏水。封口板需在工厂预制，不允许现场切板。
　　　3. 穿墙套管有钢板位置处，应设置两处镀锌扁钢接地。
　　　4. 落水管应固定在有墙梁或龙骨的位置。
　　　5. 空调冷凝水管应穿地上外墙，尽量连接雨水管，有组织排水。

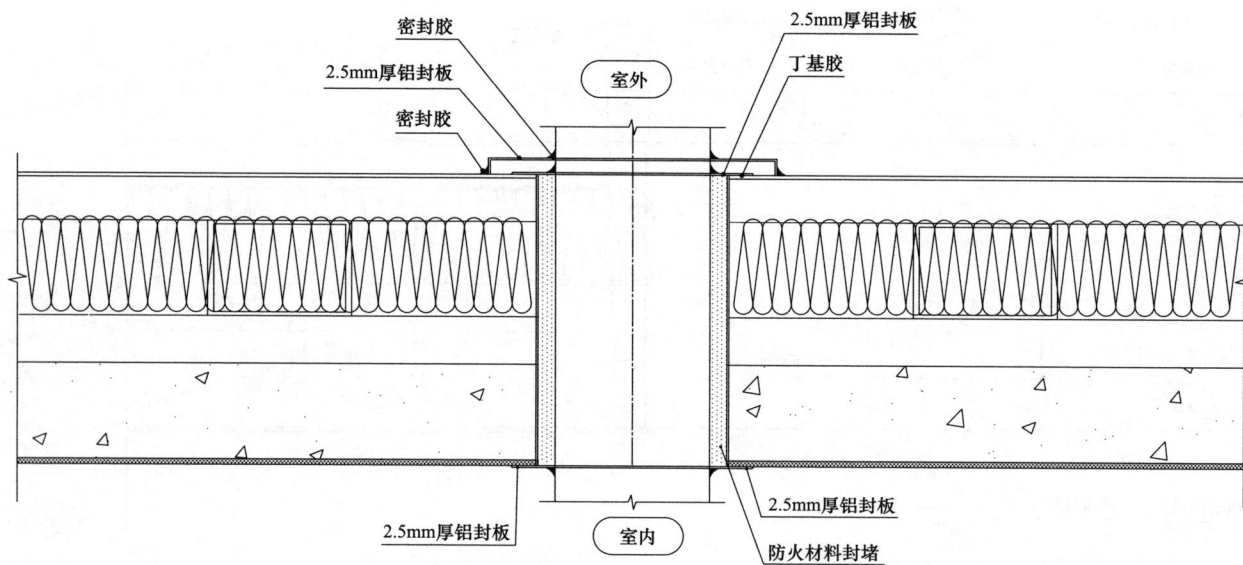

密封胶
2.5mm厚铝封板
密封胶
室外
2.5mm厚铝封板
丁基胶
2.5mm厚铝封板
室内
2.5mm厚铝封板
防火材料封堵

**管道穿墙详图**

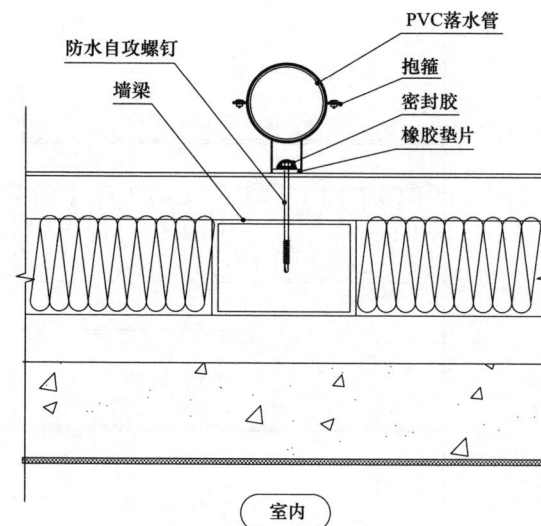

防水自攻螺钉
墙梁
PVC落水管
抱箍
密封胶
橡胶垫片
室内

**落水管详图**

77

170

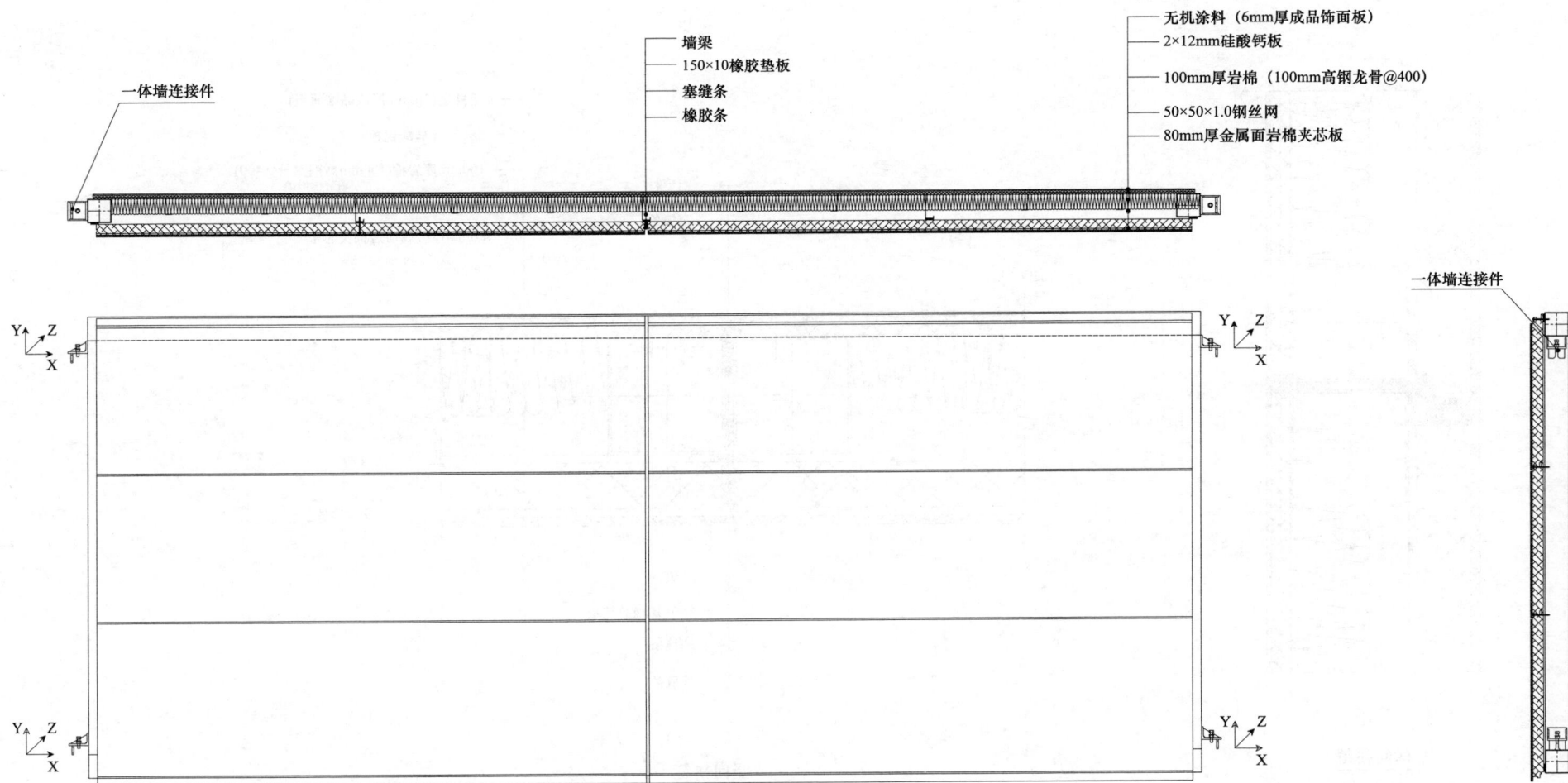

一体墙连接件

墙梁
150×10橡胶垫板
塞缝条
橡胶条

无机涂料（6mm厚成品饰面板）
2×12mm硅酸钙板
100mm厚岩棉（100mm高钢龙骨@400）
50×50×1.0钢丝网
80mm厚金属面岩棉夹芯板

一体墙连接件

**一体化墙墙构造**
金属面岩棉夹芯板

说明　典型节点详图参一体化金属单板墙板。

无机涂料(6mm厚成品饰面板)

2×12mm硅酸钙板

100mm厚岩棉(100mm高钢龙骨@400)

50×50×1.0钢丝网

80mm厚金属面岩棉夹芯板

铝型材

塞缝条

墙梁

150×10橡胶垫板

塞缝条

橡胶条

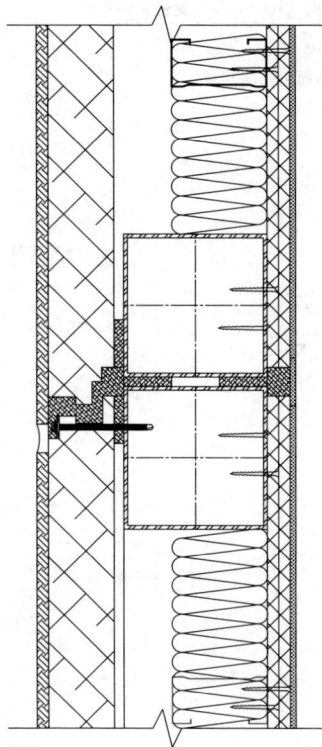

**横向拼缝**
防火外墙

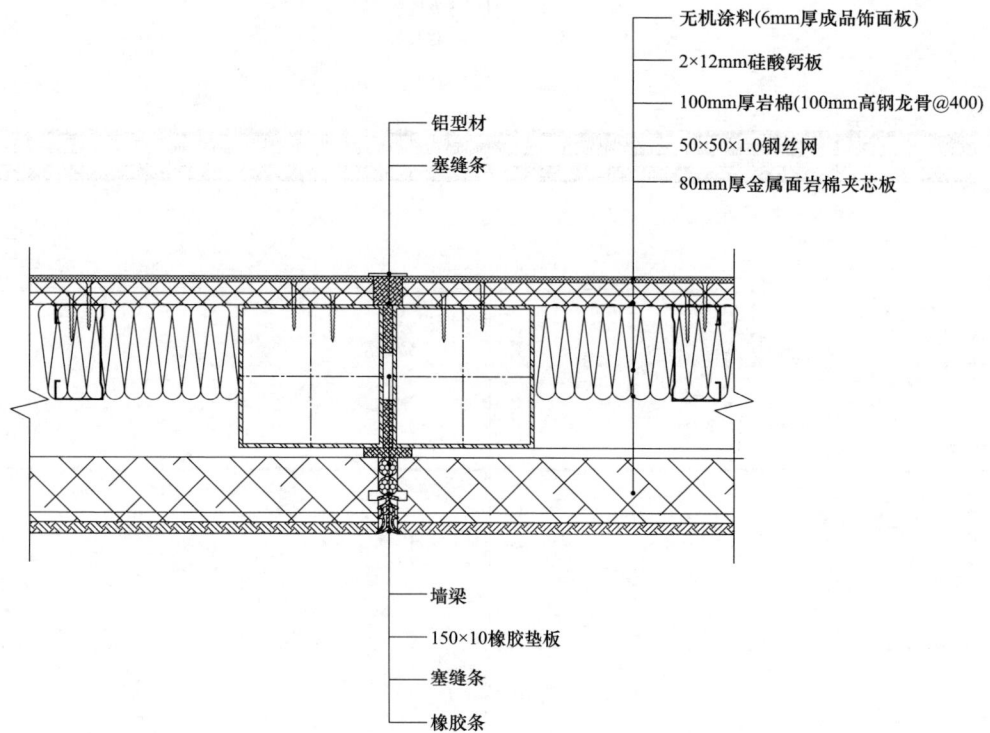

**竖向拼缝**
防火外墙

说明　内墙部分岩棉应符合《绝热用岩棉、矿渣棉及其制品》(GB/T 11835)
　　　的规定，密度不小于100kg/m³，憎水率不小于98%。

无机涂料(6mm厚成品饰面板)

12mm硅酸钙板

100mm高钢龙骨

80mm厚金属面岩棉夹芯板

铝型材

塞缝条

墙梁

150×10橡胶垫板

塞缝条

橡胶条

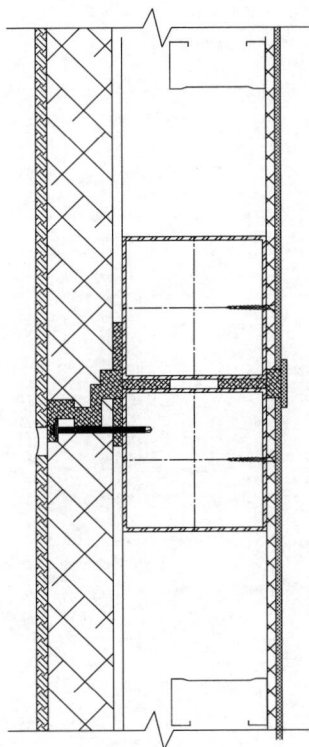

**横向拼缝**
普通外墙

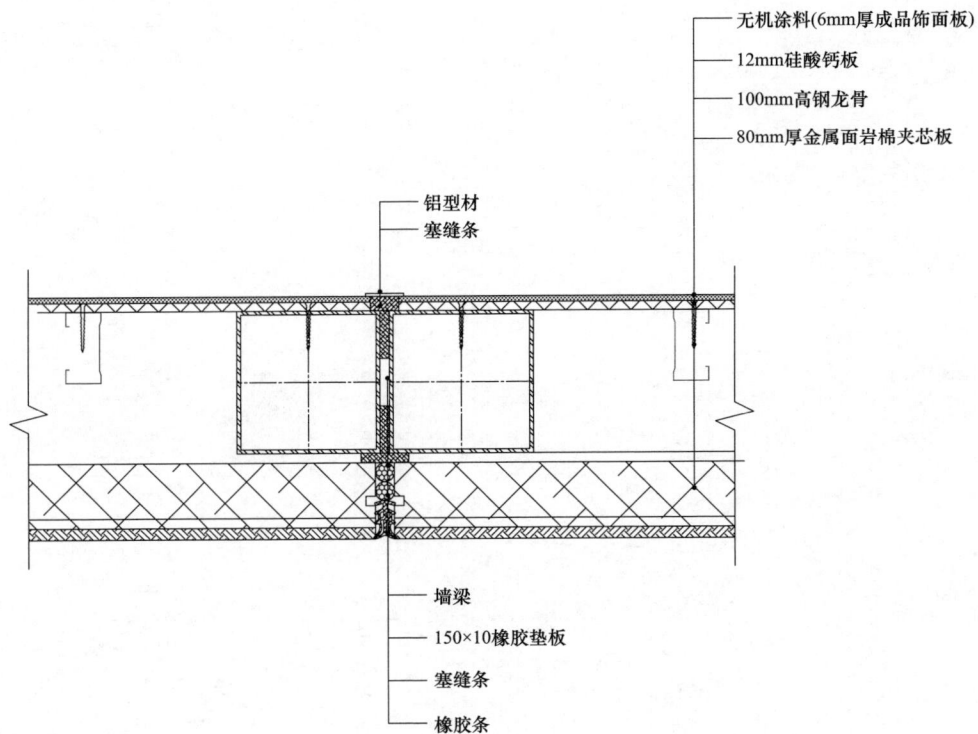

**竖向拼缝**
普通外墙